Heidelberger Taschenbücher Band 135

Dieter Hellwinkel

Die systematische

Nomenklatur der Organischen Chemie

Eine Gebrauchsanweisung

Dritte Auflage

Springer-Verlag
Berlin Heidelberg New York 1982

Professor Dr. Dieter Hellwinkel
Organisch-Chemisches Institut der Universität Heidelberg
Im Neuenheimer Feld 270, D-6900 Heidelberg 1

ISBN 3-540-11764-4 Springer-Verlag Berlin Heidelberg New York
ISBN 0-387-11764-4 Springer-Verlag New York Heidelberg Berlin

ISBN 3-540-08796-6 2. Auflage Springer-Verlag Berlin Heidelberg New York
ISBN 0-387-08796-6 2nd edition Springer-Verlag New York Heidelberg Berlin

Offsetdruck und Bindearbeiten: Zechnersche Buchdruckerei, Speyer
2152/3140-543210

Vorwort zur ersten Auflage

Das explosionsartige Anwachsen des chemischen Wissens hat in den letzten Jahrzehnten im Bereich der organischen Chemie zu einer schier unübersehbaren Anzahl neuer und neuartiger Verbindungen und Verbindungsklassen geführt, deren rationelle Benennung immer größere Schwierigkeiten bereitete. Ursprünglich war ja die Namensgebung eines neuen Stoffes weitgehend, wenn nicht völlig in das Belieben des Entdeckers gestellt, der den Namen häufig von einer direkten sinnlichen Wahrnehmung ableitete oder sich gar ganz von der Intuition leiten ließ. Da die mehr oder weniger willkürlich gebildeten „Trivialnamen" meist gar nichts über die Strukturen der Verbindungen aussagten, konnten sie auch in keinen sinnvollen Zusammenhang zueinander gebracht werden. Mit dem zunehmenden Verständnis der strukturellen Beziehungen der Organischen Chemie wuchs aber die Tendenz, eine allgemeinverbindliche und systematische Nomenklatur zu entwickeln, die es erlauben sollte, wesentliche konstitutionelle Aussagen über ein Molekül bereits aus dessen Namen abzuleiten. Andererseits wollte man einen großen Teil der althergebrachten Trivial- und Semitrivialnamen nicht so ohne weiteres aufgeben. Dennoch ist es den damit befaßten Instanzen der „International Union of Pure and Applied Chemistry", der IUPAC, gelungen, ein einheitliches und ausbaufähiges Nomenklatursystem zu entwickeln, das mittlerweile allgemein und international anerkannt ist. Die Originalfassung der IUPAC-Nomenklaturregeln der Organischen Chemie ist ein unverzichtbares Hilfsmittel für den Spezialisten. Als Einführung in die Materie ist jedoch eine knappere und präzisere „Gebrauchsanweisung" eher am Platze, die an Hand zahlreicher, sorgfältig ausgewählter bzw. konstruierter Beispiele die Geltungsbereiche der einzelnen Regeln möglichst vollständig überstreicht. Dies umso mehr, als nun endlich auch die deutschen Chemie-Organe wie „Chemische Berichte" und „Liebigs Annalen der Chemie" sich auf die Nomenklaturregeln der IUPAC festgelegt haben.

So soll diese Übersicht helfen, von der Formel zum Namen und vom Namen zur Formel zu führen. Sie wendet sich dabei nicht nur an die Chemiker, sondern möchte auch Medizinern, Biologen und anderen, die mit der Organischen Chemie zusammentreffen, das Verständnis der Literatur erleichtern.

D. Hellwinkel

Vorwort zur dritten Auflage

Nachdem auch die zweite Auflage schnell vergriffen war, wurde bei dieser neu durchgesehenen, korrigierten Auflage insbesondere der neueren Entwicklung bei der Heterocyclen-Nomenklatur Rechnung getragen.

Heidelberg, im Juli 1982 *Der Verfasser*

Inhalt

Einleitung

Daß bei den meisten Chemikern bislang eine mehr oder weniger große Indifferenz, wenn nicht gar Abneigung gegenüber den Benennungsproblemen ihrer Wissenschaft herrschte, ist bis zu einem gewissen Grade verständlich. Zu viele divergierende und uneinheitliche Nomenklaturmöglichkeiten stehen zur Auswahl. Oft werden die Bezeichnungsweisen von den verschiedenen Chemiezeitschriften, Handbüchern und Referatorganen auch noch in der unterschiedlichsten Weise gehandhabt. Im Gefolge der sich abzeichnenden internationalen Festlegung auf ein einheitliches, doch noch immer gewisse Alternativen zulassendes Nomenklatursystem, ist es aber notwendig und zumutbar geworden, daß sich jeder Chemiker, sei es der noch in der Ausbildung befindliche oder der aktiv tätige Wissenschaftler, die Grundlagen dieses Benennungssystems aneignet.

Vielleicht kann das Unbehagen gegenüber der Beschäftigung mit den systematischen Nomenklaturregeln der organischen Chemie durch den folgenden Hinweis abgebaut oder doch gemildert werden: *man verfährt bei der Namensgebung (bzw. der Konstitutionsermittlung aus einem vorgegebenen systematischen Namen) einer organischen Verbindung im allgemeinen genau so wie bei der experimentellen Arbeit der Synthese bzw. der Konstitutionsermittlung.* Die zu benennende Verbindung wird zunächst in ihre konstitutionellen Elemente zerlegt, diese werden systematisch benannt und dann nach bestimmten Richtlinien zum Gesamtnamen kombiniert. Analog verfährt man bei der Übersetzung eines Verbindungsnamens in seine Konstitutionsformel; der Name wird in die nomenklatorischen Untereinheiten zerlegt, denen Teilformelbilder zugeordnet werden, die man dann zur Gesamtformel zusammensetzt.

Die Grundidee der systematischen Nomenklatur, deren Handhabung hier vermittelt werden soll, beruht auf dem Konzept des *Stammsystems* — acyclisches oder (poly)cyclisches Kohlenwasserstoff- oder Hetero-System — dessen Wasserstoffe durch andere Atome, Atomgruppen oder wiederum ganze Stammsysteme substituiert sind. Diese Substituenten können ihrerseits vielfältig weitersubstituiert sein. Nun findet man, besonders im Bereich der Stammsysteme, eine Vielzahl von *Trivialnamen* vor, auf die man aus den verschiedensten Gründen nicht verzichten zu können glaubt. Da diese Trivialbegriffe naturgemäß meist nichts über die Konstitution der ihnen zugrunde liegenden Verbindungen aussagen, also nicht logisch abgeleitet werden können, zuweilen aber das ganze systematische Nomenklatursystem auf sie bezogen ist (wie im Falle der kondensierten Polycyclen), kommt man nicht umhin, sich eine möglichst große Anzahl von ihnen anzueignen. Dies soll durch Hervorhebung in *Kursiv-Druck* und durch tabellarische Zusammenfassungen am Ende des Buches erleichtert werden.

Bei der Zuordnung eines systematischen Namens zu einer gegebenen Verbindung oder bei der Ableitung einer Konstitutionsformel aus einem vorgegebenen Namen wird durchweg wie folgt verfahren:

1. Man bestimmt, welche *Verbindungsklasse* (z.B. Kohlenwasserstoff, Heterocyclus, Carbonsäure, Keton, Halogenderivat usw.) vorliegt.
2. Man sucht das *Stammsystem* auf und deklariert die darüber hinaus vorhandenen Konstitutions- bzw. Nomenklaturelemente als (gegebenenfalls weiter substituierte) *Substituenten.*
3. Da ein und dieselbe Verbindung die Charakteristika mehrerer Verbindungsklassen aufweisen kann und da auch mehrere Stammsysteme miteinander verknüpft vorliegen können, muß man *Prioritäten* festsetzen, d.h. nach gewissen Regeln bestimmen, welches der gleichartigen Konstitutionselemente ranghöher ist.
4. Man legt den *Nomenklaturtyp* fest, den man anwenden will bzw. man stellt fest, welcher Nomenklaturtyp in dem vorliegenden Verbindungsnamen verwendet wurde. (In den IUPAC-Regeln sind noch immer alternative Nomenklaturmöglichkeiten zugelassen, die sich zum Teil überschneiden.)
5. Die wie in 3. separierten Struktur- bzw. Nomenklaturelemente werden einzeln benannt (bzw. in die Teilformeln übertragen) und mit *Chiffren* (Zahlen, Buchstaben) sowie *Symbolen* (Klammern, Bindestriche, Markierungszeichen = engl. Primes) versehen.
6. Schließlich ordnet man die Substituenten nach bestimmten Regeln und verknüpft sie mit Hilfe von *Präfixen* (Vorsilben), *Infixen* (Zwischensilben) und *Suffixen* (Nachsilben), über die mit Chiffren gekennzeichneten Positionen des Stammsystems.

Im Zusammenhang mit den Begriffen Priorität bzw. Ranghöhe lassen sich gleich *zwei Grundregeln* der systematischen Nomenklatur angeben:

a) Wenn irgend möglich sollen *kleinstmögliche Chiffren* (Zahlen, Buchstaben) verwendet werden; d.h. wenn man die Wahl hat, ist das Konstitutions- bzw. Nomenklaturelement, das die kleinste Chiffre trägt, bevorrechtigt. Gelegentlich werden auch Umkehrungen dieser Regel verwendet, d.h. die größte Chiffre ist bevorrechtigt.
b) Weiterhin sollen *so wenig wie möglich Symbole* (Klammern, Bindestriche, Markierungszeichen usw.) verwendet werden, solange die Eindeutigkeit der gewünschten Aussage gewahrt bleibt.

Weil für viele Kohlenwasserstoff-Stammsysteme althergebrachte Bezeichnungen beibehalten werden, können hier nicht so ohne weiteres Prioritäten gemäß dem Prinzip der kleinsten Chiffren und/oder Symbole

abgeleitet werden. Deshalb wurden für derartige Verbindungen Listen aufgestellt, die die Prioritäten mehr oder weniger willkürlich festlegen.
Da das IUPAC-Nomenklatursystem ganz auf den zentralen Begriff des Stammsystems abgestellt ist, dem in einer sekundären Sphäre die Substituenten zugeordnet werden, ist es ratsam diese Unterteilung auch in dem nun folgenden sachlichen Teil beizubehalten. Wir werden also zu Beginn die Nomenklaturregeln für die Stammsysteme ausarbeiten, im zweiten Teil uns mit den funktionellen Verbindungsklassen beschäftigen und im abschließenden dritten Teil dann die Zusammensetzung der endgültigen Namen komplexer Verbindungen vornehmen.
Dazu müssen noch einige technische Vorbemerkungen gegeben werden. Der im folgenden sehr häufig gebrauchte Begriff des *Radikals* dient zunächst nur zur Charakterisierung eines Moleküls, das eine nicht betätigte (sogenannte freie) Valenz aufweist. Es wird sich aber später herausstellen, daß dieser nomenklatorische Radikalbegriff direkt zur Benennung wirklicher, physikalischer Radikale herangezogen werden kann. Die *Abstufungen von Prioritätskriterien* sind grundsätzlich so aufzufassen, daß bei Unwirksamkeit eines vorstehenden Kriteriums nacheinander die darauf folgenden in Kraft treten. Die Verwendung von *Bindestrichen* ist zuweilen etwas problematisch und willkürlich; wenn es der Klarheit dient, sollte man hier etwas großzügig sein. Die gegebenen Beispiele wurden so ausgewählt und/oder konstruiert, daß sie den Anwendungsbereich der entsprechenden Regeln möglichst vollständig überstreichen.

Literatur

Als Ergänzung zum jüngst erweiterten IUPAC-Manual[1], zu dem inzwischen eine deutsche Ausgabe erschienen ist[2], sei der Ring Index[3] empfohlen, der ausgezeichnetes und vielfältiges Anschauungsmaterial zur Anwendung der systematischen Nomenklatur bei Ringverbindungen liefert. Da im Rahmen des Index-Systems von Chemical Abstracts weitere Präzisierungen der IUPAC-Nomenklaturregeln vorgenommen worden sind, ist es unbedingt notwendig, beim Arbeiten mit diesem Referatorgan die sogenannten „Index Guides" zu Rat zu ziehen, in denen unter anderem die Chemical Abstracts-Benennungsgebräuche eingehend erläutert werden[4]. Die fundamentalen Regeln zur Stereochemie (E), zur Benennung von isotopenmarkierten Verbindungen (H), von metall- und metalloidorganischen Verbindungen (D) sowie von Naturstoffen (F) sind nun gesammelt zugänglich[1]. Inzwischen ist auch eine Zusammenfassung der detaillierten Regeln zur biochemischen und Naturstoffnomenklatur erschienen[5].

Eine generelle Diskussion des gegenwärtigen Status der chemischen Fachsprache ist anderenorts gegeben worden[6]; wer sich für historische Entwicklungen interessiert, dem sei noch das Buch von W. Holland[7] empfohlen, das die heute gültigen Regeln zwar nur auszugsweise und recht unsystematisch wiedergibt, dafür aber eine ausgezeichnete Literaturzusammenstellung aufweist.

---

[1] International Union of Pure and Applied Chemistry, Nomenclature of Organic Chemistry, Commission on Nomenclature of Organic Chemistry, Sections A, B, C, D, E, F und H. 1979 Edition. Pergamon Press.

[2] Internationale Regeln für die Chemische Nomenklatur und Terminologie. Deutsche Ausgabe, Band 1. Deutscher Zentralausschuß für Chemie. Verlag Chemie 1975.

[3] *A. M. Patterson, L. T. Capell* und *D. F. Walker*: The Ring Index, 2nd ed. 1960; Supplement I, 1963; II, 1964; III, 1965. Washington D.C.: American Chemical Society.

[4] Naming and Indexing of Chemical Substances for Chemical Abstracts during the Tenth Collective Period (1977–1981). Ninth Collective Period (1972–1976): Section IV, Volume 76 Index Guide, 1973. Eighth Collective Period (1967–1971): Introduction to Volume 66 Subject Index, 1968. Seventh Collective Period (1962–1966): Introduction to Volume 56 Subject Index, 1962. American Chemical Society, Chemical Abstracts Service, Columbus, Ohio.

[5] Biochemical Nomenclature and Related Documents, 1978. International Union of Biochemistry. Biochemical Society Depot. Commerce Way, Colchester, Essex, Great Britain. CO2-8HP.

[6] *D. Hellwinkel*: Der derzeitige Status der Chemischen Fachsprache, Chemie für Labor und Betrieb **28**, 130 (1977).

[7] *W. Holland*: Die Nomenklatur in der Organischen Chemie, Zürich und Frankfurt/Main, Verlag Harri Deutsch 1969.

1. Stammsysteme

1.1. Acyclische Kohlenwasserstoff-Systeme

Gesättigte acyclische Kohlenwasserstoffe werden unter dem Gattungsnamen *Alkane* zusammengefaßt; die von ihnen abgeleiteten Radikale heißen *Alkyl*-Radikale. Das Benennungssystem ist auf die unverzweigten Glieder der homologen Reihe C_nH_{2n+2} bezogen, von denen nur die ersten vier *trivial* bezeichnet werden:

1 *Methan*, 2 *Ethan*, 3 *Propan*, 4 *Butan*

Ab $n = 5$ wird systematisch benannt, indem die Silbe ... *an*[1] an ein dem Griechischen bzw. Lateinischen entnommenes Zahlwort angehängt wird:

5 Pentan, 6 Hexan, 7 Heptan, 8 Octan, 9 Nonan

Alle übrigen unverzweigten Kohlenwasserstoffe können durch Kombination der Zahlworte der ersten Dekade mit dem jeweiligen Zahlwort für die folgenden Dekaden benannt werden:

	10 Decan	
1 Hen[2]	20 Cosan[2]	
2 Do	30 Tria	contan
3 Tri	40 Tetra	contan
4 Tetra	50 Penta	contan
5 Penta	60 Hexa	contan
6 Hexa	70 Hepta	contan
7 Hepta	80 Octa	contan
8 Octa	90 Nona	contan
9 Nona	100 Hectan	

Die entsprechenden Radikale tragen anstelle der Endsilbe ... an die Silbe ... *yl*; die freie Valenz ist immer mit 1 zu beziffern (was nicht gesondert angegeben werden muss).

[1] Im englischen Sprachbereich wird die Endsilbe *-ane* verwendet.
[2] *Ausnahmen*: 11 = Undecan, 20 = Eicosan, 21 = Heneicosan.

$C_{22}H_{46}$ Docosan, $C_{44}H_{90}$ Tetratetracontan,

$-C_{75}H_{151}$ Pentaheptacontyl, $-C_{121}H_{243}$ Heneicosahectyl.

Ungesättigte acyclische Kohlenwasserstoffe mit Doppel- und/oder Dreifachbindungen werden generell als *Alkene*, *Alkine* und *Alkenine* bezeichnet; mehrfache Unsättigung wird durch Zahlsilben *di*, *tri* usw. angegeben: *Alkatriene*, *Alkendiine* usw.
Die Gattungsnamen der entsprechenden Radikale werden durch Anhängen der Silbe . . . *yl* gebildet: *Alkadientriinyl* usw.
Zur Benennung einzelner Glieder wendet man die für die gesättigten Systeme gegebenen Prinzipien sinngemäß an; trivial benannt werden nur noch *Methylen* $\ddot{C}H_2$, *Ethylen* $H_2C{=}CH_2$, *Allen* $H_2C{=}C{=}CH_2$ und *Acetylen* $HC{\equiv}CH$.
Die Bezifferung der Ketten erfolgt so, daß die Mehrfachbindungen zusammen die kleinsten Ziffern erhalten; hat man die Wahl, sind Doppelbindungen gegenüber Dreifachbindungen bevorrechtigt.

$H_3\overset{5}{C}-\overset{4}{C}H_2-\overset{3}{C}H{=}\overset{2}{C}H-\overset{1}{C}H_3$ 2-Penten, $H_3C-C{\equiv}\overset{2}{C}-CH_3$ 2-Butin,

$H_3C-CH{=}\overset{5}{C}H-C{\equiv}\overset{3}{C}-CH{=}\overset{1}{C}H_2$ 1,5-Heptadien-3-in,

$H_3C-CH{=}\overset{3}{C}H-C{\equiv}\overset{1}{C}H$ 3-Penten-1-in (nicht 2-Penten-4-in!)

$H_{21}C_{10}-C{\equiv}\overset{11}{C}-C_{10}H_{21}$ 11-Docosin, $H_2\overset{1}{C}{=}\overset{2}{C}{=}CH-C_{30}H_{61}$ 1,2-Tritriacontadien.

In den entsprechenden Radikalen wird die Radikalstelle stets mit 1 beziffert, erst dann ordnet man die Mehrfachbindungen wie oben:

$HC{\equiv}CH-$ Ethinyl, $\overset{25}{H\!C}{\equiv}\overset{24}{C}-CH{=}\overset{22}{C}H-(CH_2)_{20}\overset{1}{C}H_2-$ 22-Pentacosen-24-inyl.

Für die Radikale *Vinyl* $H_2C{=}CH-$ und *Allyl* $H_2C{=}\overset{2}{C}H-\overset{1}{C}H_2-$ werden die Trivialbegriffe beibehalten.

Anmerkung:

Im deutschen Sprachgebrauch findet man häufig Penten-(2) oder auch Pent-2-en anstelle von 2-Penten. Da aber die letzte Bezeichnung mit der geringsten Zahl an Symbolen auskommt und dennoch eindeutig ist, muß man ihr den Vorrang einräumen.

Verzweigte gesättigte und ungesättigte acyclische Kohlenwasserstoffe werden wie folgt benannt: man bestimmt die *Hauptkette*, der man dann die *Seitenketten* als radikalische Substituenten zuordnet. Bei der Festlegung der Hauptkette hat man die folgenden Prioritätsabstufungen zu beachten:

a) Die Hauptkette muß die größte Zahl an Doppel- und Dreifachbindungen zusammen enthalten.
b) Ist dieses Kriterium noch mehrdeutig, oder wie im Falle der gesättigten Systeme irrelevant, entscheidet die größere Zahl an C-Atomen.
c) Hat man dann noch die Wahl, bestimmt die größere Zahl an Doppelbindungen die Hauptkette.
d) Ist dann noch keine Entscheidung möglich, gewinnt die Kette mit den meisten Seitenketten.

Die so definierte Hauptkette wird dann nach den für die unverzweigten Systeme gegebenen Prinzipien durchnumeriert. Bei der Benennung der Seitenketten, die ja ihrerseits weitere Seitenketten tragen können, verfährt man analog. Bei der Vereinigung der Teilstrukturen gibt man den Verknüpfungsstellen — wenn noch Wahlmöglichkeiten offen sind — kleinstmögliche Ziffern. Sind mehrere Seitenketten vorhanden, so ist, sofern alle obigen Prioritätskriterien ausgeschöpft sind, die alphabetische[3] Reihenfolge maßgeblich, die auch grundsätzlich bei der Zitierung der Seitenketten anzuwenden ist, unabhängig von der Verknüpfungsziffer.

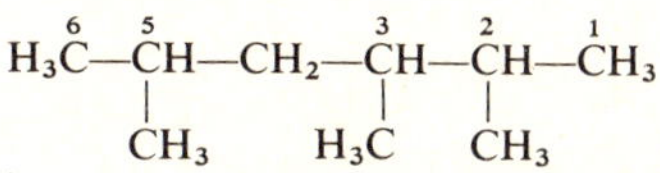

2,3,5-Trimethylhexan

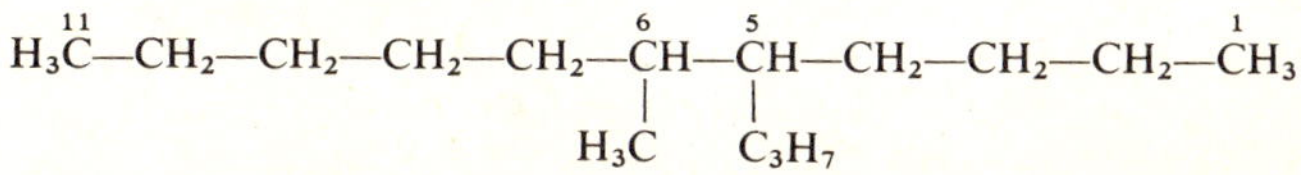

6-Methyl-5-propylundecan

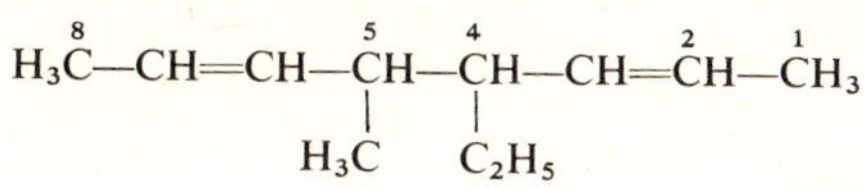

4-Ethyl-5-methyl-2,6-octadien

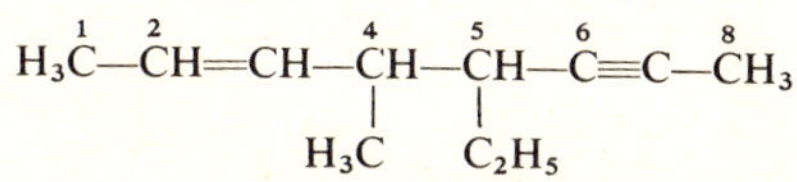

5-Ethyl-4-methyl-2-octen-6-in

---

[3] Neuerdings sind auch im Deutschen für die Begriffe Äthan, Äthyl, Jod, Wismut und die davon abgeleiteten Termini die englischen Schreibweisen Ethan, Ethyl, Iod und Bismut eingeführt worden. Früher war neben der alphabetischen auch noch eine Komplexitätsreihenfolge der Substituenten zugelassen; da insbesondere in der deutschsprachigen Literatur davon ausgiebig Gebrauch gemacht wurde, informiere man sich bei Bedarf in der diesbezüglichen Liste in Beilstein's Handbuch der Organischen Chemie, Ergänzungswerk 3, Band V/1, XXXVII–LII.

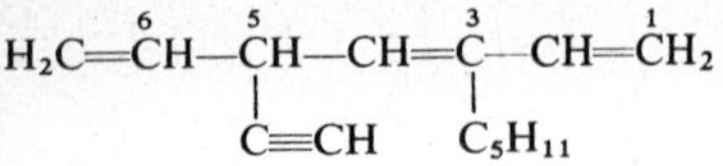

5-Ethinyl-3-pentyl-1,3,6-heptatrien

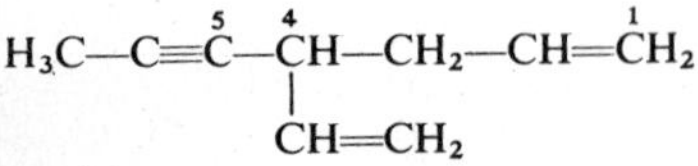

4-Vinyl-1-hepten-5-in

Bei den einfach verzweigten Kohlenwasserstoffen und ihren Radikalen werden die folgenden Trivialbezeichnungen beibehalten:

Isobut {*an*, *yl*}, *Isopent* {*an*, *yl*}, *Isohex* {*an*, *yl*} $(CH_3)_2CH—(CH_2)_n—CH_3$ bzw.

$(CH_3)_2CH—(CH_2)_n—CH_2$ – $n = 0–2$

Neopent {*an*, *yl*} $(CH_3)_4C$ bzw. $(CH_3)_3C—CH_2—$

Isopren 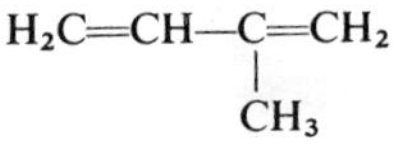

Isopropyl $(CH_3)_2CH—$, *Isopropenyl* 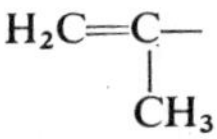 ,

sec-Butyl 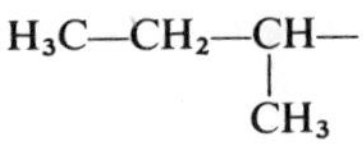 , *tert-Butyl* $(CH_3)_3C—$,

tert-Pentyl 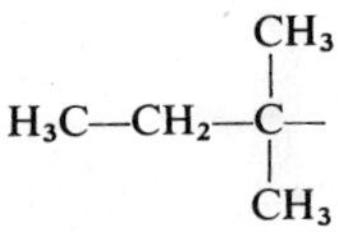

Liegen *weiter verzweigte Seitenketten* vor, so hat man zusätzlich zu beachten, daß die Seitenketten immer über ihre Position 1 an die Hauptkette zu knüpfen sind, daß ihre alphabetische Ordnung durch den ersten Buchstaben des kompletten substituierten Substituenten bestimmt wird und daß bei dann noch verbleibenden Wahlmöglichkeiten kleinere Ziffern innerhalb der Substituenten den Ausschlag geben.

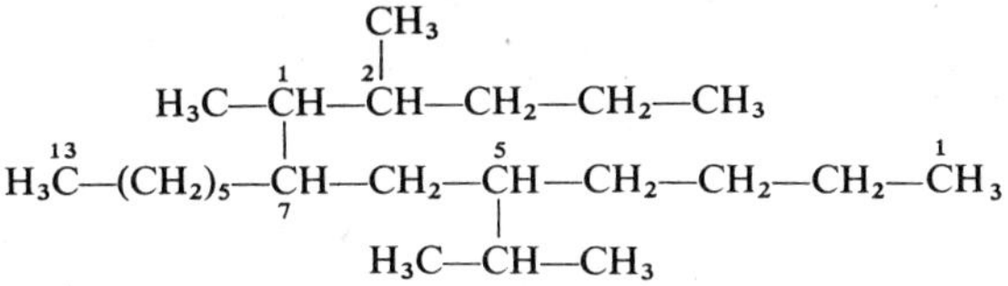

7-(1,2-Dimethylpentyl)-5-(isopropyl)-tridecan

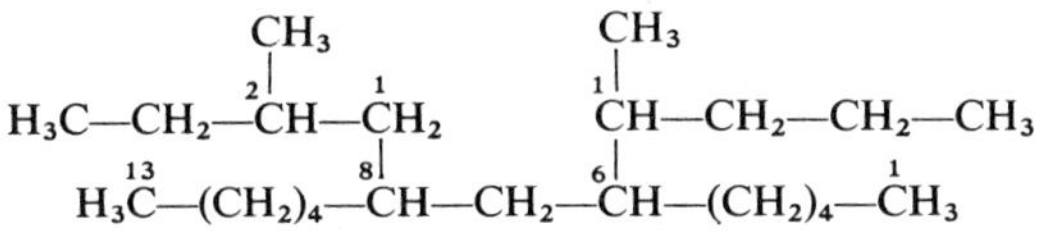

6-(1-Methylbutyl)-8-(2-methylbutyl)-tridecan

Identische Seitenketten werden durch die multiplizierenden Präfixe *di*, *tri*, *tetra*, *penta* usw. angezeigt. Liegen identisch weitersubstituierte identische Seitenketten vor, so verwendet man die Präfixe *bis*, *tris*, *tetrakis*, *pentakis* usw. (für die direkte Verknüpfung identischer Einheiten sind die Präfixe *bi*, *ter*, *quater*, *quinque*, *sexi*, *septi* usw. zu verwenden. Siehe nachfolgende Kapitel).

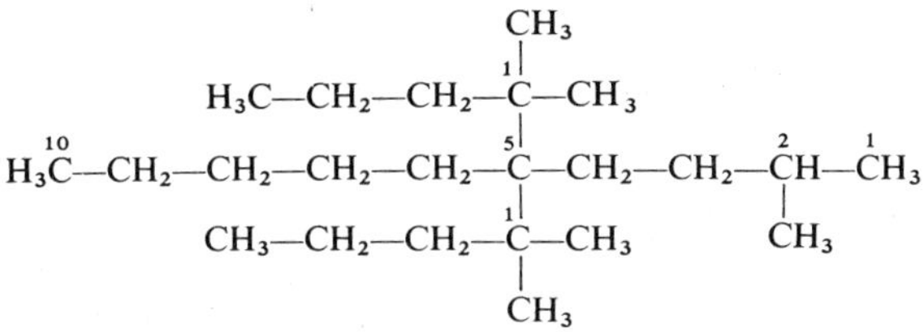

5,5-Bis-(1,1-dimethylbutyl)-2-methyldecan

Liegt ein solches komplexes Kohlenwasserstoff-System als Radikal vor, so muß der Radikalstelle wieder die Position 1 eingeräumt werden, erst dann werden die oben besprochenen Prioritätsregeln sinngemäß angewendet.

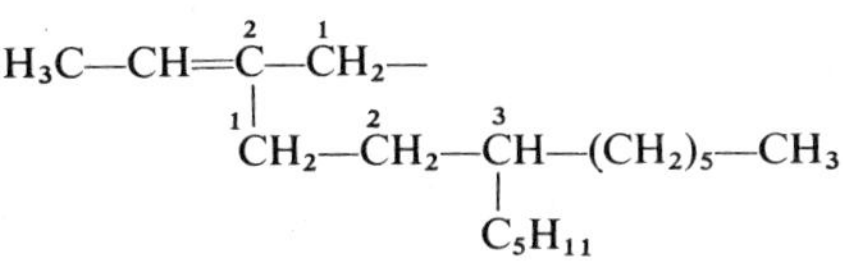

2-(3-Pentylnonyl)-2-butenyl

Mehrwertige Radikale

Mehrwertige Radikale acyclischer Kohlenwasserstoffe werden benannt, indem man dem Namen des einwertigen Radikals die Silben . . . *iden* bzw. . . . *idin* anhängt, sofern sich die freien Valenzen am gleichen C-Atom befinden. Mehrfaches Vorkommen dieser Strukturelemente wird durch Zahlen-Infixe berücksichtigt. Trivial bleibt hier *Methylen*, $>CH_2$; die Gruppe $=CH-$ wird als *Methin*-Gruppe bezeichnet.

$HC\equiv$ Methylidin, $H_2C{=}C{=}$ Vinyliden, $(CH_3)_2C{=}$ Isopropyliden,

$\equiv C-CH_2-CH{=}\overset{2}{C}H-\overset{1}{C}\equiv$ 2-Pentendiylidin,

$\equiv\overset{4}{C}-C\equiv\overset{2}{C}-\overset{1}{C}H{=}$ 2-Butin-1-yliden-4-ylidin,

$-CH_2-\underset{|}{C}H-CH_2-$ 1,2,3-Propantriyl,

$-\overset{1}{C}H_2-\underset{\|}{\overset{2}{C}}-CH_2-\overset{4}{C}H_2-$ 1,4-Propandiyl-2-yliden.

Befindet sich je eine freie Valenz an den endständigen C-Atomen einer Kohlenwasserstoffkette, so spricht man von Trimethylen-, Tetramethylen- usw. Radikalen. Ungesättigte Radikale dieser Art werden benannt, indem man die Endsilbe . . . *en* durch . . . *enylen* ersetzt. Die Begriffe *Ethylen* $-CH_2-CH_2-$, *Propylen* $H_3C-\underset{|}{C}H-CH_2-$ und *Vinylen* $-CH{=}CH-$ bleiben trivial.

$-\overset{1}{C}H_2-\underset{\displaystyle CH_3}{\overset{2}{C}H}-CH_2-\overset{4}{C}H_2-$ 2-Methyl-1,4-tetramethylen

$-\overset{5}{C}H_2-\underset{\displaystyle C_3H_7}{\overset{4}{C}H}-CH{=}\overset{2}{C}H-\overset{1}{C}H_2-$ 4-Propyl-2-pentenylen

1.2. Cyclische Systeme

1.2.1. Cyclische Kohlenwasserstoff-Systeme

1.2.1.1. Monocyclische Kohlenwasserstoffe

Zur Benennung gesättigter und ungesättigter monocyclischer Kohlenwasserstoffe und ihrer Radikale verfährt man wie bei den acyclischen Analoga, muß jedoch das Präfix *Cyclo* voranstellen. Einwertige Radikale erhalten wieder die Endung . . . *yl*, zweiwertige die Endung . . . *ylen* (an verschiedenen Kohlenstoffen) bzw. . . . *yliden* (am gleichen Kohlenstoff). Bei der Bezifferung haben Radikalpositionen den Vorrang, dann werden Doppel- und Dreifach-Bindungen zusammen, dann Doppelbindungen mit den kleinstmöglichen Ziffern belegt.

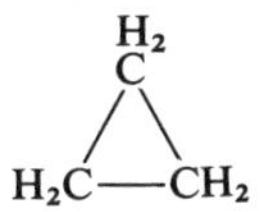
Cyclopropan

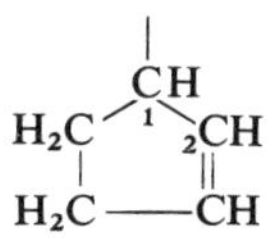
2-Cyclopentenyl

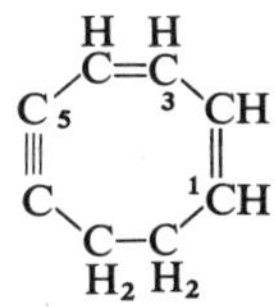
1,3-Cyclooctadien-5-in

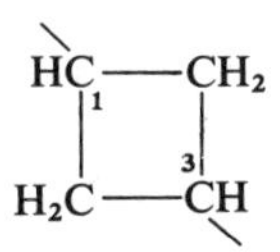
1,3-Cyclobutylen

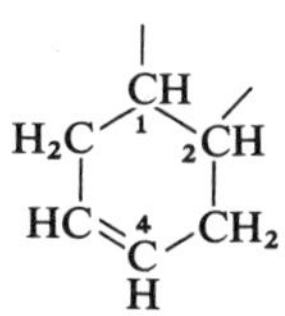
4-Cyclohexen-1,2-ylen

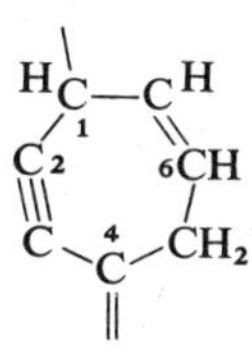
6-Cyclohepten-2-in-1-yl-4-yliden

Die Bezeichnungen *Benzol*, *Phenyl-* und o,m,p-*Phenylen* werden trivial beibehalten.

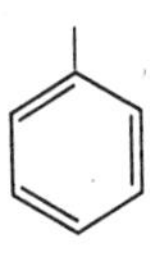
oder
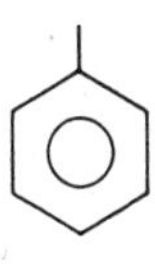
Phenyl

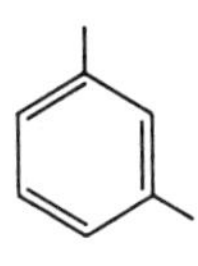
m-Phenylen

1.2.1.2. Polycyclische Kohlenwasserstoffe

1.2.1.2.1. Kondensierte polycyclische Kohlenwasserstoffe

Die Nomenklatur dieser Verbindungen, in denen mindestens zwei weitgehend ungesättigte Ringe über mindestens zwei gemeinsame C-Atome miteinander verschmolzen[4] sind, basiert auf einer Reihe von Trivialnamen, deren wichtigste nachfolgend in ansteigender Priorität aufgeführt sind. Die Systeme, die nur Benzoleinheiten umfassen, werden einschließlich ihrer Substitutionsprodukte generell als *Arene* oder Aromaten bezeichnet. Kondensierte Kohlenwasserstoff-Systeme, die fünf- und mehrgliedrige[5] Ringe enthalten und für die kein Trivialname beibehalten wird, werden systematisch wie folgt benannt:

Die Komponente, die den größten Ring oder/und — sofern ein Trivial-System gemäß der Tabelle 1 vorliegt — die meisten Ringe aufweist, wird als *Basiskomponente* ausgewiesen. Alle übrigen Komponenten, die möglichst einfach sein sollen, werden in Form von Präfixen vorangestellt, indem ihre Endsilbe . . . *en* in . . . *eno* umgewandelt wird. Die folgenden abgekürzten Präfixe werden beibehalten:

Acenaphtho	von *Acenaphthylen*	*Naphtho*	von *Naphthalin*
Anthra	von *Anthracen*	*Perylo*	von *Perylen*
Benzo	von *Benzol*	*Phenanthro*	von *Phenanthren*

Monocyclische Präfixe werden mit Ausnahme von *Benzol* wie Cyclopenta, Cyclohepta usw. gehandhabt. Es sei darauf hingewiesen, daß die Endsilbe . . . *en* bei kondensierten Polycyclen durchweg für die *maximale Zahl nichtkumulierter Doppelbindungen* steht!

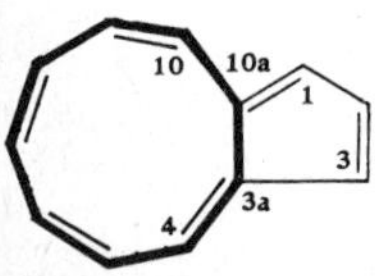

Cyclopentacyclononen
nicht: Cyclopentadieno-cyclononatetraen

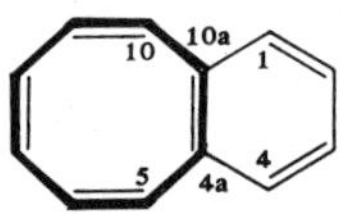

Benzocycloocten
nicht: Benzocyclooctatetraen

---

[4] Deshalb heißen diese Verbindungen im Englischen fused hydrocarbons.

[5] Diese Beschränkung ist willkürlich und unsinnig. Warum sollten die folgenden Verbindungen

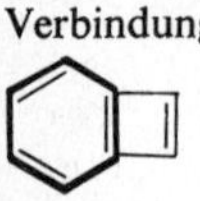

und

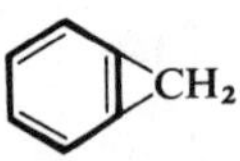

nicht als Cyclobutabenzol bzw. Cyclopropabenzol bezeichnet werden, entgegen der Literaturbezeichnung Benzocyclobuten bzw. Benzocyclopropen? (Siehe auch das Kapitel über verbrückte Kohlenwasserstoffe.)

Tabelle 1 *Beibehaltene Trivialnamen für kondensierte Polycyclen in ansteigender Priorität*

1 *Pentalen*

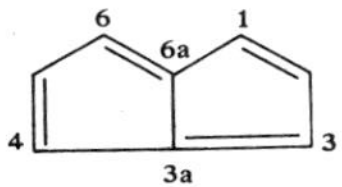

2 *Inden*

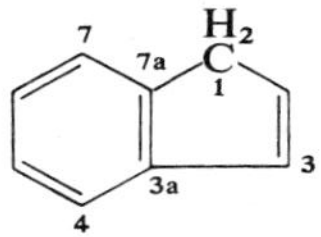

3 *Naphthalin*

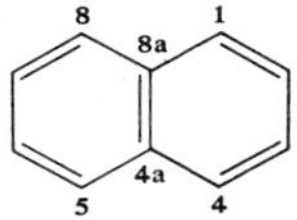

4 *Azulen*

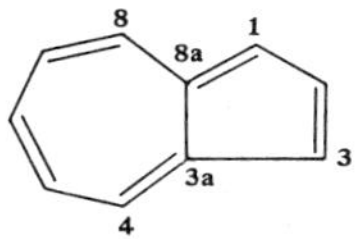

5 *Heptalen*

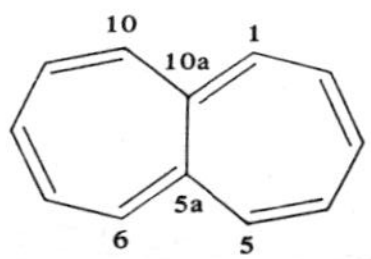

6 *Biphenylen*

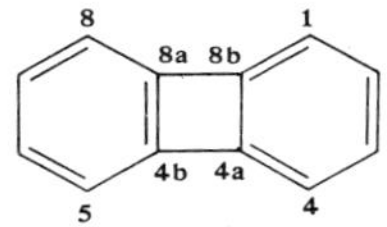

7 *as-Indacen*

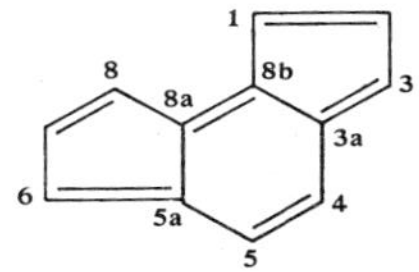

8 *s-Indacen*

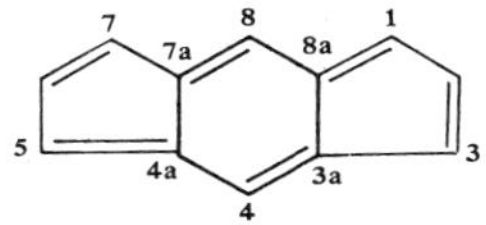

9 *Acenaphthylen*

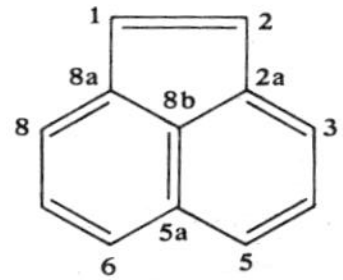

Tabelle 1 (Fortsetzung)

10 *Fluoren*

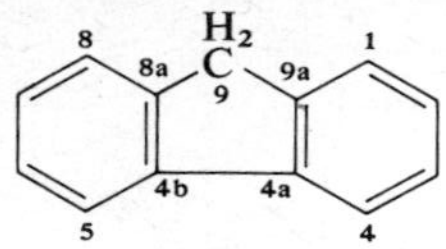

11 *Phenalen*

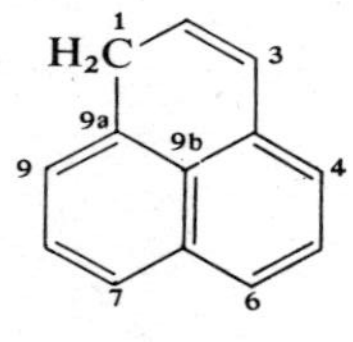

12 *Phenanthren*[a]

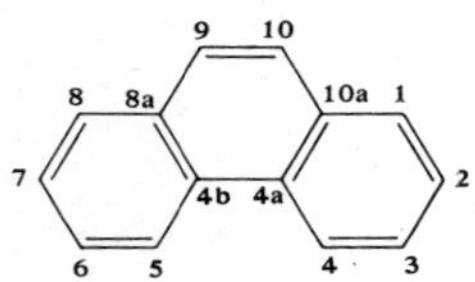

13 *Anthracen*[a]

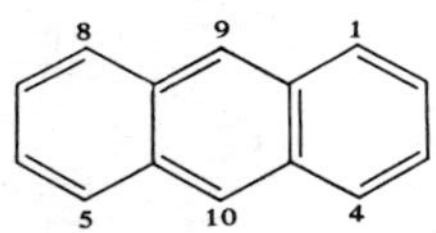

18 *Pyren*

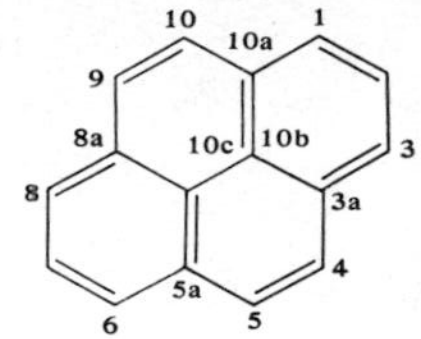

19 *Chrysen*

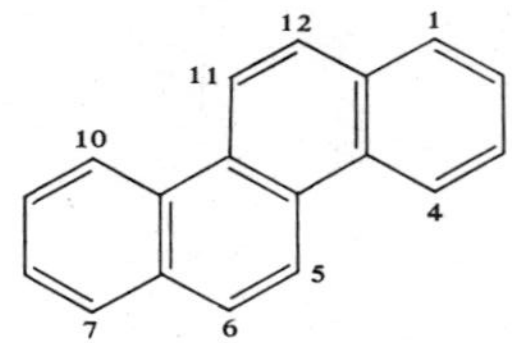

20 *Naphthacen*

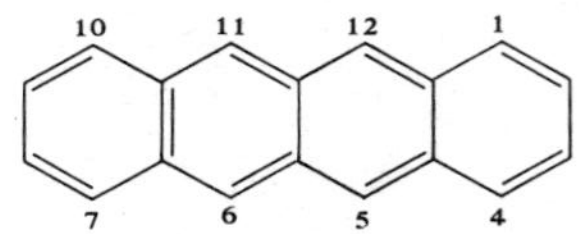

21 *Pleiaden*

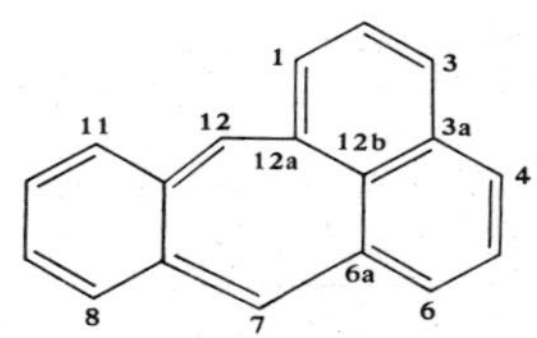

14 *Fluoranthen*

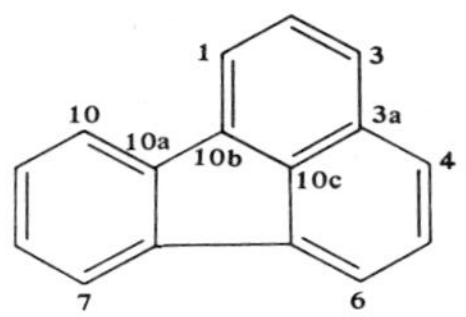

15 *Acephenan-thrylen*

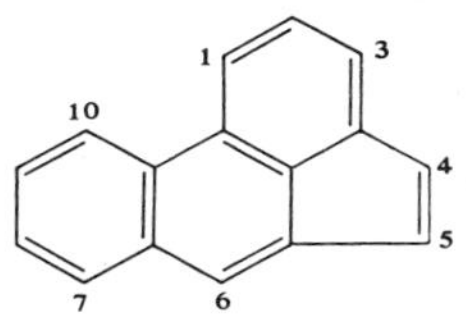

16 *Aceanthrylen*

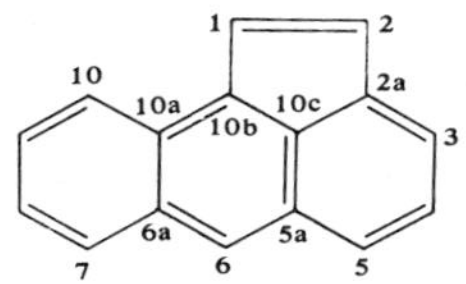

17 *Triphenylen*[b]

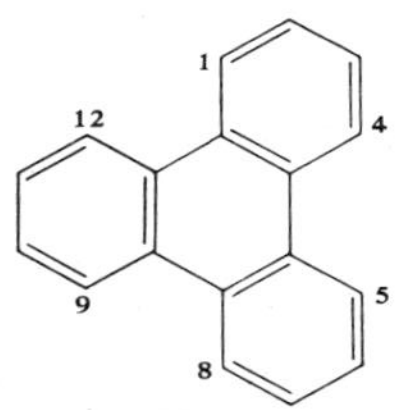

22 *Picen*

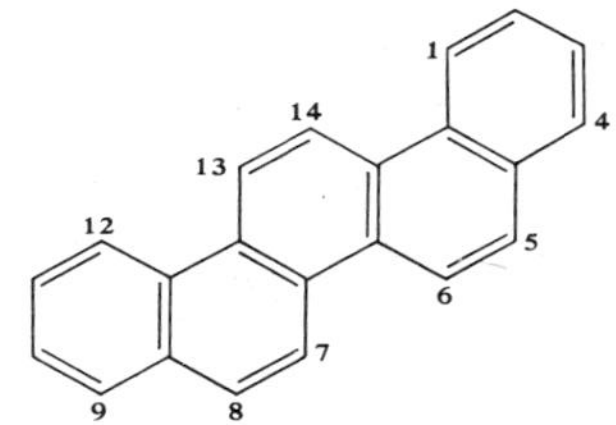

23 *Perylen*

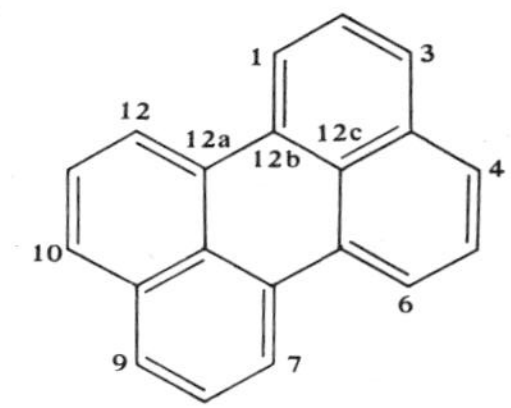

24 *Pentaphen*

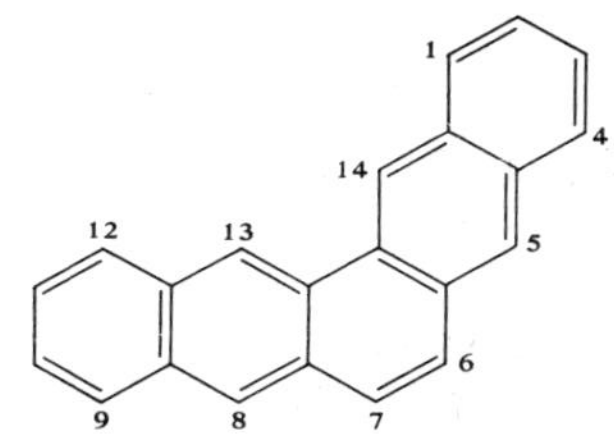

[a] Ausnahmen von der systematischen Bezifferung.

[b] Müßte eigentlich Terphenylen bzw. Quaterphenylen heißen, da direkte Verknüpfung identischer Einheiten (hier o-Phenylen) normalerweise mit bi, ter, quater, usw. angezeigt wird.

Tabelle 1 (Fortsetzung)

25 *Pentacen*

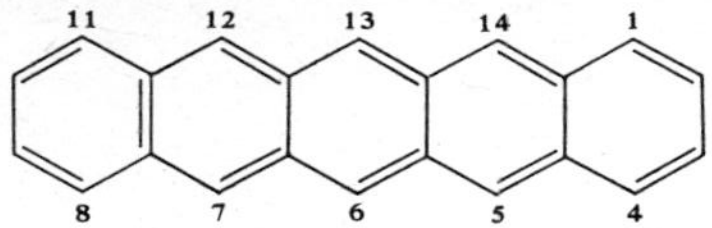

26 *Tetraphenylen*[b]

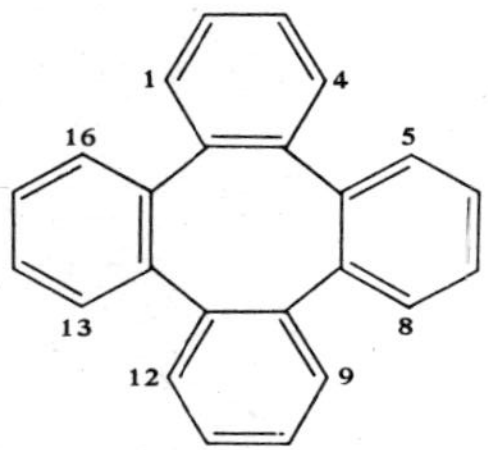

27 *Hexaphen*

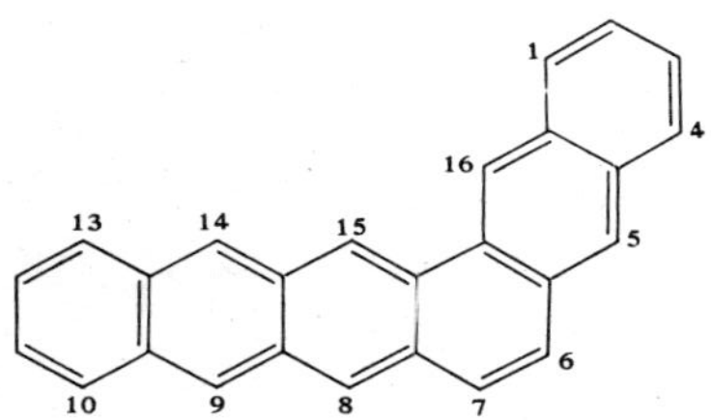

31 *Trinaphthylen*

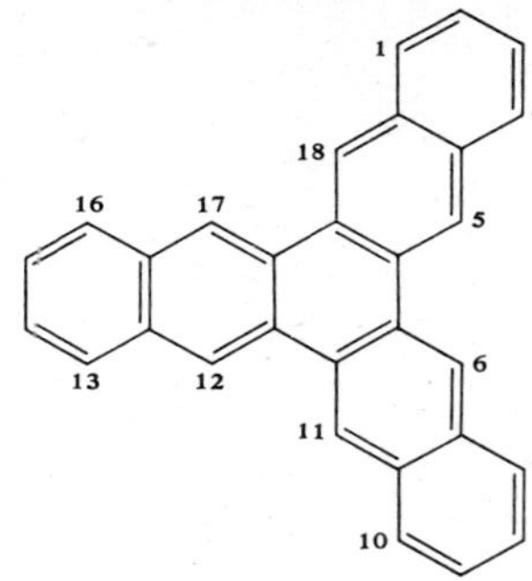

32 *Heptaphen*

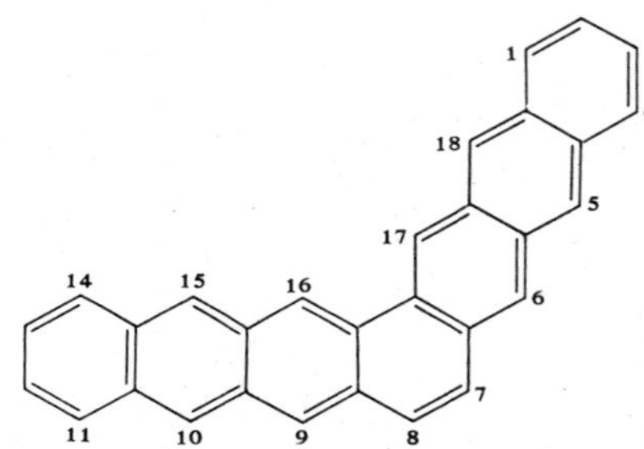

28 *Hexacen*

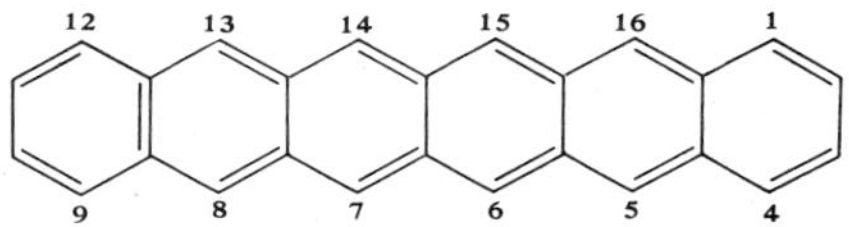

33 *Heptacen*[c]

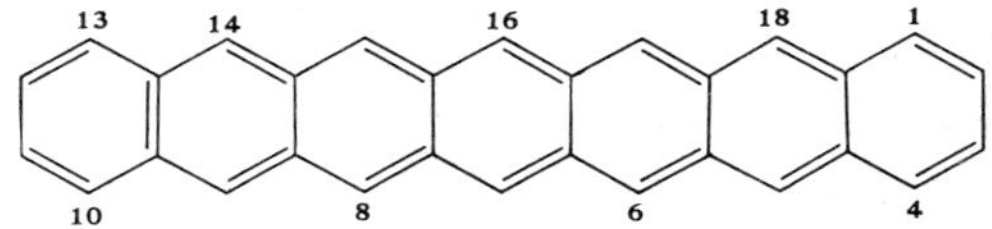

29 *Rubicen*

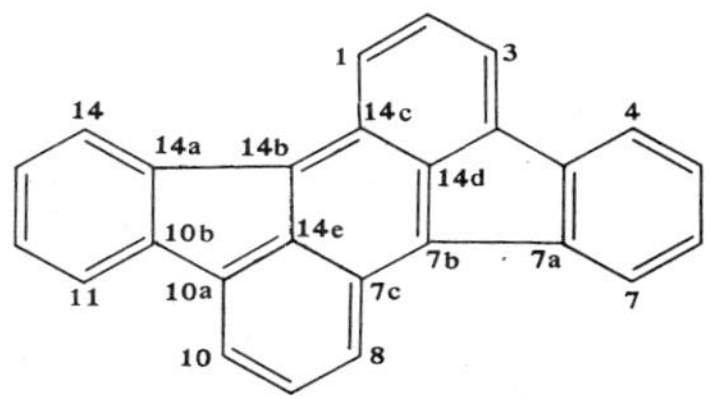

34 *Pyranthren*

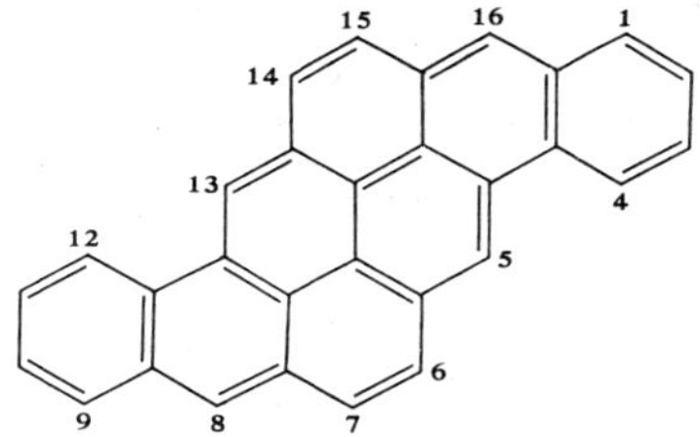

30 *Coronen*

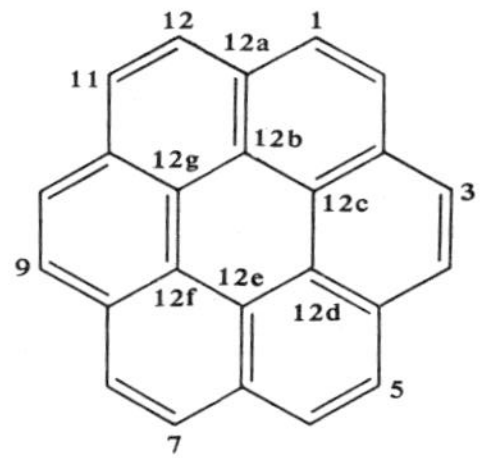

35 *Ovalen*

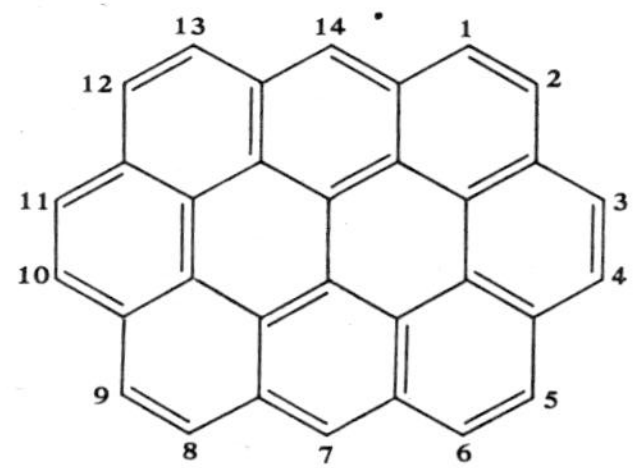

---

[c] Kann sinngemäß weitergeführt werden: Octacen, Nonacen. . . .

Grundsätzlich sind bei den kondensierten Systemen zahlreiche Isomere möglich, die durch geeignete *Chiffrierung* unterschieden werden müssen. Hierzu werden die Seiten der Basiskomponenten im Sinne der Positionenzählung 1, 2, 3, 4, . . . mit den Buchstaben a, b, . . . belegt. Für die zugeordneten *Sekundärkomponenten* wird die übliche Bezifferung beibehalten. Die Kombination der Teilstrukturen erfolgt dann derart, daß die *Verschmelzungspositionen* in eckigen Klammern dazwischen geschoben werden. Selbstverständlich wird hier wieder das Prinzip kleinster Chiffren beachtet (zuerst kleinste Buchstaben, dann kleinste Ziffern! Die *Ziffernabfolge* orientiert sich an der *Buchstabenabfolge*!); sind mehrere Sekundärkomponenten vorhanden, gilt, wie üblich, die alphabetische Reihenfolge.

Anmerkung:

Zur Festlegung der richtigen Buchstaben- und Ziffernfolge ist es unbedingt notwendig auch für die einzelnen Komponenten eines komplexeren kondensierten Systems die für die endgültige Bezifferung des Gesamtsystems maßgeblichen *Orientierungsregeln* zu beachten (s.S. 20,21) wie sie auch bereits in Tabelle 1 verwendet worden sind. Die die Seiten bezeichnenden Buchstaben findet man oft kursiv gedrukt. Hier werden durchweg normale Schrifttypen verwendet.

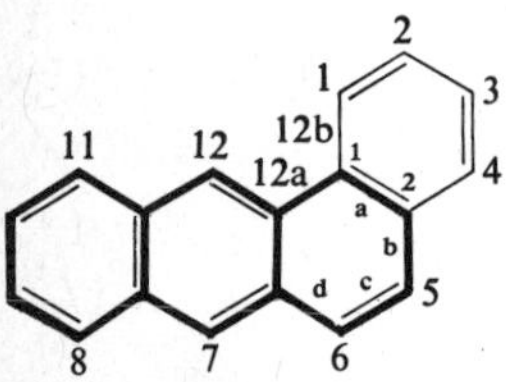

Benz[a]anthracen

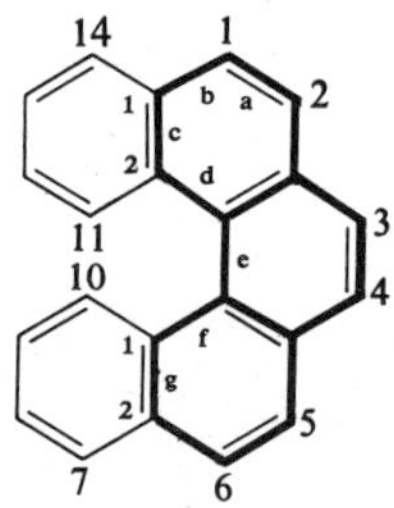

Dibenzo[c,g]phenanthren
nicht: Naphtho[2,1-c]phenanthren

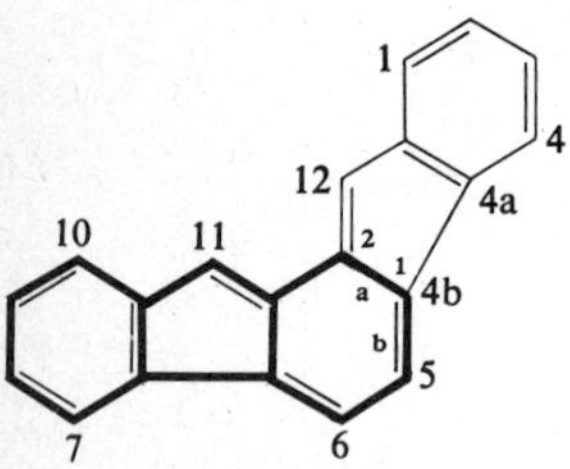

Indeno[2,1-a]fluoren

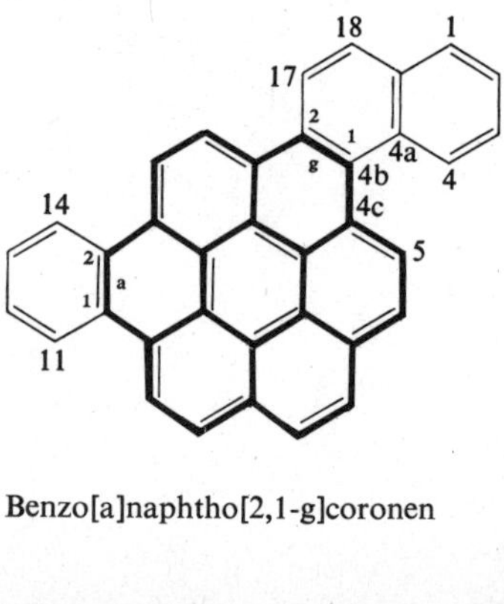

Benzo[a]naphtho[2,1-g]coronen

Da in beiden obigen Beispielen die Buchstabenabfolge im Uhrzeigersinn vorgegeben ist, die Ziffernfolge aber, um dem Prinzip kleinster Ziffern zu genügen, entgegengesetzt läuft, muß es . . . [2,1-a bzw. -g] . . . und nicht . . . [1,2-a bzw. -g] . . . heißen!

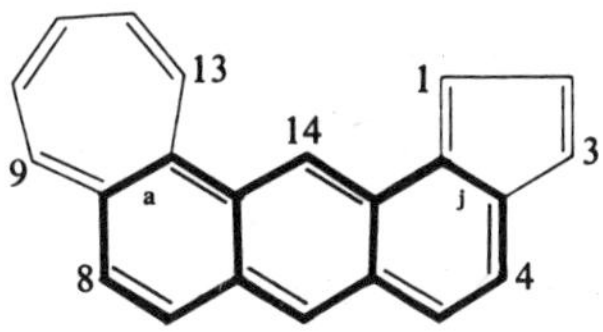

Cyclohepta[a]cyclopent[j]anthracen

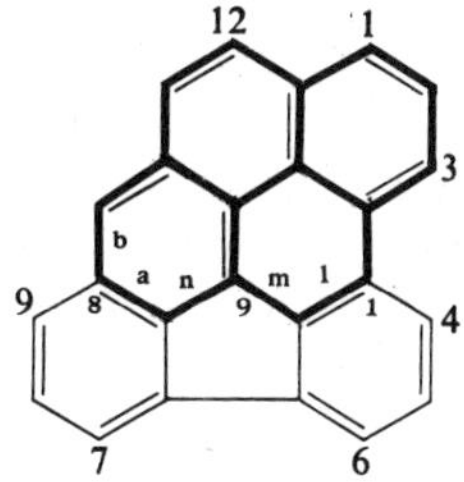

Fluoreno[1,9,8-almn]pyren
(Verschmelzungspositionen wie 8a und 9a werden hier nicht genannt!)

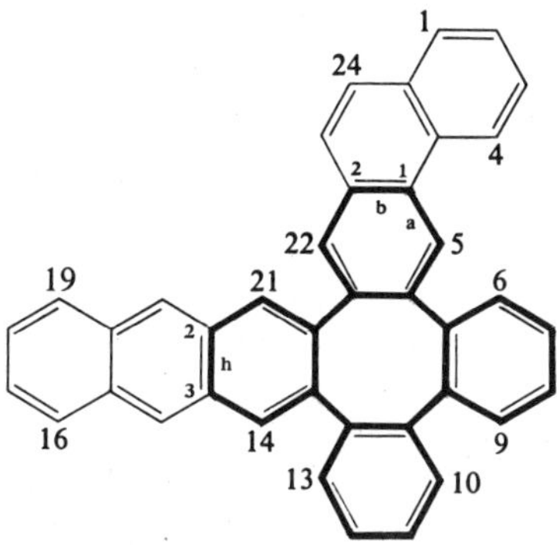

Dinaphtho[1,2-b:2,3-h]tetraphenylen

Bei komplexeren Systemen, bei denen eine *Tertiärkomponente* (oder gar *Quartärkomponente*) über die Sekundärkomponente an ein Basissystem kondensiert ist, wird die Tertiärkomponente mit markierten (primed) Ziffern in der eckigen Klammer angegeben.

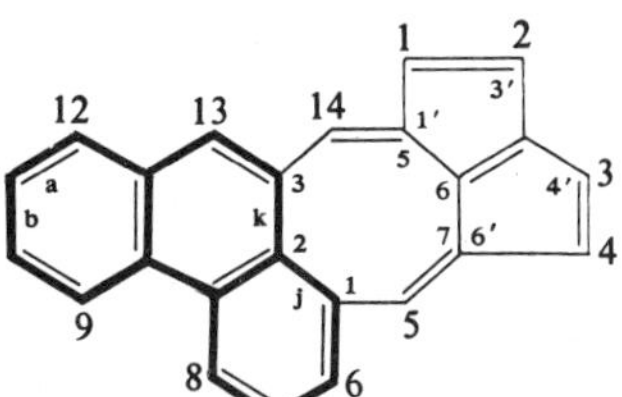

Pentaleno[1′,6′:5,6,7]cycloocta[1,2,3-jk]-phenanthren

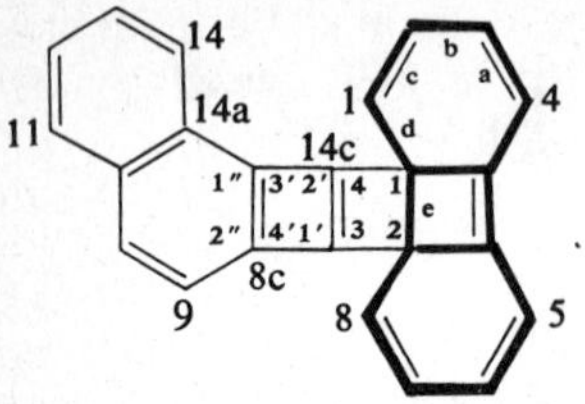

Naphtho[1″,2″:3′,4′]cyclobuta[1′,2′:3,4]-cyclobuta[1,2-e]biphenylen

Kondensierte Systeme, bei denen eine zentrale Komponente mit zwei oder mehr *identischen peripheren ranghöheren Komponenten* verschmolzen ist, müssen wie folgt benannt werden:

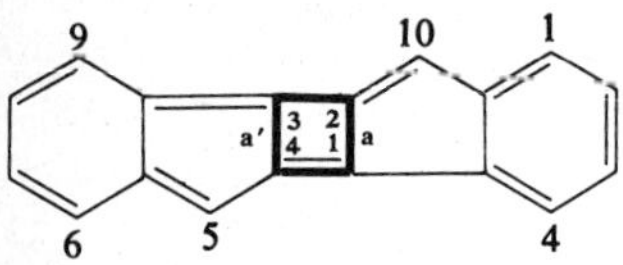

Cyclobuta[1,2-a:3,4-a′]diinden

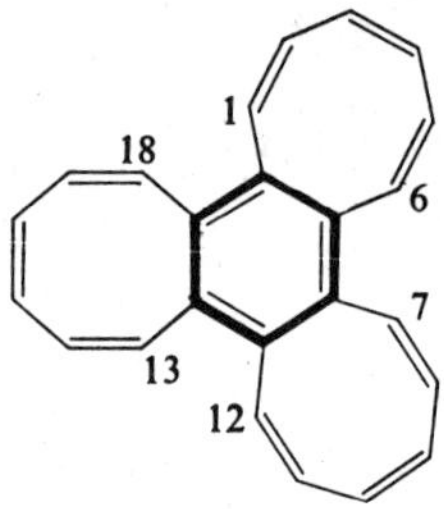

Benzo[1,2:3,4:5,6]triscycloocten

Erst wenn alle Teilkomponenten auf die eine oder andere Weise zusammengesetzt worden sind, kann die *endgültige Bezifferung* des Gesamtsystems erfolgen. Hierzu muß zunächst eine Vereinbarung über die *zeichnerische Wiedergabe* der verschiedenen Ring-Systeme getroffen werden:

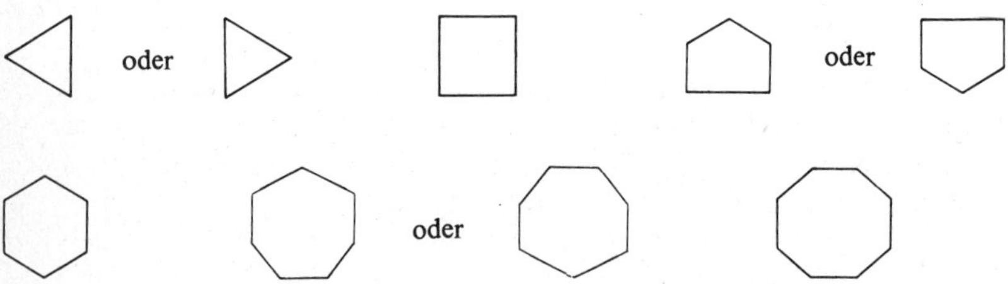

Nun orientiert man die Formeln so, daß

a) möglichst viele Ringe auf einer horizontalen Achse liegen,
b) möglichst viele Ringe rechts oberhalb dieser Achse liegen (vgl. vertikale Hilfsachse),
c) möglichst wenig Ringe links unterhalb der horizontalen Achse liegen.

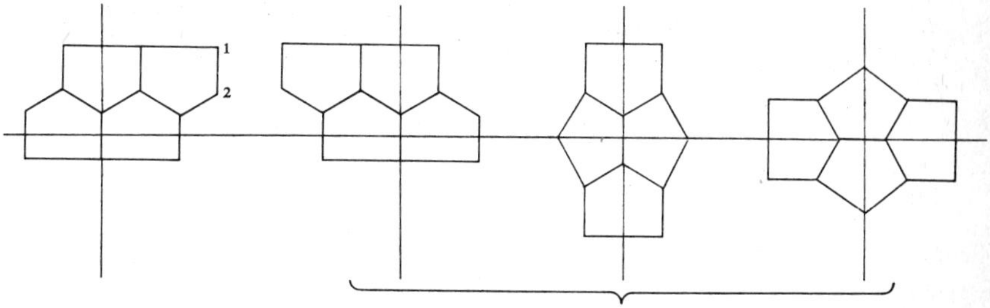

richtig falsch

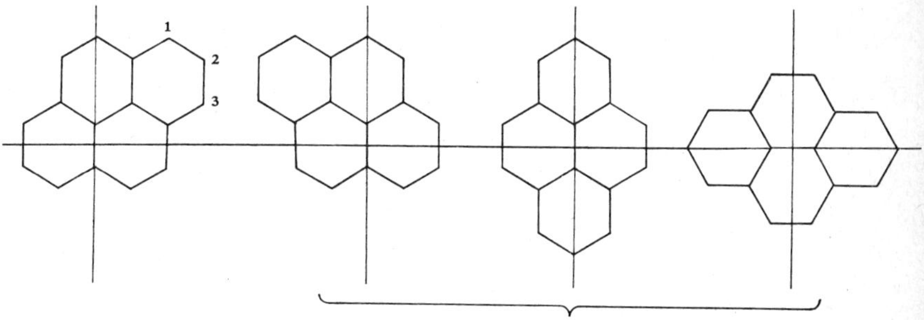

richtig falsch

Die *Bezifferung* wird im *Uhrzeigersinn* vorgenommen und *beginnt am obersten, rechtesten Ring, an dessen linkester Position* (die allerdings keine Verschmelzungsstelle sein darf). Kohlenstoffatome, die mehreren Ringen gemeinsam sind, werden indirekt durch Anfügen von a,b,c usw. an die Position des unmittelbar vorangehenden Kohlenstoffes beziffert. Wenn Wahlmöglichkeiten bestehen, sollen diese Verschmelzungspositionen möglichst klein beziffert werden. Innere Kohlenstoffatome werden von der höchstbezifferten Position fortlaufend mit a,b,c usw. im Uhrzeigersinn belegt. Alle bisherigen Beispiele und auch die Trivialnamen der Tabelle 1 (s. S. 13–17) sind bereits gemäß diesen Prinzipien beziffert. Ein weiteres charakteristisches Beispiel soll auf Fehlermöglichkeiten hinweisen:

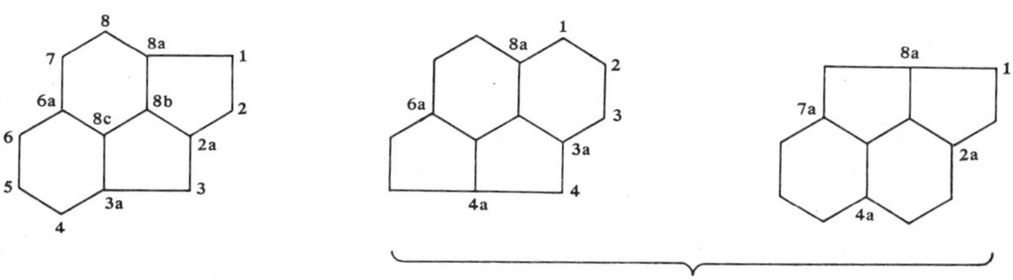

richtig falsch

2,3,6,8 ist kleiner als 3,4,6,8 oder 2,4,7,8. *Merke*: nicht die Summe entscheidet, sondern die erstmögliche unterscheidbare Position.

Befinden sich in einem kondensierten Kohlenwasserstoff gesättigte Positionen (—>CH oder >CH_2 Gruppen), so müssen diese durch Ziffern angezeigt werden. Bei *einer* solchen Gruppe spricht man von *indiziertem H* (*kursive Schrifttype*), treten diese Positionen paarweise auf, werden die entsprechenden Verbindungen als *Di-*, *Tetra-* oder *Perhydro-Derivate* betrachtet. Sind die oben besprochenen Selektionsregeln erschöpft, müssen die hydrierten Positionen kleinstmöglich beziffert werden, wobei der indizierte Wasserstoff den Vorrang hat und auch direkt dem Kohlenwasserstoff-Namen vorangestellt wird.

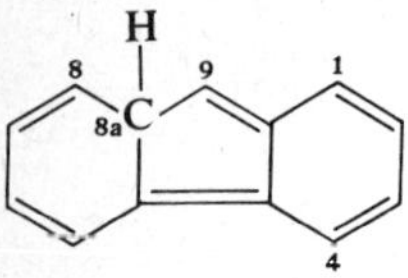

8a*H*-Fluoren

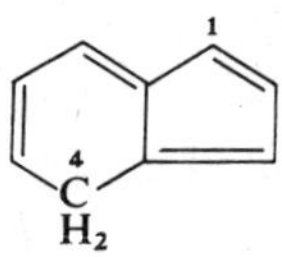

4*H*-Inden

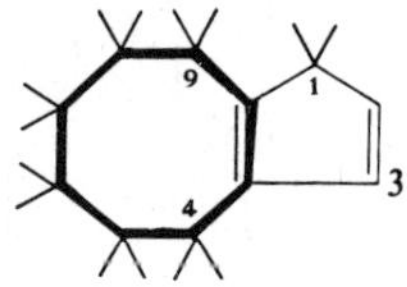

4,5,6,7,8,9-Hexahydro-1*H*-cyclopentacycloocten

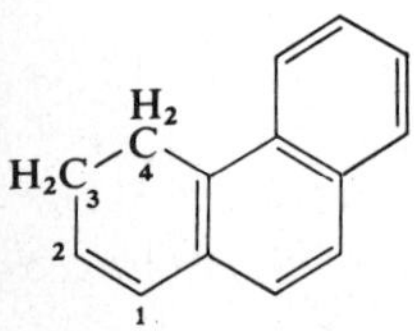

3,4-Dihydrophenanthren
(Ausnahmc-Bezifferung)

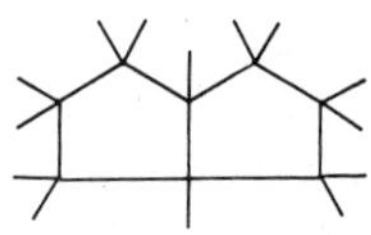

Perhydropentalen
(Hier und in ähnlichen Fällen sollen die exocyclischen Striche Sättigung charakterisieren)

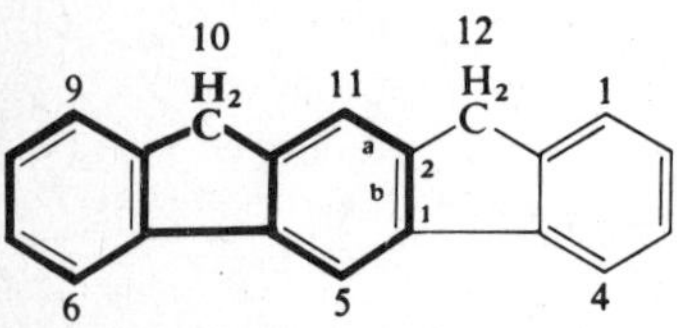

10*H*,12*H*-Indeno[2,1-b]fluoren oder: 10,12-Dihydroindeno[2,1-b]fluoren

Für hydrierte kondensierte Kohlenwasserstoffe werden unter anderen die folgenden Trivialbezeichnungen beibehalten.

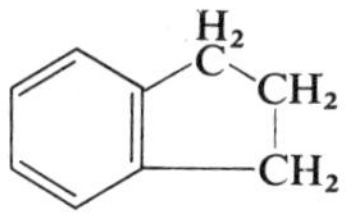

Indan

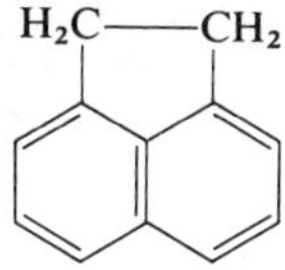

Acenaphthen

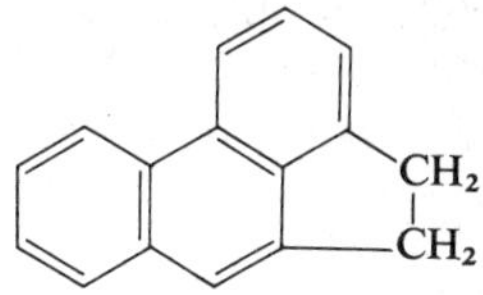

Acephenanthren

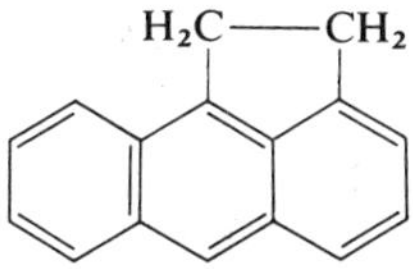

Aceanthren

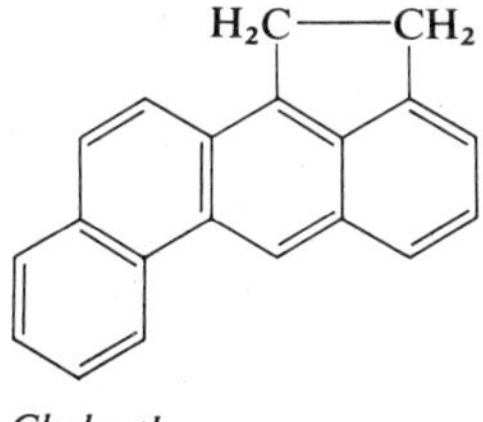

Cholanthren

Die Benamung der von den kondensierten Kohlenwasserstoffen abgeleiteten *Radikale* erfolgt, wie mehrfach beschrieben, durch Anfügen der Silben

yl bei einwertigen Radikalen,
yliden bei zwei freien Valenzen am gleichen C-Atom und
ylen bei zwei freien Valenzen an verschiedenen C-Atomen.

Mehr als zwei freie Valenzen werden mit ... *triyl*, ... *tetrayl* usw. angezeigt. Die abgekürzten Termini *Naphthyl-*, *Anthryl-* und *Phenanthryl-* werden beibehalten. Die Bezifferung erfolgt im Rahmen der Kohlenwasserstoff-Bezifferung so, daß die Radikalstellen die kleinsten Nummern erhalten.

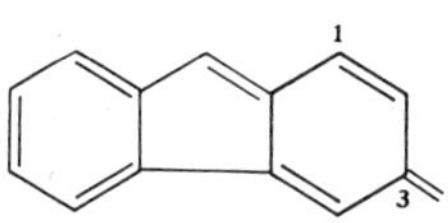

3-Fluorenyliden

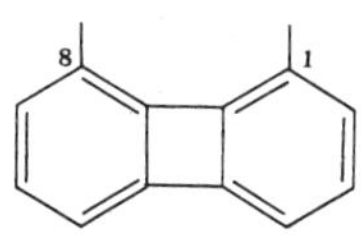

1,8-Biphenylenylen

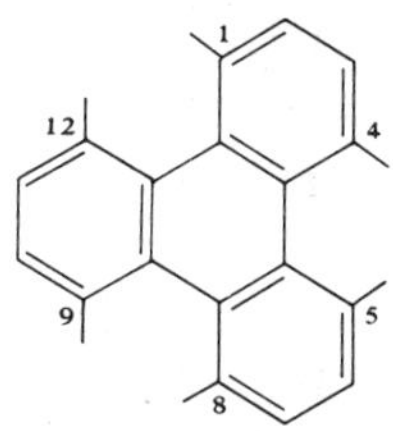

1,4,5,8,9,12-Triphenylen-hexa-yl

(Hier und in ähnlichen Fällen stehen die exocyclischen Striche für freie Valenzen)

1.2.1.2.2. Verbrückte polycyclische Kohlenwasserstoffe

Gesättigte cyclische Kohlenwasserstoffe mit zwei oder mehr Ringen, in denen mindestens zwei Ringe wenigstens zwei gemeinsame Kohlenstoffatome aufweisen, werden als *Bi-*, *Tri-*, *Tetra-* . . .[6] usw. *-cycloalkane* bezeichnet. Die Anzahl der Ringe ergibt sich hierbei leicht aus der Zahl der C—C-Spaltungen, die notwendig sind, um eine offenkettige Verbindung zu erhalten.

Zur Festlegung des Verbindungsnamens geht man wie folgt vor:

a) Man überführt das eventuell dreidimensionale Formelbild in eine geeignete *planare Darstellung*.
b) Man fixiert denjenigen Ring als *Hauptring*, der die meisten C-Atome enthält.
c) Die längstmögliche Kohlenstoffkette, die zwei C-Atome des aus zwei Zweigen bestehenden Hauptringes miteinander verbindet wird als *Hauptbrücke* festgelegt, die entsprechenden Verknüpfungsstellen heißen *Brückenköpfe*.
d) Bei der Zusammensetzung des Namens wird nach dem Begriff *cyclo* in eckigen Klammern die Anzahl der C-Atome der beiden *Zweige des Hauptringes*, der Hauptbrücke und eventuell vorhandener *Sekundärbrücken* in absteigender Reihenfolge gegeben.
e) Die Bezifferung beginnt an einem Brückenkopf und läuft auf dem längsten Wege (Hauptring) dahin zurück. Dann folgen die (möglichst große) Hauptbrücke, die den Hauptring *möglichst symmetrisch teilen soll* und die Sekundärbrücken. Die Brückenköpfe der Sekundärbrücken müssen durch Superskripte angegeben werden, die man natürlich im Rahmen der vorstehenden Regeln wieder möglichst klein wählt.

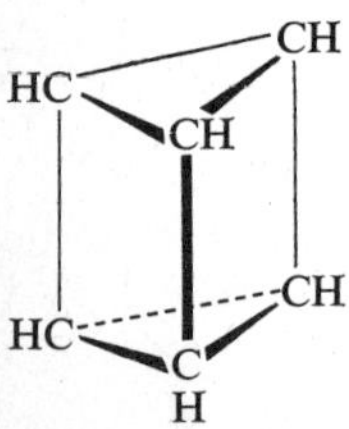

Prisman:

≡

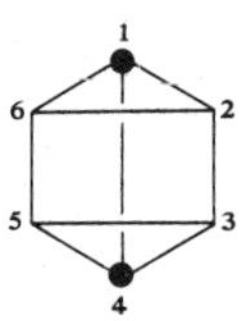

Tetracyclo$[2.2.0.0^{2,6}.0^{3,5}]$-hexan

richtig

≡

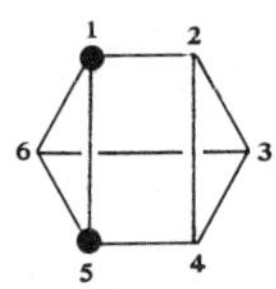

Tetracyclo$[3.1.0.0^{2,4}.0^{3,6}]$-hexan

falsch

Symmetrische Teilung des Hauptringes

---

[6] Hier werden übrigens unkonsequenterweise zwei Zahlsilben-Reihen miteinander vermischt: di *tri* *tetra* . . .
bi ter quater . . .

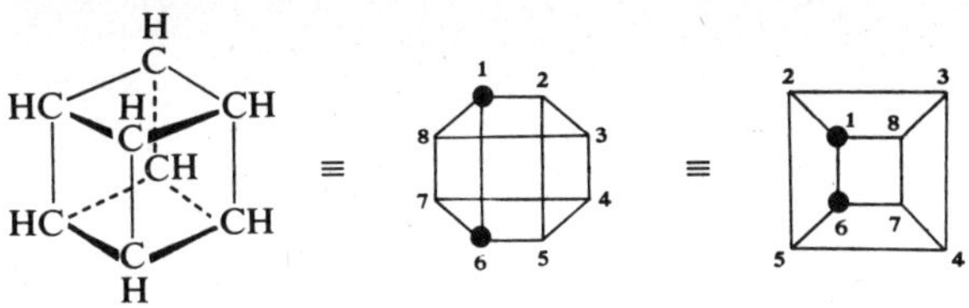

Cuban: Pentacyclo[4.2.0.0^{2,5}.0^{3,8}.0^{4,7}]octan

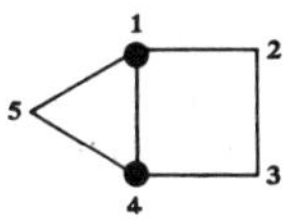

Bicyclo[2.1.0]pentan

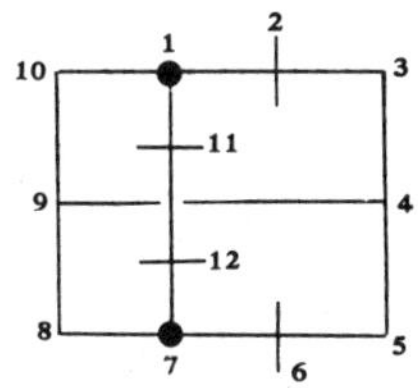

Tricyclo[5.3.2.0^{4,9}]dodecan richtig

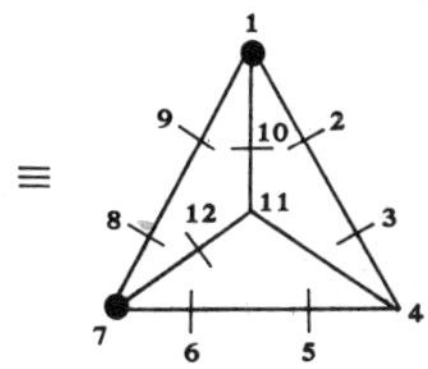

...[5.2.3.0^{4,11}]... falsch

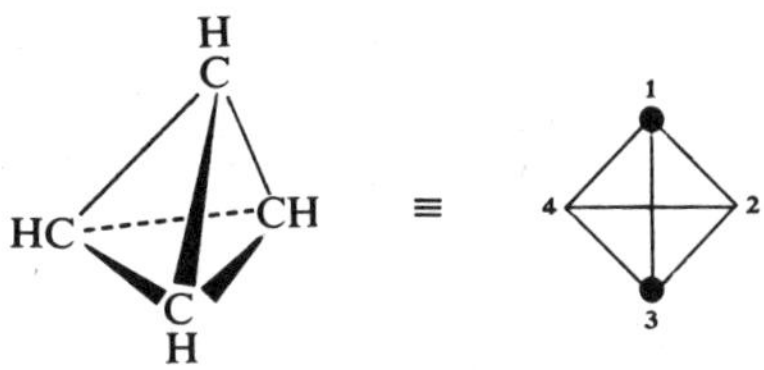

Tetrahedran Tricyclo[1.1.0.0^{2,4}]butan

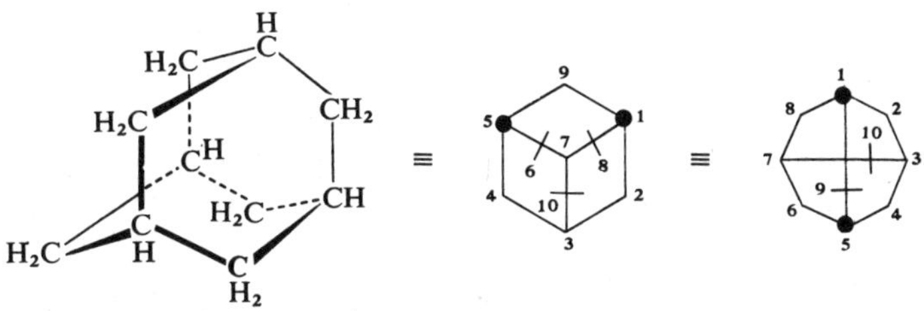

Adamantan Tricyclo[3.3.1.1^{3,7}]decan

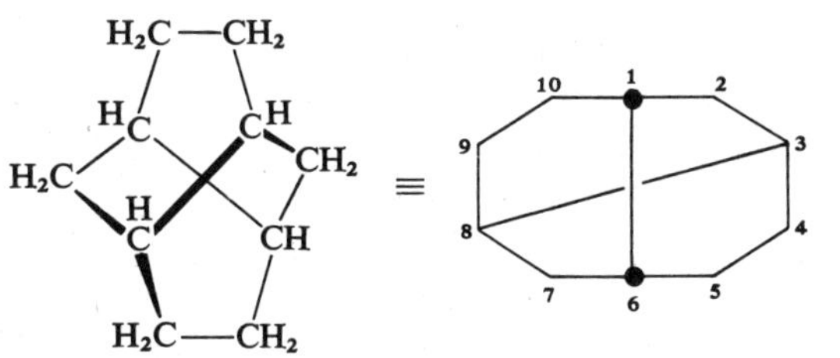

Twistan Tricyclo[4.4.0.0^{3,8}]decan

Bei der Einführung von Mehrfachbindungen, insbesondere von mehreren Doppelbindungen in derartige Systeme sieht man sich rasch Grenzsituationen konfrontiert, die gegebenenfalls die Anwendung einer anderen Bezeichnungsweise vernünftiger erscheinen lassen. Während die folgenden Verbindungen, beides Valenzisomere des *Benzols* (wie oben *Prisman*), klar und eindeutig bezeichenbar sind,

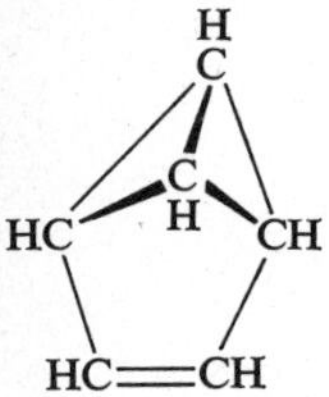

Benzvalen

≡

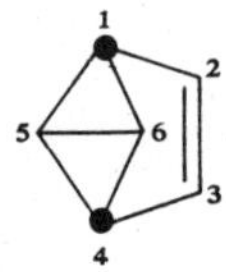

Tricyclo[2.1.1.0^{5,6}]hex-2-en
falsch

≡

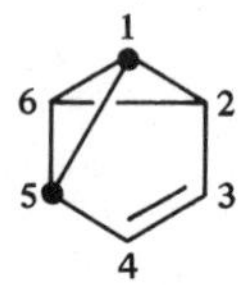

Tricyclo[3.1.0.0^{2,6}]hex-3-en
richtig

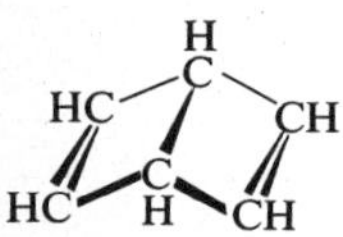

Dewarbenzol

≡

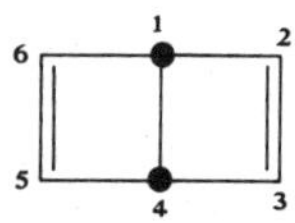

Bicyclo[2.2.0]hexa-2,5-dien

empfiehlt es sich bei den Verbindungen, die intakte benzoide Gerüste aufweisen, die Nomenklatur für kondensierte Polycyclen bzw. für seitenkettentragende Stammsysteme zu verwenden.

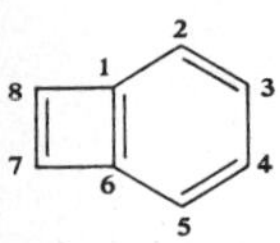

Bicyclo[4.2.0]octatetraen

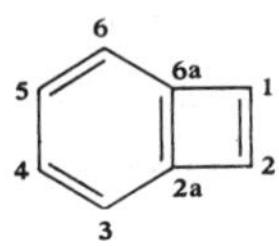

besser: Cyclobutabenzol

(bzw. inkonsequenterweise Benzocyclobuten)

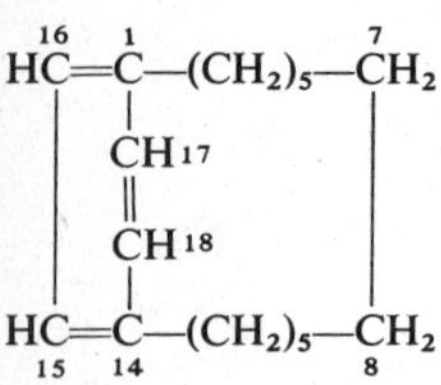

Bicyclo[12.2.2]octadeca-14,16,17-trien

≡

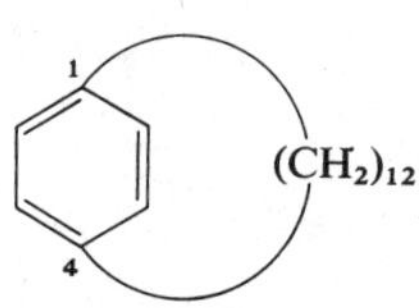

besser: 1,4-Dodecamethylenbenzol
oder 1,4-Dodecanobenzol (s. unten)

Vollends verzichtet man auf die obige Bezeichnungsweise bei mehr oder weniger ausgedehnten kondensierten Systemen, die zusätzliche Brücken aufweisen. Hier werden die Brücken als Vorsilben dem Stammsystem vorangestellt (alphabetische Reihenfolge!), indem man die entsprechenden Kohlenwasserstoffnamen . . . *an*, . . . *en* etc. zu . . . *ano*-, . . . *eno*- abwandelt. Die Brückenköpfe werden in Form möglichst kleiner Ziffern beigegeben, die Brückenglieder fortlaufend vom höchstbezifferten Brückenkopf gezählt.

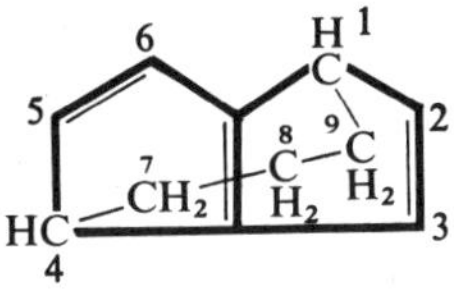

1,4-Dihydro-1,4-propanopentalen

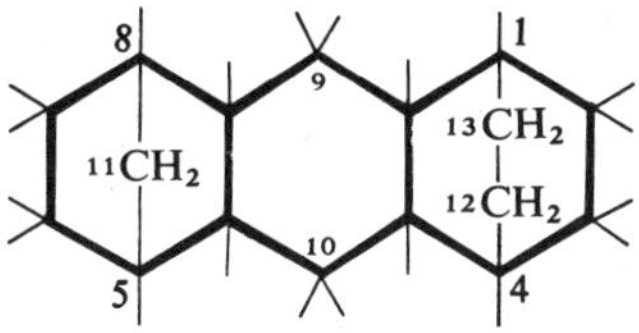

Perhydro-1,4-ethano-5,8-methano-anthracen

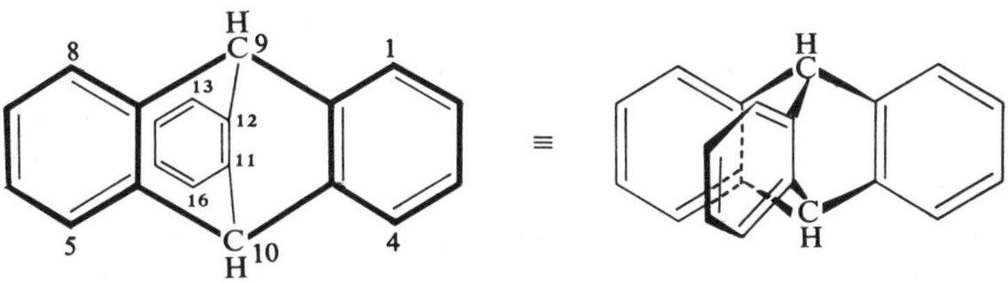

9,10-Dihydro-9,10-o-benzenoanthracen

Triptycen

Die dreiwertige HC$\leqq$ Brücke wird als Metheno-Brücke eingeführt.

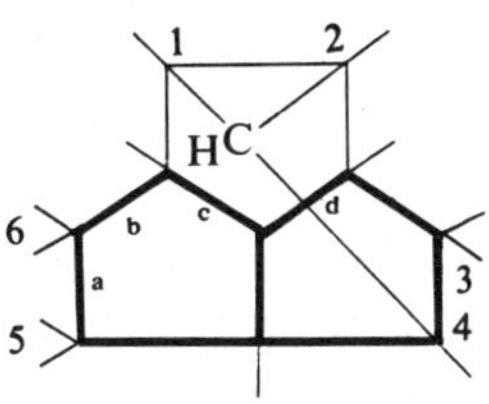

Perhydro-1,2,4-methenocyclopenta[cd]pentalen

Andere mehrwertige Brücken werden ähnlich wie die zugehörigen Radikale gehandhabt (gemäß Ring Index).

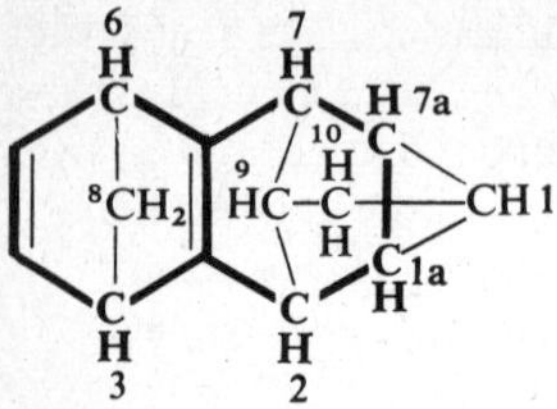

1a,2,3,6,7,7a-Hexahydro-1,2,7-[1]ethanyl[2]yliden-3,6-methano-1*H*-cyclopropa[b]naphthalin

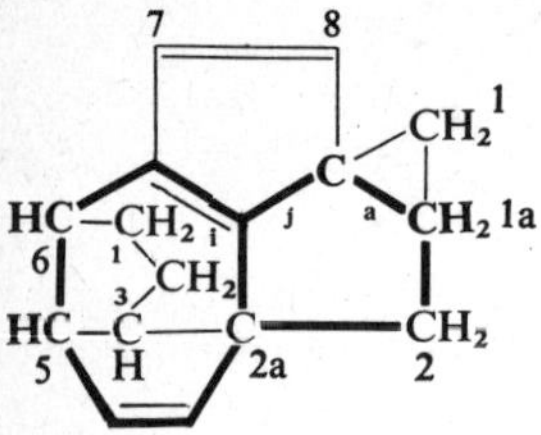

1a,2,5,6-Tetrahydro-6,2a,5-[1]propanyl[3]yliden-1*H*-cyclopenta[ij]cycloprop[a]azulen

1.2.1.2.3. Spiro-Kohlenwasserstoffe

Eine *Spiro-Verknüpfung* liegt vor, wenn zwei Ringe über ein einziges (Kohlenstoff)-Zentrum miteinander verbunden sind. Monospirocyclen, die nur zwei aliphatische Ringe aufweisen, erhalten den Namen des entsprechenden acyclischen Systems, dem der Term *Spiro* gefolgt von den Summen der an das Spiroatom gebundenen C-Atome vorangestellt wird. Inkonsequenterweise wird hier, entgegen den Regeln bei verbrückten Polycyclen, zuerst der kleinere Zweig genannt. Eventuell vorhandene Mehrfachbindungen werden wieder mit kleinsten Ziffern belegt.

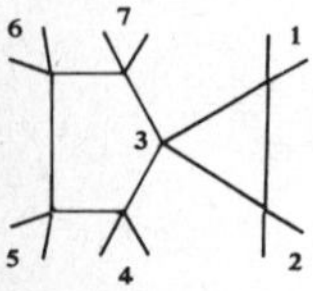

Spiro[2.4]heptan

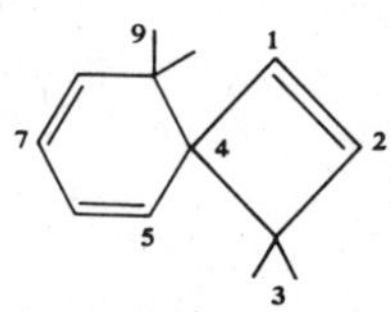

Spiro[3.5]nona-1,5,7-trien

Polyspiroverbindungen dieser Art werden als *Dispiro-*, *Trispiro-* usw. -Kohlenwasserstoffe benannt; in der eckigen Klammer werden die Summen der C-Atome zwischen den *Spirozentren* angegeben, beginnend mit dem kleinstmöglichen Ring. Die Gesamtbezifferung erfolgt so, daß die Spiroatome die kleinstmöglichen Ziffern erhalten, wenn man mit der Zählung an einem dem Spiroatom benachbarten C-Atom des kleineren Außenrings beginnt.

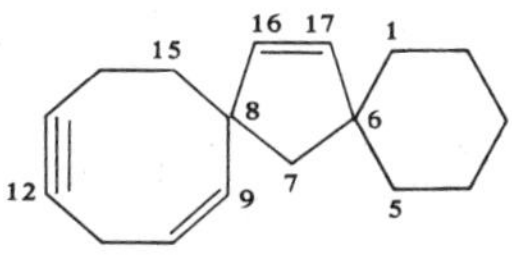

Dispiro[5.1.7.2]heptadeca-9,16-dien-12-in

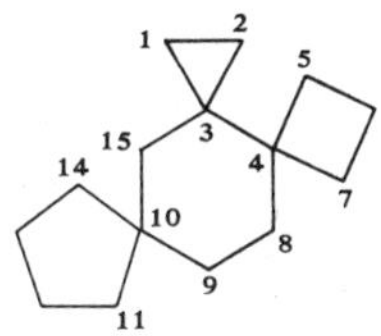

Trispiro[2.0.3.2.4.1]pentadecan

Bei Spiroverbindungen, die mindestens ein kondensiertes Kohlenwasserstoff-System enthalten, werden die einzelnen Komponenten in alphabetischer Reihenfolge mit ihrer individuellen Numerierung in eckige Klammern gesetzt. Die Spiropositionen erhalten wieder kleinstmögliche Ziffern, welche zwischen die einzelnen Komponenten gesetzt werden.

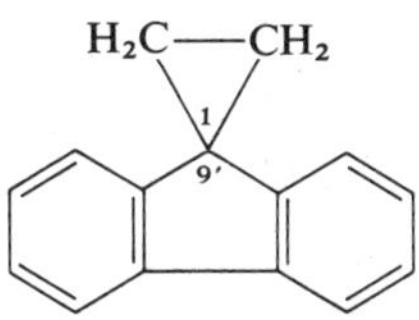

Spiro[cyclopropan-1,9′-fluoren]

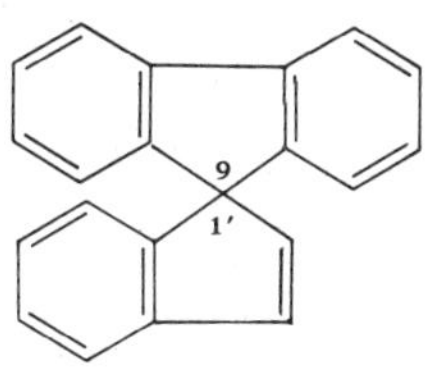

Spiro[fluoren-9,1′-inden]

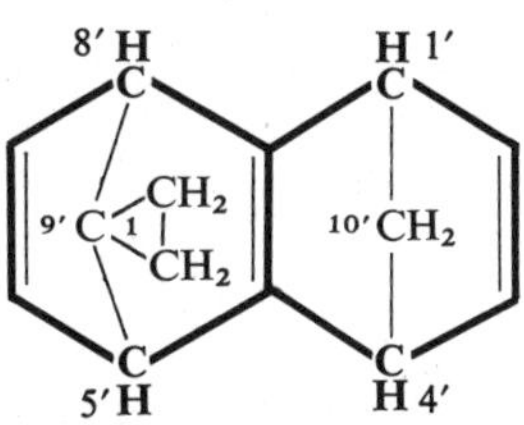

Spiro[cyclopropan-1,9′-[1,4,5,8]tetrahydro[1,4:5,8]dimethanonaphthalin]

Für komplexere Systeme, insbesondere für solche mit *indiziertem H*, sind einige zusätzliche Regeln notwendig, die zwar von Ring Index und Chemical Abstracts konsequent angewendet werden, aber in den offiziellen IUPAC-Regeln nur undeutlich zum Ausdruck kommen. Diese sollen daher hier kurz erläutert werden:

Besitzt ein in einer Spiroverbindung auftretendes Teilsystem bereits einen *indizierten Wasserstoff*, so wird dieser vor dem entsprechenden Teilnamen, evtl. in eckigen Klammern, aufgeführt. Muß man, um überhaupt eine Spiroverknüpfung realisieren zu können, erst eine formale (Di)-Hydrierung durchführen, wird der zusätzliche indizierte Wasserstoff direkt hinter der die Spiroverknüpfung betreffenden Ziffer in runde Klammern gesetzt. Beide Regeln können nebeneinander gültig sein.

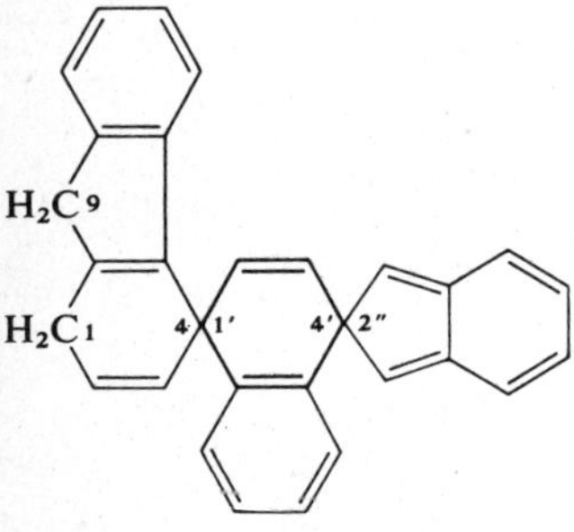

Dispiro[9*H*-fluoren-4(1*H*), 1′(4′*H*)-naphthalin-4′,2″-[2*H*]inden]

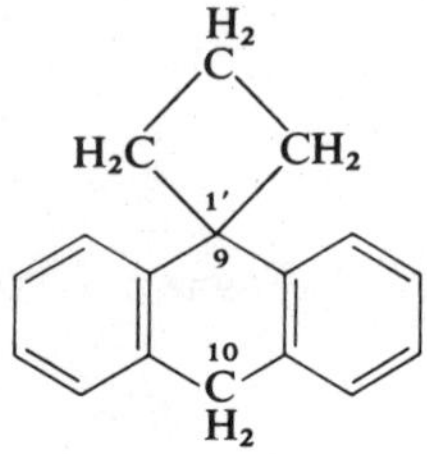

Spiro[anthracen-9(10*H*),1′-cyclobutan]

Ist ein Spirosystem aus zwei identischen kondensierten Einheiten zusammengesetzt, werden die Verknüpfungspositionen mit dem Begriff *Spirobi . . .* dem Namen der Teilsysteme vorangestellt.

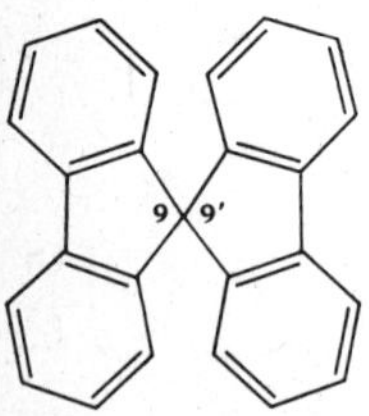

9,9′-Spirobifluoren
(evtl. auch Bis-2.2′-biphenylylenmethan)

Radikale dieser Systeme werden wieder, wie schon mehrfach beschrieben, bezeichnet.

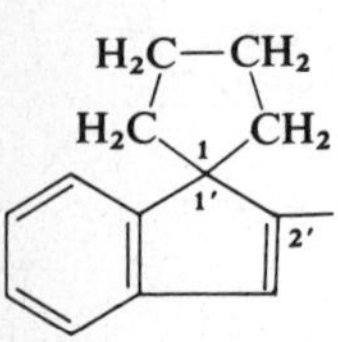

Spiro[cyclopentan-1,1′-inden]-2′-yl

Anmerkung:

Spirosysteme, in denen das Spiroatom gleichzeitig noch einem dritten Ring angehört — wo also *keine freie Spiroverknüpfung* vorliegt — werden nicht wie Spiroverbindungen, sondern wie kondensierte Polycyclen behandelt.

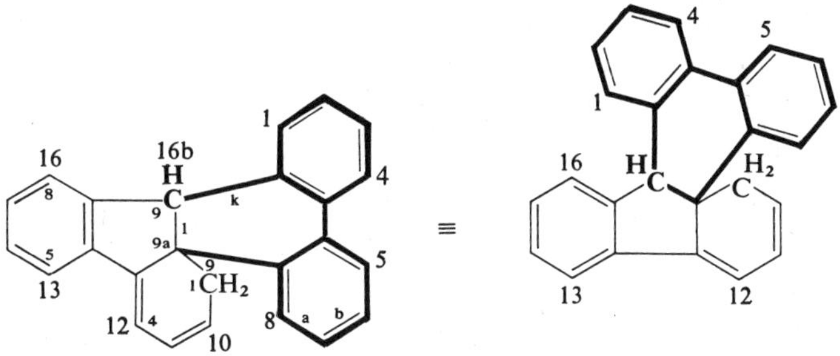

9*H*,16b*H*-Fluoreno[9,9a-1]phenanthren

Die Prinzipien einer alternativen Bezeichnungsweise für Spiroverbindungen, die aber weder in Chemical Abstracts (C.A.) noch im Ring Index (R.I.) Verwendung findet, gehen aus den folgenden Beispielen hervor. Hier wird die größere bzw. komplexere Komponente gefolgt von der Silbe *-spiro-*, die man zwischen die entsprechenden Verknüpfungspositionen setzt. Die weniger komplexe Komponente schließt dann den Namen ab.

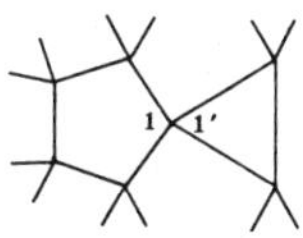

Cyclopentanspirocyclopropan

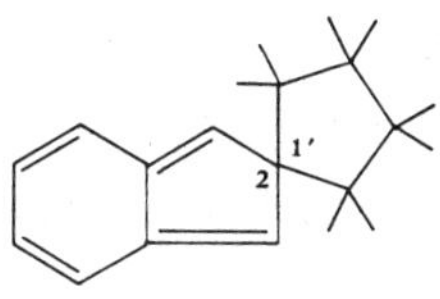

2*H*-Inden-2-spiro-1′-cyclopentan

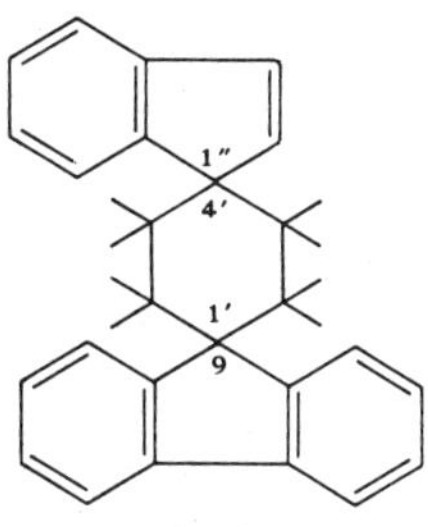

Fluoren-9-spiro-1′-cyclohexan-4′-spiro-1″-inden

1.2.1.2.4. Kohlenwasserstoff-Ringsysteme, die über Einfach- oder Doppelbindungen miteinander verknüpft sind. Ringverbände.

Sind zwei *identische* Kohlenwasserstoffcyclen durch Einfach- oder Doppelbindungen miteinander verknüpft, spricht man von *Bi- . . . yl*-Derivaten. Alternativ kann man hier auch den Präfix *Bi . . .* vor den *Kohlenwasserstoffnamen* setzen.

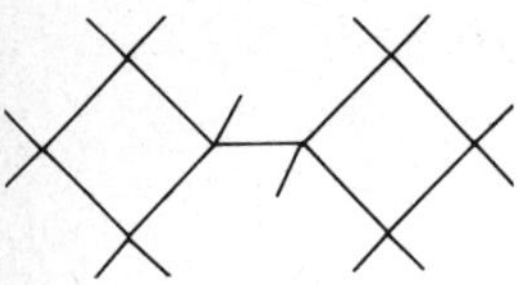

Bi-cyclobutyl
(Bi-cyclobutan)

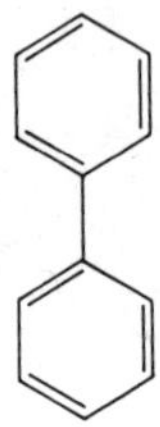

Biphenyl

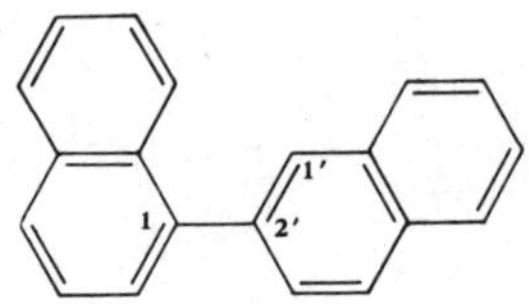

1,2'-Binaphthyl
(1,2'-Binaphthalin)

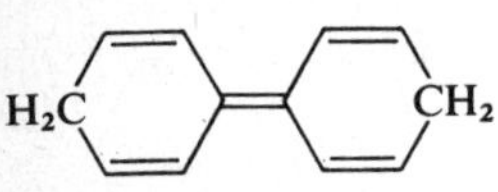

Bi-2,5-cyclohexadien-1-yliden

Bei drei oder mehr identischen Cyclen setzt man die multiplizierenden Präfixe *Ter . . .*, *Quater . . .*, *Quinque . . .*, *Sexi . . .*, *Septi . . .*, *Octi . . .*, *Novi . . .* vor den Kohlenwasserstoff- (und nicht vor den Radikal-) Namen. Ausgenommen hiervon sind die Polyphenyle.

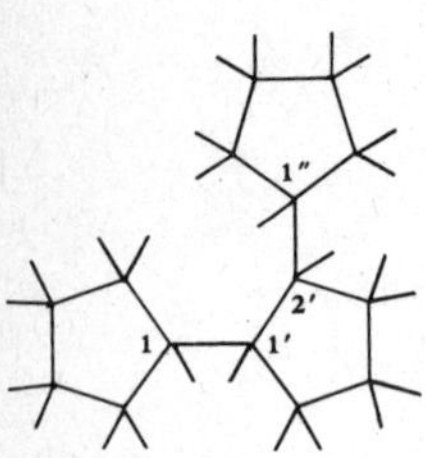

1,1':2',1"-Tercyclopentan

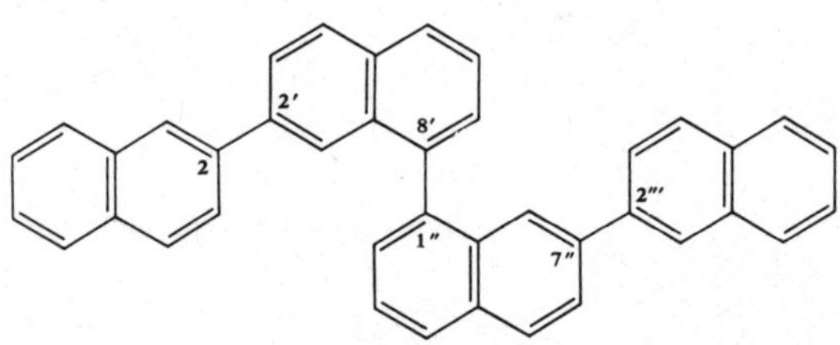

2,2':8',1":7",2'''-Quaternaphthalin

p-Terphenyl
(1,1′:4′,1″-Terphenyl)

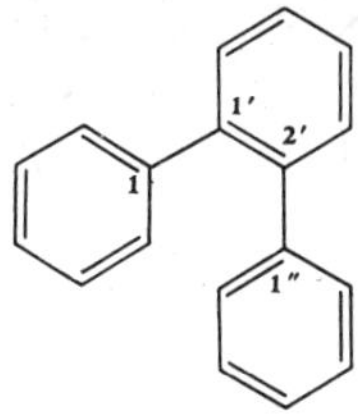

o-Terphenyl
(1,1′:2′,1″-Terphenyl)

In diesem Zusammenhang muß nochmals auf die Inkonsequenz hingewiesen werden, die folgenden Verbindungen als *Tri-*, *Tetra-* und *Hexaphenylen* und nicht als *Ter-*, *Quater-* und *Sexiphenylen* zu bezeichnen.

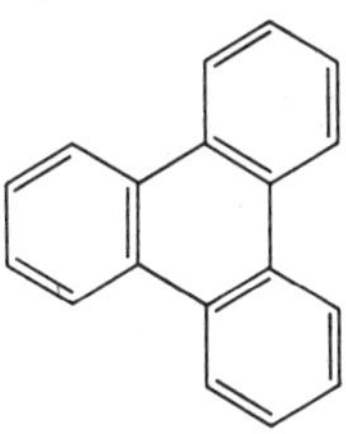

Triphenylen
Exakter:
Terphenylen

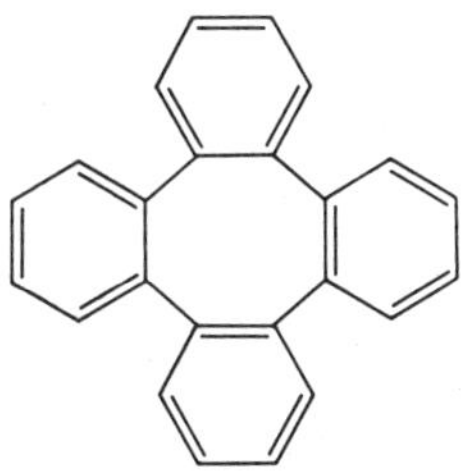

Tetraphenylen
Quaterphenylen

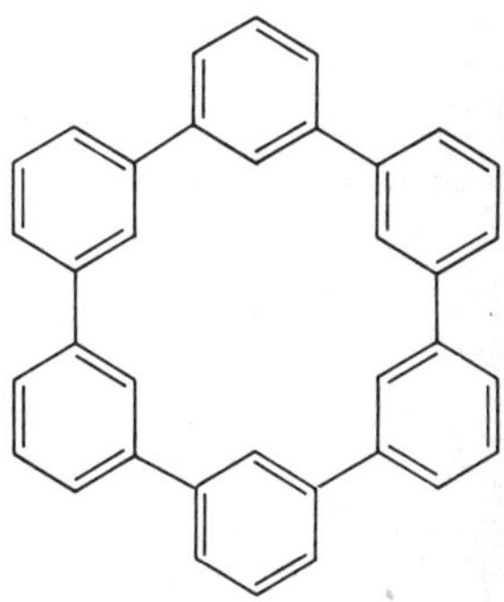

Hexa-m-phenylen
Sexi-m-phenylen

Sind *nicht identische* Ringsysteme über Einfach- oder Doppelbindungen miteinander verknüpft, so wird ein System als Stammsystem, das andere als Substituent betrachtet. Die Wahl des Stammsystems richtet sich in abnehmender Priorität:

a) nach der Anzahl der Ringe
b) nach dem größten vorhandenen Ring
c) nach dem höchsten Grade der Unsättigung
d) nach der Liste der beibehaltenen Trivialnamen (s. Tabelle 1, S. 13–17)

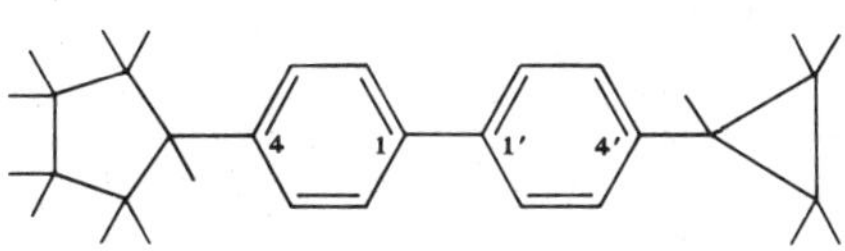

4-Cyclopentyl-4′-cyclopropyl-biphenyl

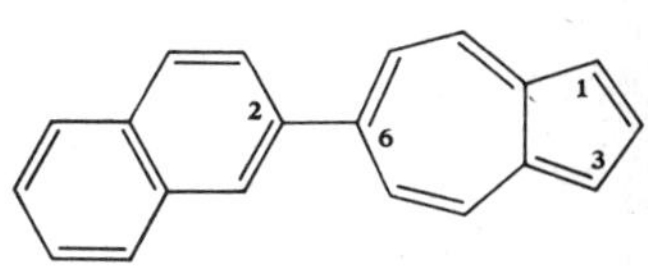

6-(2-Naphthyl)-azulen

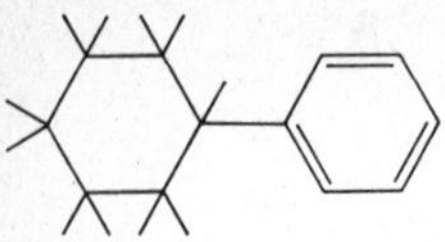

Cyclohexylbenzol

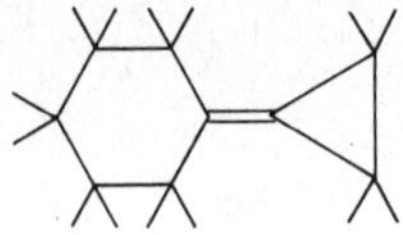

Cyclopropylidencyclohexan

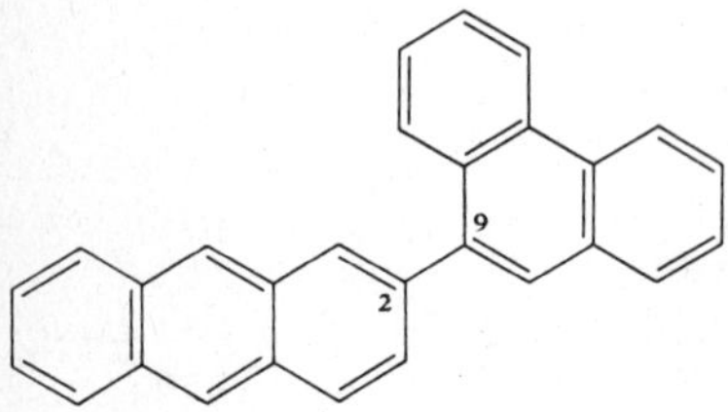

2-(9-Phenanthryl)-anthracen

Radikale der in diesem Kapitel behandelten Ringsysteme werden wie üblich benamt:

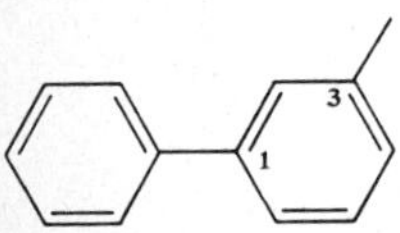

3-Biphenylyl

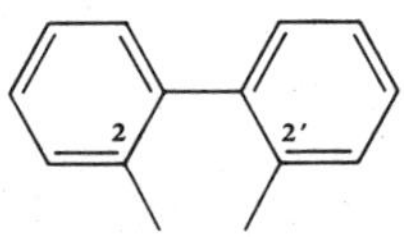

2,2′-Biphenylylen

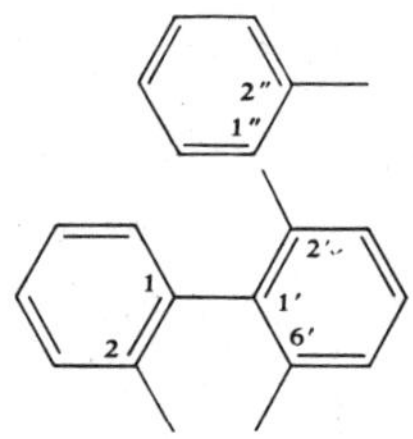

o-Terphenyl-2,6′,2″-triyl

1.2.1.2.5. Cyclische Kohlenwasserstoffe mit Seitenketten

Cyclische Kohlenwasserstoffe, die mit acyclischen Kohlenwasserstoffketten substituiert sind, können grundsätzlich als *kettensubstituierte Ringsysteme* oder als *ringsubstituierte Ketten* behandelt werden. Im allgemeinen verfährt man so, daß man möglichst viele Substitutionen an einer Einheit vornimmt oder die kleinere Einheit als Substituent der größeren betrachtet.

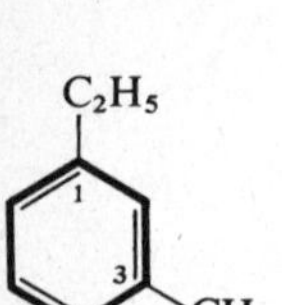

1-Ethyl-3-methylbenzol

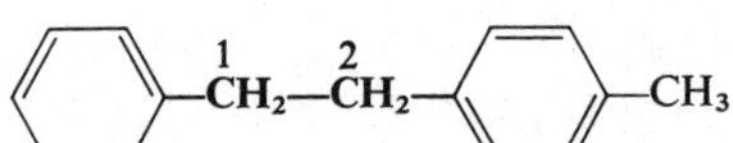

1-Phenyl-2-(p-tolyl)-ethan

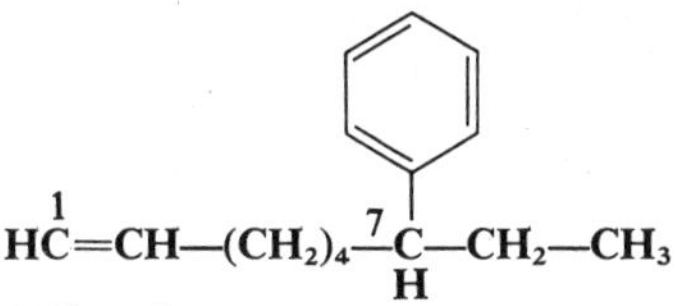

7-Phenyl-nonen

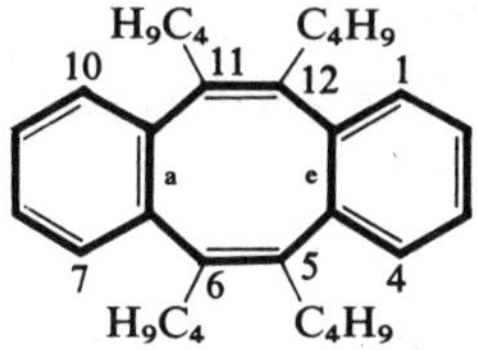

5,6,11,12-Tetrabutyl-dibenzo[a,e]cycloocten

Bei vielen aromatischen Vertretern dieser Reihe werden Trivialnamen beibehalten, die im folgenden zusammen mit den entsprechenden Radikalnamen aufgeführt sind.

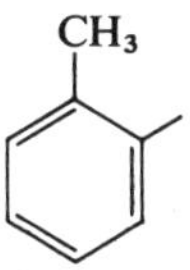

Toluol
o-Tolyl

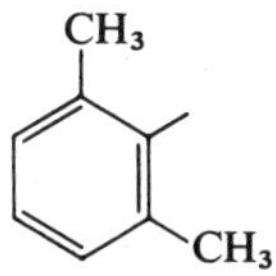

o,**m**,*p-Xylol*
2,6-*Xylyl*

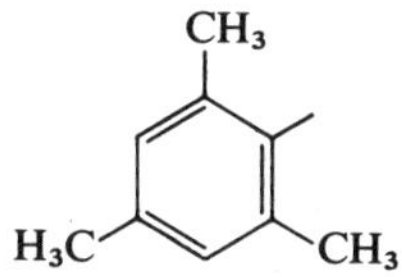

Mesitylen
Mesityl

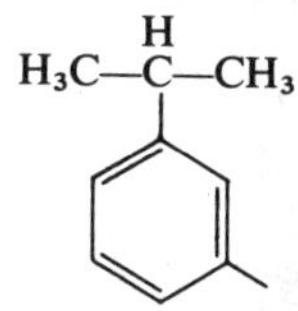

Cumol
m-Cum(en)yl

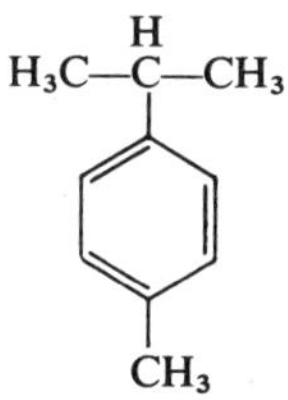

*o,m,***p***-Cymol*

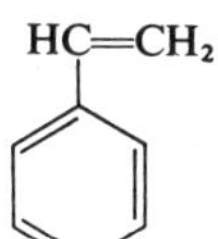

Styrol

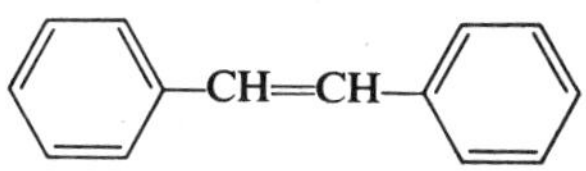

Stilben

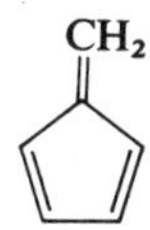

Fulven

Sind diese Trivialsysteme allerdings mit identischen Gruppen weitersubstituiert, so werden sie als substituierte Benzole behandelt.

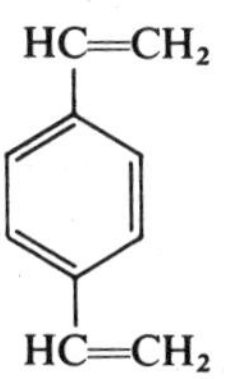

1,4-Divinylbenzol
oder p-Divinylbenzol
nicht p-Vinyl*styrol*

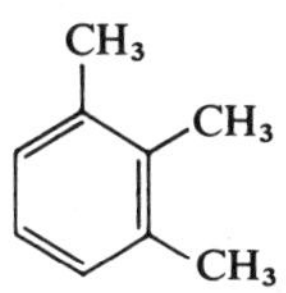

1,2,3-Trimethylbenzol
nicht Methyl*xylol*
nicht Dimethyl*toluol*

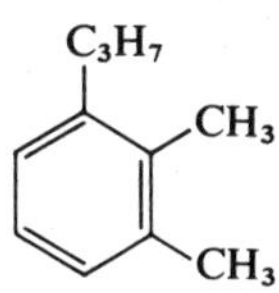

1,2-Dimethyl-3-propylbenzol
(oder 3-Propyl-*o-xylol*)

Neben den bereits genannten Trivialbegriffen werden bei den Seitenketten-Aromaten noch einige spezielle Radikalnamen beibehalten.

Benzyl	$C_6H_5{-}\overset{\alpha}{C}H_2{-}$	*Benzhydryl*	$(C_6H_5)_2\overset{\alpha}{C}H{-}$
Phenethyl	$C_6H_5{-}\overset{\beta}{C}H_2{-}\overset{\alpha}{C}H_2{-}$	*Styryl*	$C_6H_5{-}\overset{\beta}{C}H{=}\overset{\alpha}{C}H{-}$
Trityl	$(C_6H_5)_3C{-}$	*Cinnamyl*	$C_6H_5{-}\overset{\gamma}{C}H{=}\overset{\beta}{C}H{-}\overset{\alpha}{C}H_2{-}$

Mehrwertige Radikale werden davon wie üblich abgeleitet.

*Benzyl*iden	$C_6H_5{-}CH{=}$	*Cinnamyl*idin	$C_6H_5{-}CH{=}CH{-}C{\equiv}$

1.2.2. Heterocyclische Systeme

1.2.2.1. Trivialnamen

Die Heterocyclen-Nomenklatur ist aus zwei Gründen besonders komplex. Erstens einmal werden in den IUPAC-Regeln[7] zwei alternative Nomenklaturtypen vorgeschlagen, die sowohl von Chemical Abstracts als auch vom Ring Index[8] in der Anwendung nicht sehr deutlich voneinander abgegrenzt sind. Zum zweiten behält man in der Heterocyclen-Reihe viel mehr als anderswo Trivialnamen bei. Eine ausgewählte Liste der Trivialbegriffe, die insbesondere auch als Stammsysteme bei der Bezeichnung komplizierterer, kondensierter Heterocyclen Verwendung finden, ist im folgenden angegeben (Tabellen 2, 3). Die entsprechenden Radikale werden in der Regel durch Anfügen der Silbe . . . *yl* an den Verbindungsnamen gebildet. Ausnahmen sind gesondert angegeben. Die Bezifferung erfolgt im Rahmen der Bezifferung entsprechender Kohlenwasserstoff-Systeme so, daß die *Heteroatome die kleinstmöglichen Ziffern* erhalten. Im Gegensatz zu kondensierten Kohlenwasserstoffen werden die Heteroatome, auch wenn sie sich an Verschmelzungspositionen befinden (d.h. zwei Ringen gemeinsam angehören) fortlaufend (nicht mit a,b usw.) numeriert.

Die Trivialnamen der Tabelle 3 werden zwar für die angegebenen Verbindungen beibehalten, aber nicht für die Verwendung in kondensierten — wohl aber in spirocyclischen — Systemen empfohlen.

Alle monocyclischen Heterosysteme, die nicht in einer Trivial-Benennung beibehalten werden, können grundsätzlich auf zwei Weisen benannt

---

[7] und [8] siehe Fußnoten Seite 4.

Tabelle 2 *Die wichtigsten Heterocyclen, für die Trivialnamen beibehalten werden*[a]

Thiophen (2-*Thienyl*)	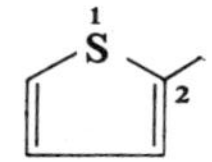	2*H*-*Pyran* 4*H*-*Pyran*	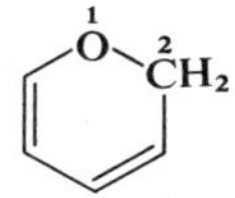 ; 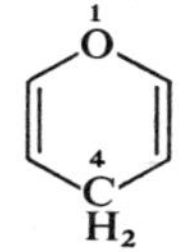
Benzo[b]thiophen	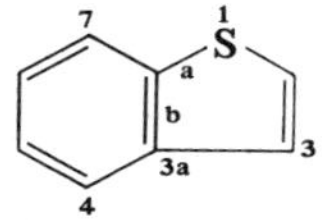	*Isobenzofuran* *Benzofuran*	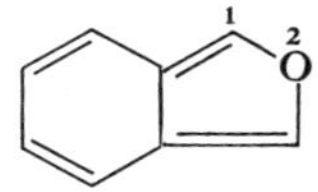 ; 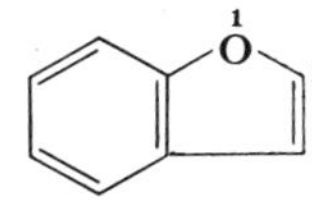
Dibenzo[b,d]thiophen	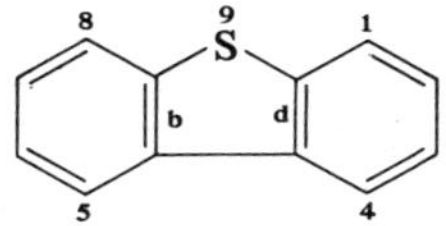	4a*H*-*Isochromen* (4a*H*-*Isochromen-3-yl*)	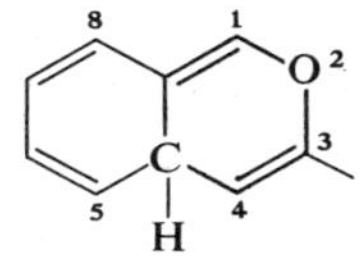
Thianthren	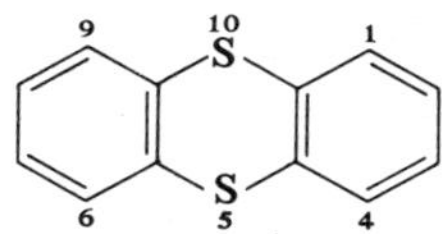	*Xanthen*[b] 1*H*-*Xanthen*[b]	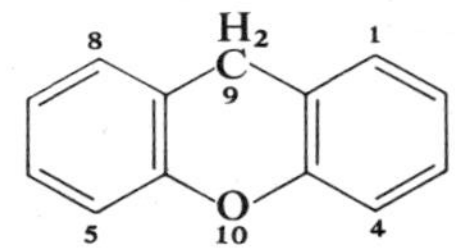 ; 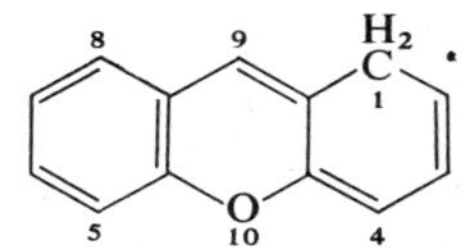
Furan (3-*Furyl*)	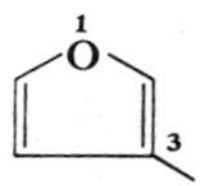	*Phenoxathiin*	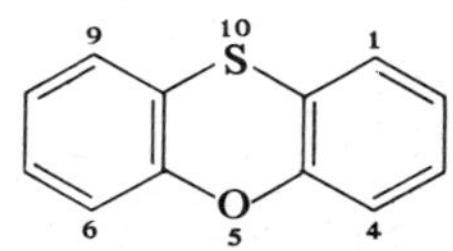

Tabelle 2 (Fortsetzung)

Pyrrol
2H-Pyrrol

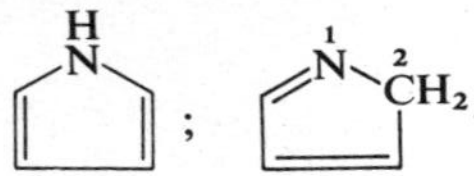

Imidazol
4H-Imidazol

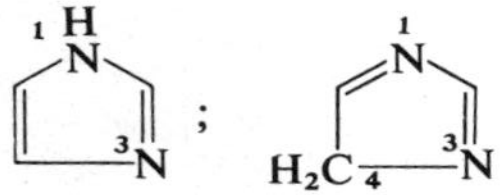

Pyrazol
4H-Pyrazol

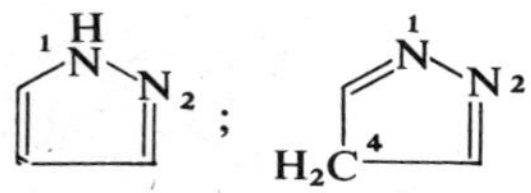

Pyridin
(*4-Pyridyl*)

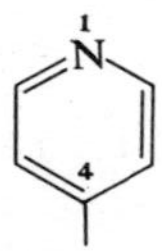

Pyrazin

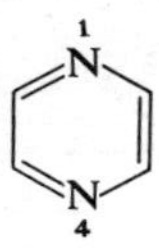

5H-Indazol
Indazol

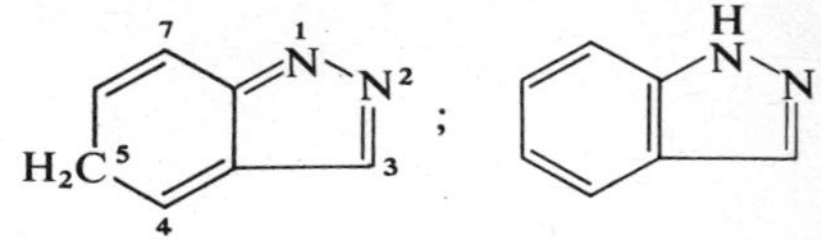

Purin[b]

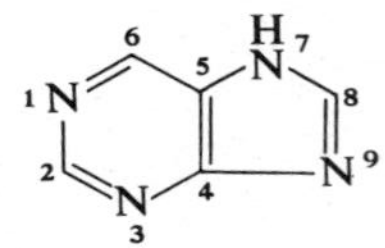

4H-Chinolizin[c]

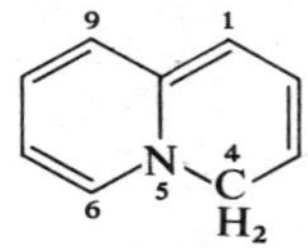

Isochinolin[c]
(*3-Isochinolyl*)
Chinolin[c]

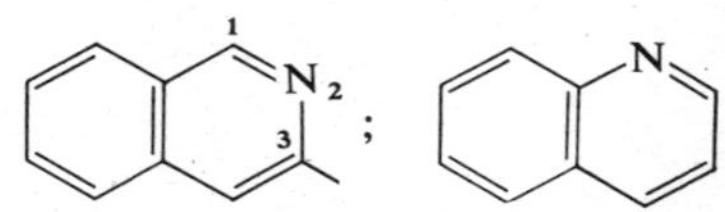

Phthalazin

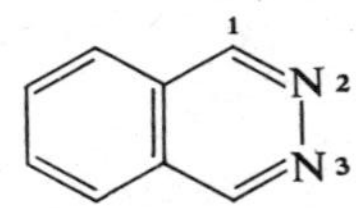

Pyrimidin

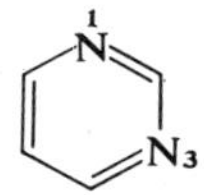

Pyridazin

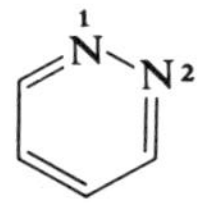

Indolizin

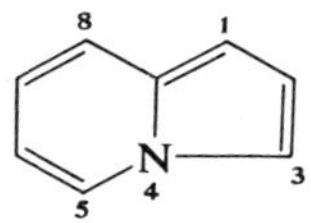

3a*H-Isoindol*
Isoindol

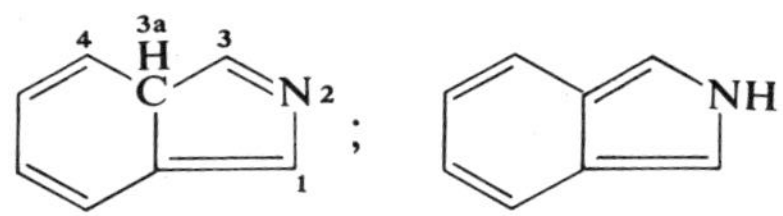

3a*H-Indol*
Indol

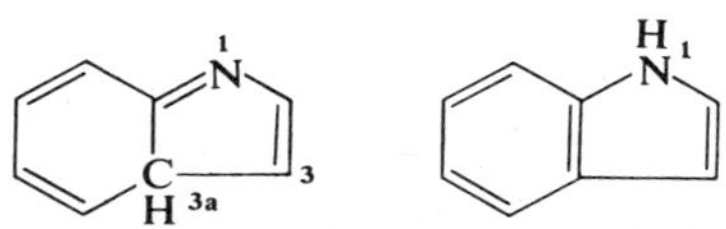

1,8-*Naphthyridin*

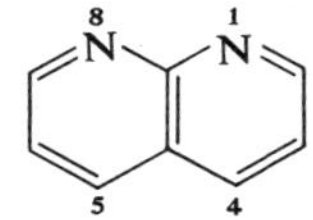

Chinoxalin[c]

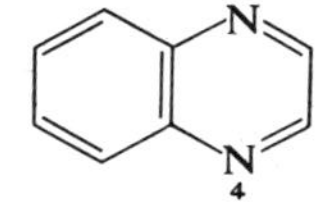

Chinazolin[c]

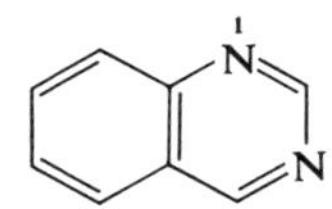

Cinnolin

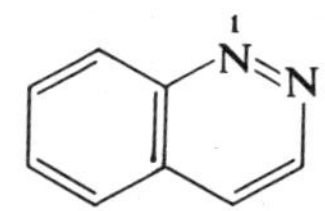

Pteridin

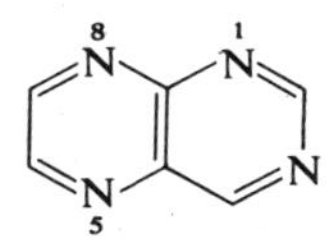

Tabelle 2 (Fortsetzung)

Carbazol[b]	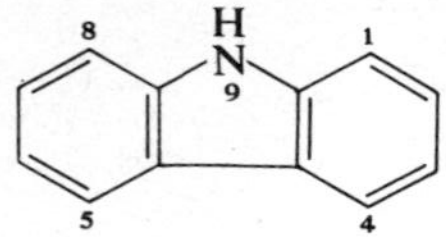	*Phenarsazin*	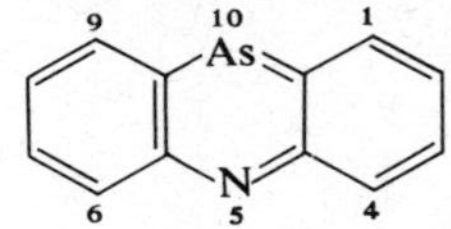
8a*H-Carbazol*[b]	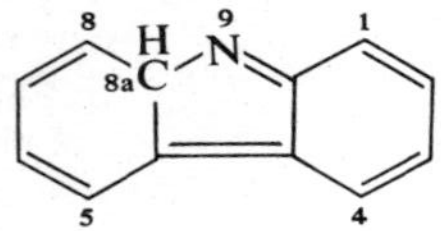	*Phenothiazin*	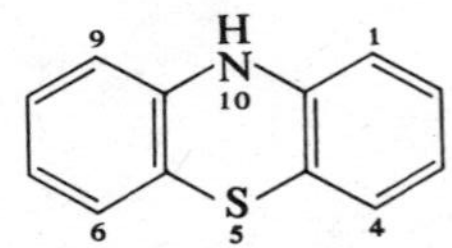
β-Carbolin	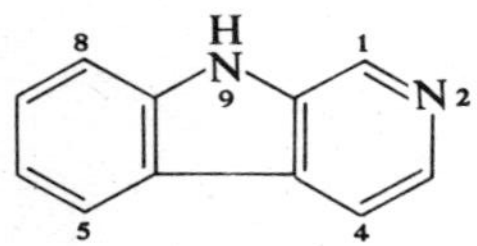	*Phenoxazin*	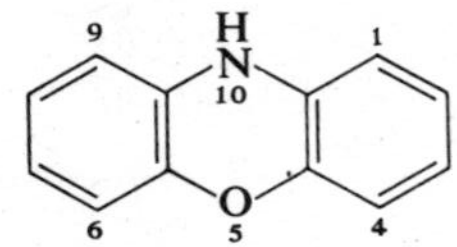
Phenanthridin	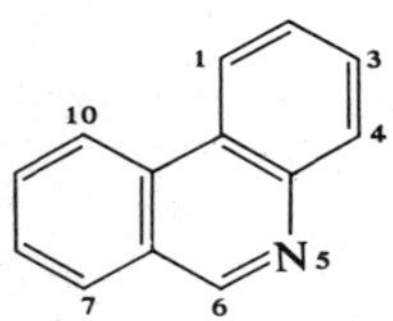	*Oxazol* *Isoxazol*	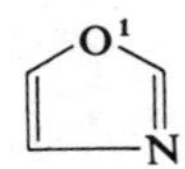 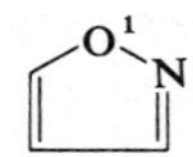

Acridin[b]

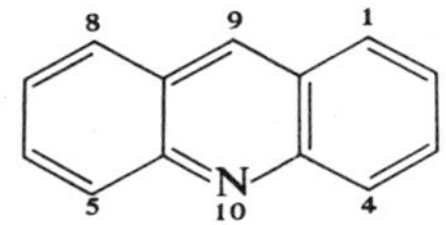

Phosphindol

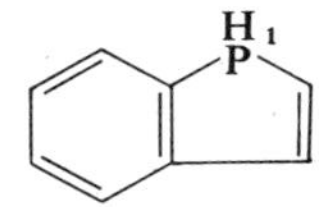

Perimidin

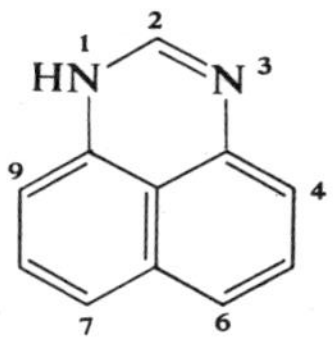

Thiazol
Isothiazol

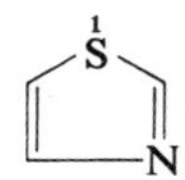

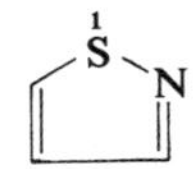

1,7-*Phenanthrolin*

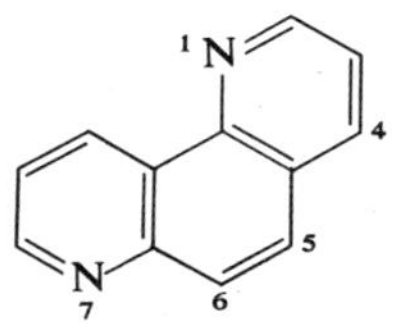

Furazan

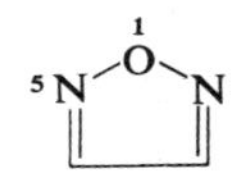

Phenazin

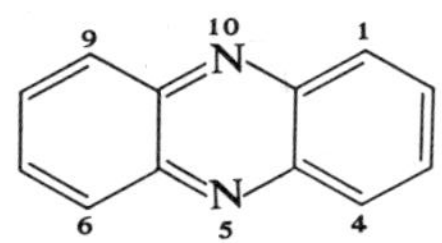

Phosphinolin

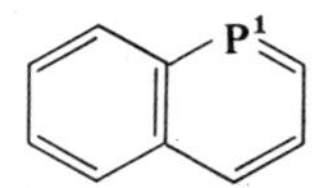

---

[a] Weitere Trivialnamen, die gegebenenfalls beizubehalten sind, findet man im Ring Index.
[b] Ausnahmen von der systematischen Bezifferung.
[c] Im Englischen beginnen diese Verbindungen mit Qu. . . .

Tabelle 3 *Trivialnamen hydrierter Heterocyclen*

Isochroman *Chroman*	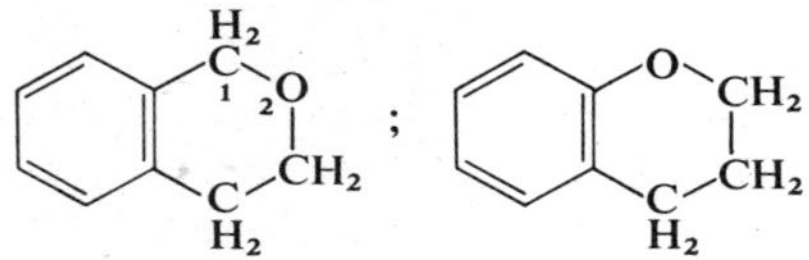	*Piperidin* (3-*Piperidyl*)[a]	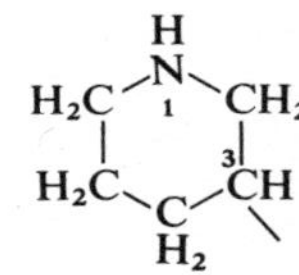
Pyrrolidin	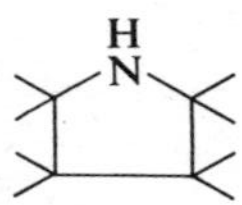	*Piperazin* (1-*Piperazinyl*)	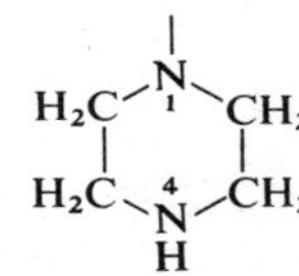
2-*Pyrrolin* 3-*Pyrrolin*	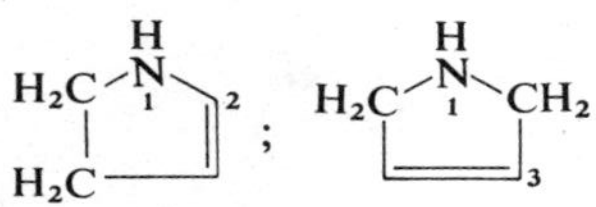		
Imidazolidin	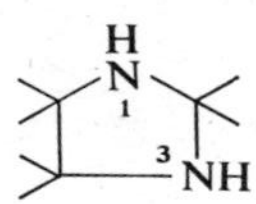	*Indolin* *Isoindolin*	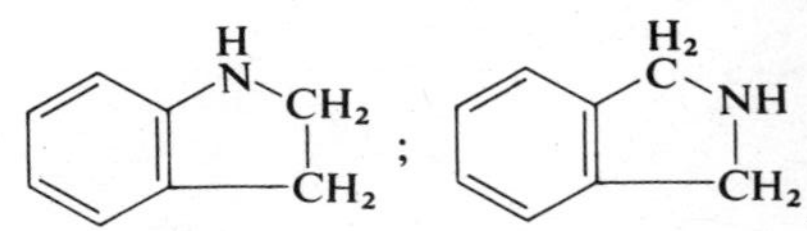

2-*Imidazolin*
4-*Imidazolin*

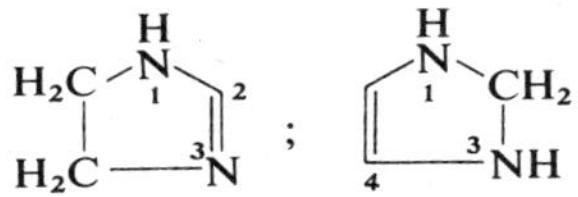

Pyrazolidin

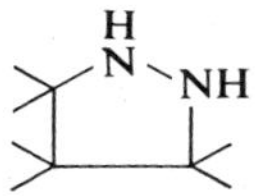

3-*Pyrazolin*
2-*Pyrazolin*

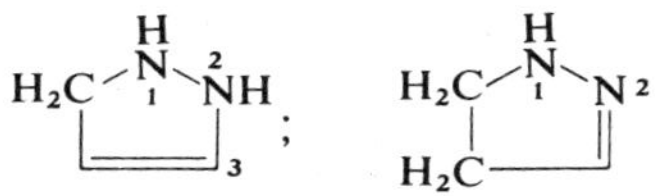

Chinuclidin[b]

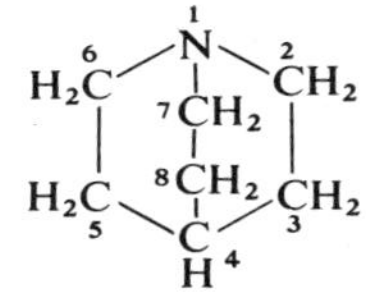

Morpholin
(2-*Morpholinyl*)[c]

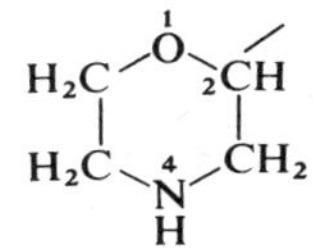

Phosphindolin

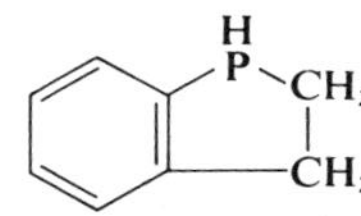

---

[a] 1-Piperidyl = *Piperidino.*
[b] Englisch: *Quinuclidin.*
[c] 4-Morpholinyl = *Morpholino.*

werden. Die Prinzipien, nach denen die genannten Referatorgane die eine oder andere Möglichkeit anwenden, sind nicht klar ersichtlich und können daher nur angenähert wiedergegeben werden.

1.2.2.2. **Austauschnomenklatur** (sog. **„a"-Nomenklatur**)

Das einfachste Verfahren, heterocyclische Verbindungen zu benennen, bietet die sogenannte Austauschnomenklatur, auch „a"-Nomenklatur genannt. Hierbei wird der Name des zugrunde liegenden Kohlenwasserstoffs durch vorangestellte *„a"-Terme* der vorhandenen Heteroatome ergänzt. In der folgenden Tabelle 4 sind die häufigsten in Heterocyclen auftretenden Elemente mit ihren gewöhnlichen Wertigkeiten (Bindungszahlen) und den entsprechenden „a"-Termen mit abfallender Priorität zusammengestellt. Andere Wertigkeiten (Bindungszahlen) wurden bisher

Tabelle 4 *„a"-Terme für Heteroatome in abfallender Priorität (unvollständig)*

Element	„a"-Term	Element	„a"-Term
—I<, —I⊕—	Ioda, Iodonia	—Bi<, >Bi⊕<	Bisma, Bismutonia
—O—, —O⊕<	Oxa, Oxonia	—|Si|—	Sila
—S—, —S⊕<	Thia, Thionia	—|Ge|—	Germa
—Se—, —Se⊕<	Selena, Selenonia	—|Sn|—	Stanna
—Te—, —Te⊕<	Tellura, Telluronia	—|Pb|—	Plumba
—N<, >N⊕<	Aza, Azonia	—B<, >B⊖<	Bora, Borata
—P<, >P⊕<	Phospha, Phosphonia	—Al<	Alumina
—As<, >As⊕<	Arsa, Arsonia	—Zn—	Zinca
—Sb<, >Sb⊕<	Stiba, Stibonia	—Hg—	Mercura

Weitere „a"-Terme lassen sich sinngemäß bilden. Ungeladene „a"-Terme rangieren grundsätzlich vor den ionischen.

mit römischen Ziffern in runden Klammern gegeben, sollen aber in Zukunft durch ein Lambda mit hochgestellter Wertigkeitsziffer (λ^n) symbolisiert werden[9]. Insbesondere die Elemente der fünften bis siebten Hauptgruppe können auch in kationischer und/oder anionischer Form in Heterocyclen vorliegen und erfordern deshalb zusätzliche „a"-Terme.

Dieses Verfahren wird konsequent nur bei Heteromonocyclen mit mehr als 10 Ringgliedern, bei einfachen (d.h. nicht kondensierten) verbrückten Heterocyclen und bei einfachen (d.h. nicht kondensierten) Spiroheterocyclen angewendet. Im Bereich kleinerer Monocyclen bedient man sich auch im Falle gesättigter Verbindungen meist des nachfolgenden *Hantzsch-Widmann-Nomenklatur*-Systems; nur für Silicium-haltige Systeme wird hier merkwürdigerweise ausschließlich die „a"-Nomenklatur gegeben! Bei mehreren Heteroatomen hat ein Atom der höchsten Gruppe, innerhalb einer Gruppe der niedrigsten Periode des Periodensystems den Vorrang bei der Bezifferung.

Silacyclopropen

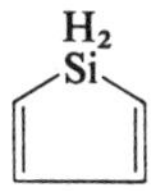

Silacyclopentadien

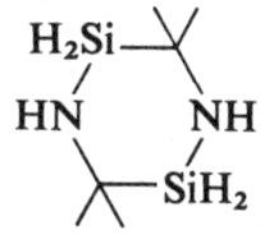

1,4-Diaza-2,5-disilacyclohexan

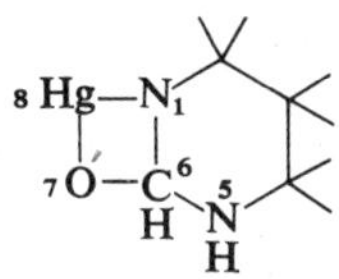

7-Oxa-1,5-diaza-8-mercura-bicyclo[4.2.0]octan

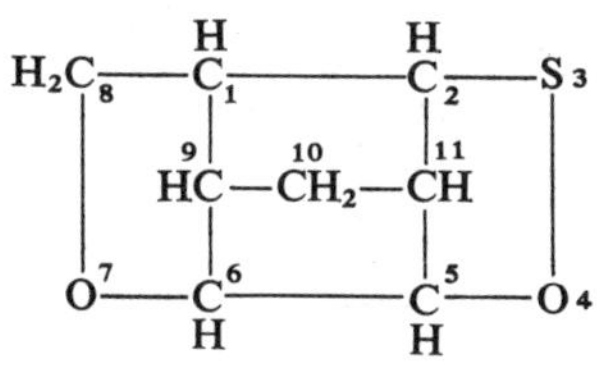

4,7-Dioxa-3-thiatetracyclo-[4.2.1.$1^{2,5}$.$1^{9,11}$] undecan[10] falsch!

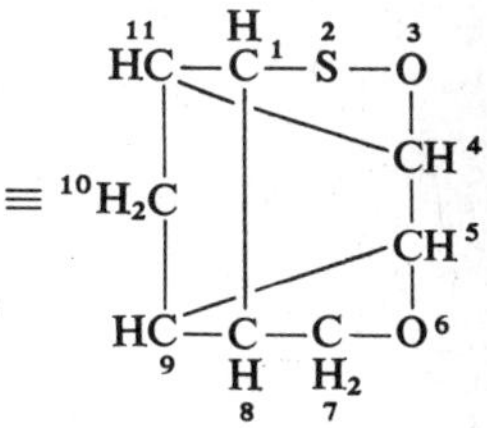

3,6-Dioxa-2-thiatetracyclo-[6.3.0.$0^{4,11}$.$0^{5,9}$]-undecan richtig

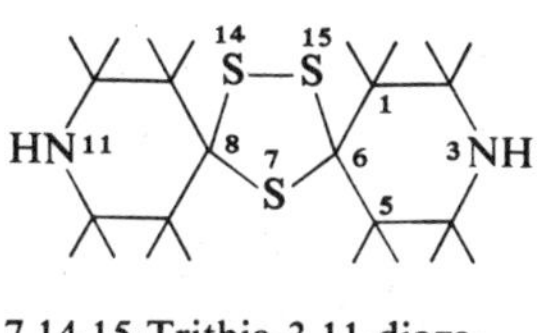

7,14,15-Trithia-3,11-diaza-dispiro[5.1.5.2]pentadecan

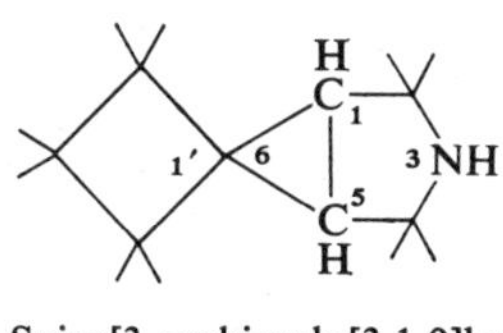

Spiro[3-azabicyclo[3.1.0]hexan-6,1'-cyclobutan]

---

[9] Siehe Fußnote in Angew. Chem. **84**, 526 (1972), Angew. Chem. Internat. Edit. **11**, 506 (1972).

[10] Gemäß Ring-Index!

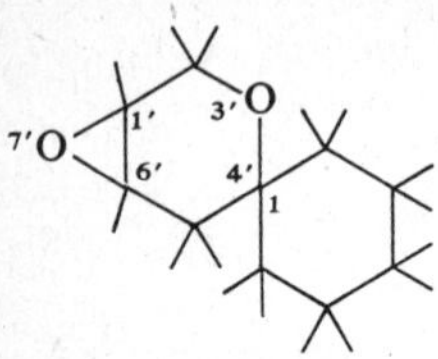

Spiro[cyclohexan-1,4'-[3,7]-dioxabicyclo[4.1.0]heptan]

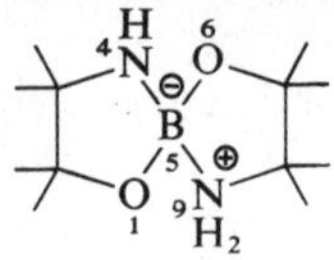

1,6-Dioxa-4-aza-9-azonia-5-borataspiro[4.4]nonan

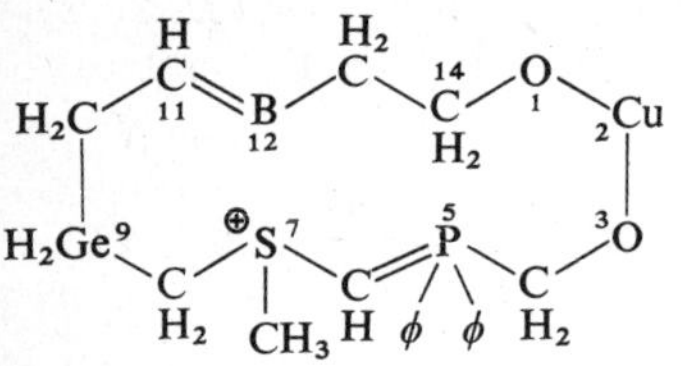

7-Methyl-5,5-diphenyl-1,3-dioxa-7-thionia-5-λ^5-phospha-9-germa-12-bora-2-cupra-cyclotetradeca-5,11-dien-chlorid

Anmerkung:

Das bewußt so komplex gewählte letzte Beispiel zeigt deutlich, daß in bestimmten Fällen die Anwendung der „a"-Nomenklatur auch für acyclische Systeme von Vorteil sein kann. Insbesondere für längere Ketten mit mehreren Heteroatomen ist dieses Verfahren das einzig vernünftige. Die Bezifferung erfolgt so, daß die Heteroatome insgesamt, in Zweifelsfällen gemäß der obigen Ordnung, die *kleinstmöglichen Ziffern* aufweisen. Erst dann ordnet man den Mehrfachbindungen kleinstmögliche Ziffern zu.

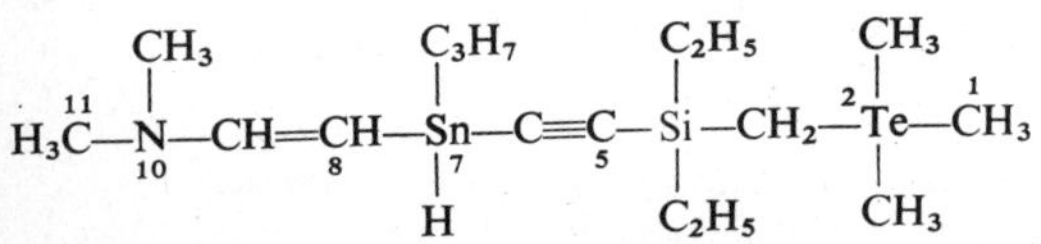

4,4-Diethyl-2,2,10-trimethyl-7-propyl-2-λ^4-tellura-10-aza-4-sila-7-stanna-undec-8-en-5-in

1.2.2.3. Das Hantzsch-Widman-Patterson-System

Die überwiegende Mehrzahl der Heterocyclen mit bis zu zehn Ringgliedern wird gemäß dem erweiterten Hantzsch-Widman-System benannt. Hierzu kombiniert man ein *Hetero-Symbol* (bzw. mehrere dieser Symbole) der „a"-Term-Tabelle (ohne End-a) mit einem *Stammbegriff* der folgenden Tabelle, der sowohl Ringgröße als auch den Grad der Sättigung anzeigt. (Ungesättigt bedeutet hier stets: maximale Zahl nichtkumulierter Doppelbindungen.)

Tabelle 5 *Symbole zur Kennzeichnung der Ringgröße und des Sättigungsgrades von Heterocyclen nach dem revidierten*[11] *Hantzsch-Widman-Patterson-System. (A: O, S, Se, Te, Bi, Hg. B: N, Si, Ge, Sn, Pb, B. C: F, Cl, Br, I, P, As, Sb.)*

Ringgröße	ungesättigt[a]	gesättigt[b]	Ringgröße	ungesättigt[a]	gesättigt[b]
3	iren[c]	iran[d]	7	epin	epan
4	et	etan[d]	8	ocin	ocan
5	ol	olan[d]	9	onin	onan
6A	in	an	10	ecin	ecan
6B	in	inan			
6C	inin	inan			

[a] Wenn mindestens eine Doppelbindung vorliegt und der Ring die maximale Zahl nicht-kumulierter Doppelbindungen aufweist.
[b] Wenn keine Doppelbindungen vorhanden oder möglich sind.
[c] Für Stickstoff-haltige Ringe kann die traditionelle Endung „irin" verwendet werden.
[d] Für Stickstoff-haltige Ringe werden normalerweise die traditionellen Endungen „iridin", „etidin" und „olidin" bevorzugt.

Die Bezifferung erfolgt so, daß das ranghöchste Heteroatom die Ziffer 1 erhält, erst dann wird dafür gesorgt, daß alle Heteroatome insgesamt möglichst kleine Nummern erhalten. (Vgl. aber S. 52.)

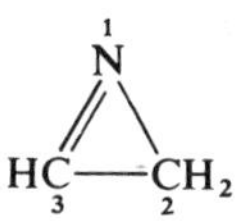
2*H*-Azirin
2*H*-Aziren

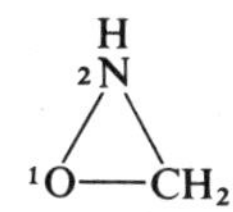
Oxaziridin
Oxaziran

Oxathiaphosphiran

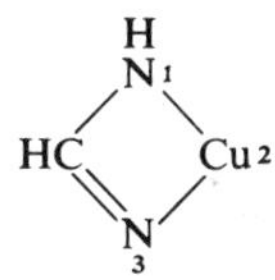
1*H*-1,3,2-Diazacupret

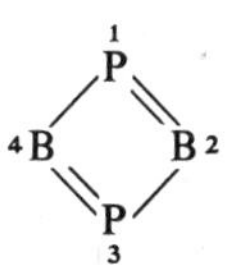
1,3,2,4-Diphosphadiboret

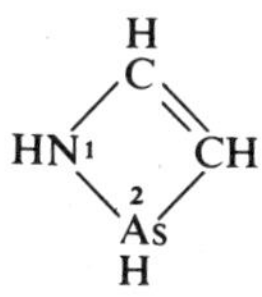
1,2-Dihydro-1,2-azarset

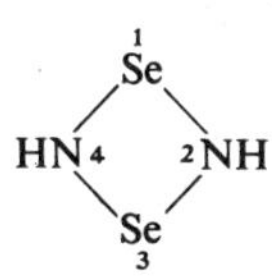
1,3,2,4-Diselenadiazetidin
1,3,2,4-Diselenadiazetan

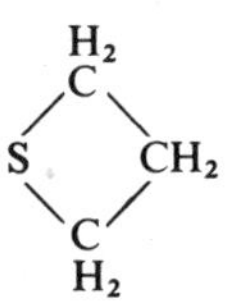
Thietan

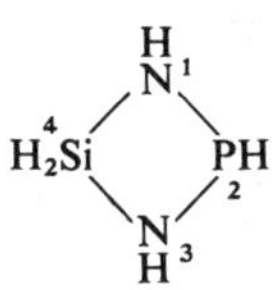
1,3,2,4-Diazaphosphasiletidin
1,3,2,4-Diazaphosphasiletan

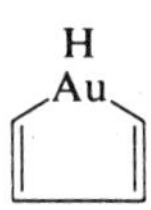
1*H*-Aurol

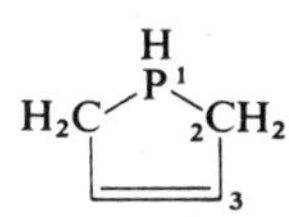
2,5-Dihydro-1*H*-phosphol

[11] Siehe: Pure Appl. Chem. 1982 (im Druck).

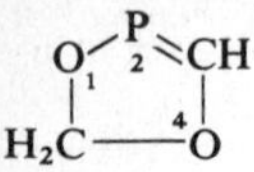

1,4,2-Dioxaphosphol

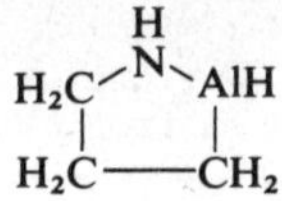

1,2-Azaluminolidin
1,2-Azaluminolan

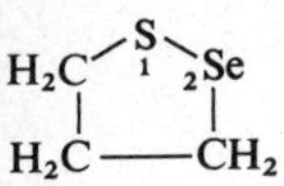

1,2-Thiaselenolan

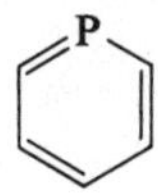

Phosphinin
früher: Phosphorin

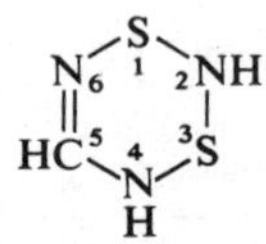

4*H*-1,3,2,4,6-Dithiatriazin

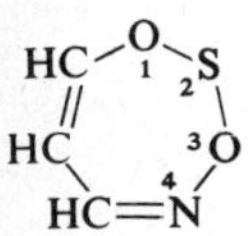

1,3,2,4-Dioxathiazepin

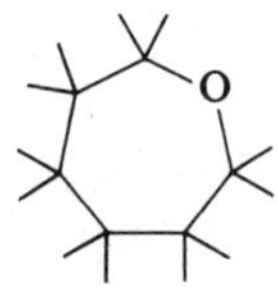

Oxepan

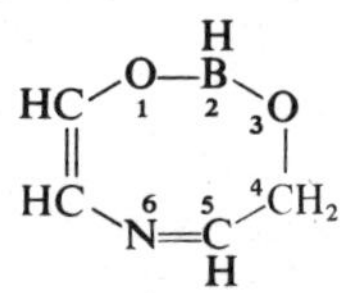

4*H*-1,3,6,2-Dioxazaborocin

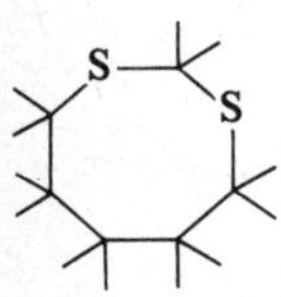

1,3-Dithiocan

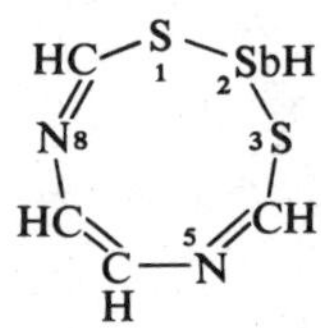

1,3,5,8,2-Dithiadiaza-stibonin

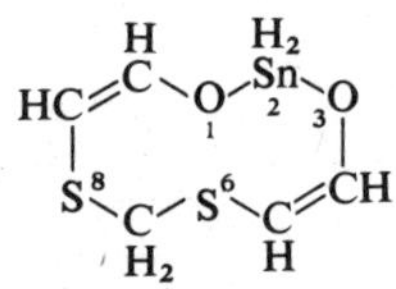

1,3,6,8,2-Dioxadithia-stannecin

Zur Benamung kondensierter heterocyclischer Systeme werden grundsätzlich die Hantzsch-Widman-Patterson-Namen der Komponenten herangezogen, sofern nicht ein beibehaltener Trivialname vorliegt. Die Verschmelzung der Komponenten erfolgt wie bei den entsprechenden Kohlenwasserstoffen; für die Wahl der Stammsysteme werden die nachfolgenden Prioritäten festgelegt, für einige der Verschmelzungskomponenten werden die folgenden gekürzten Ausdrücke empfohlen: *furo*, *imidazo*, *isochino*, *pyrido*, *thieno*.

a) Bei der Festlegung des Stammsystems hat ein *beliebiger Heterocyclus* den Vorrang vor jedem noch so großen Isocyclus.

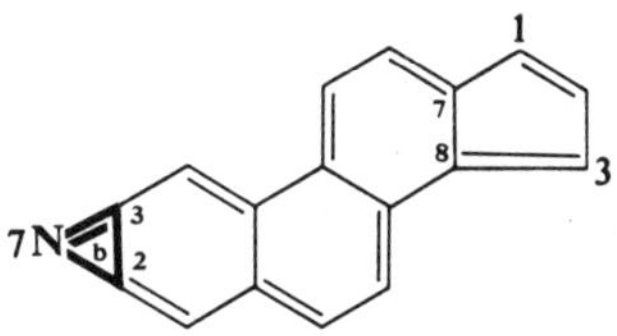

Cyclopenta[7,8]phenanthro[2,3-b]azirin
oder ... aziren

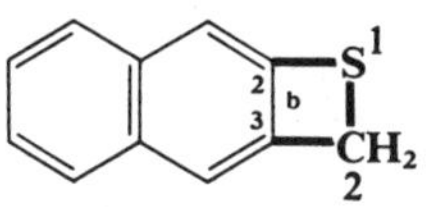

2*H*-Naphtho[2,3-b]thiet

Bei den Sauerstoff-haltigen Dreiringen halten sich aber weder C.A. noch R.I. an diese Vorschrift:

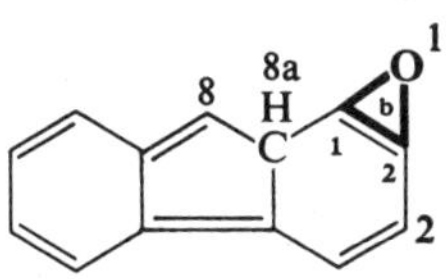

richtig: 8a*H*-Fluoreno[1,2-b]oxiren

C.A.: 1,2-Epoxy-8a*H*-fluoren

R.I.: 8a*H*-Oxireno[a]fluoren

Entsprechende Thia-Derivate werden von beiden Referatorganen als Epithio . . . -Verbindungen bezeichnet!

b) Im Zweifelsfalle gibt (wegen der überragenden Bedeutung der *N*-Heterocyclen) *die N-haltige Komponente* den Ausschlag.

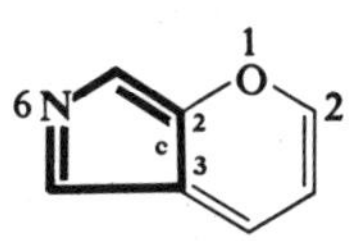

Pyrano[2,3-c]pyrrol

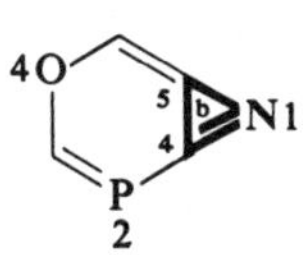

[1,3]-Oxaphosphinino[4,5-b]aziren
früher: [1,3]-Oxaphosphorino[4,5-b]azirin[12]

---

[12] Siehe Fußnote auf Seite 53.

c) Bei weiteren Zweifeln erhält die Komponente die Priorität, die das *ranghöchste Element der „a"-Reihe* aufweist. (Unabhängig von der Ringgröße und der Anzahl der übrigen Heteroatome!)

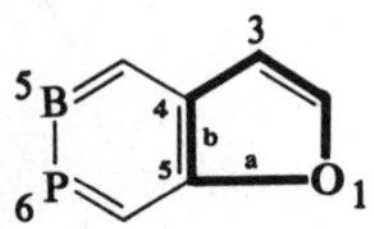

[1,2]-Phosphaborino[5,4-b]furan[13]

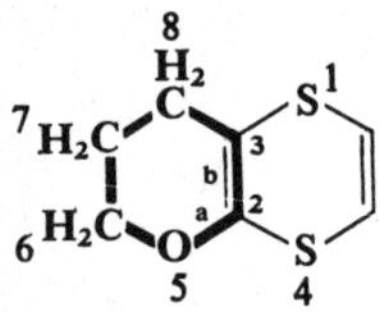

7,8-Dihydro-6*H*-1,4-dithiino[2,3-b]pyran[13]

d) Ist jetzt noch keine Entscheidung möglich gewesen, erhält die (Trivial-) Komponente mit den *meisten Ringen* die Priorität.

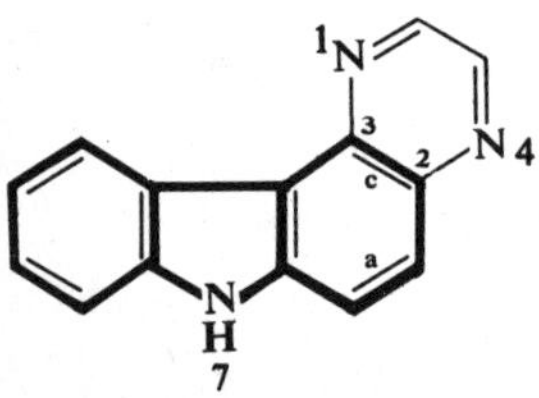

7*H*-Pyrazino[2,3-c]carbazol, nicht:
7*H*-Indolo[3,2-f]chinoxalin

e) Als nächstes Prioritätskriterium fungiert *die Ringgröße*. Befindet sich das ranghöchste Element sowohl im kleineren als auch im größeren Ring, so bildet der größere Ring das Stammsystem, unabhängig von Art und Anzahl eventuell noch vorhandener weiterer Heteroelemente, mit Ausnahme des Stickstoffs (siehe b).

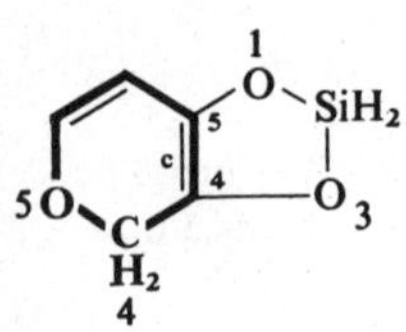

4*H*-1,3,2-Dioxasilolo[4,5-c]pyran[13]

[13] Siehe Fußnote [15] auf Seite 53.

f) Ist die Zuordnung noch immer nicht eindeutig, entscheidet die *größere Anzahl an* (beliebigen) *Heteroelementen.*

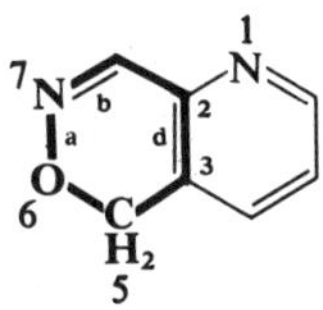

5*H*-Pyrido[2,3-d][1,2]oxazin[14]

g) Versagt auch dieses Kriterium, wird *die größte Vielfalt an Heteroatomen* gewertet, wenn nötig gemäß der „a"-Tabelle 4 (s. S. 44).

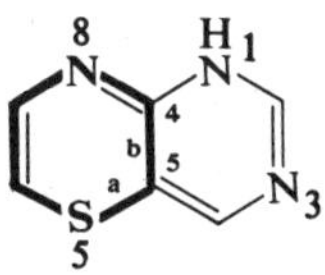

1*H*-Pyrimido[5,4-b][1,4]thiazin[14]

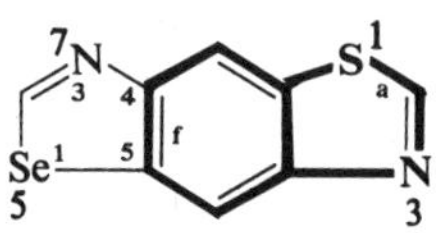

Selenazolo[5,4-f]benzothiazol

h) Wenn alle vorherigen Kriterien versagen, erhält die Komponente den Vorrang, in der *die kleinsten Chiffren* auftreten.

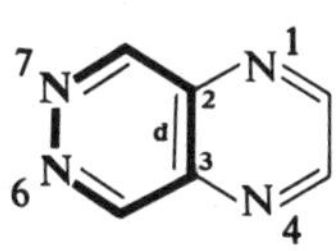

Pyrazino[2,3-d]pyridazin

Die gewählten Beispiele geben klar zu erkennen, daß die allgemeinen Verschmelzungsprinzipien völlig denen analoger Kohlenwasserstoff-Systeme entsprechen. Für Zwei-Ring-Systeme jedoch, die eine Benzogruppierung aufweisen, wird von C.A. und R.I. eine in den IUPAC-Regeln alternativ zugelassene *Ausnahmeregelung* streng eingehalten: es werden nicht die Verschmelzungspositionen angegeben, sondern nur die Heteroatome im Einklang mit den nachfolgenden Bezifferungsprinzipien. Die so

[14] Siehe Fußnote [15] auf Seite 53.

gebildeten Bicyclen können als Stammkomponenten für höher kondensierte Systeme verwendet werden.

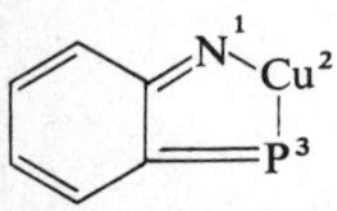

1,3,2-Benzazaphosphacuprol
nicht: Benz[d][1,3,2]azaphosphacuprol

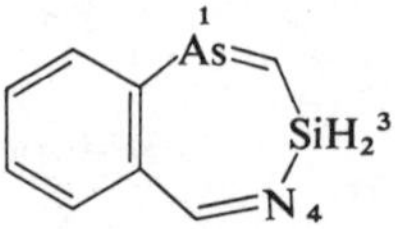

3*H*-4,1,3-Benzazarsasilepin
nicht: 3*H*-Benz[e][1,4,2]azarsasilepin

Ist ein Stammsystem mit *zwei identischen ranghöheren Sekundärkomponenten* kondensiert, so wird die folgende Bezeichnungsweise angewandt:

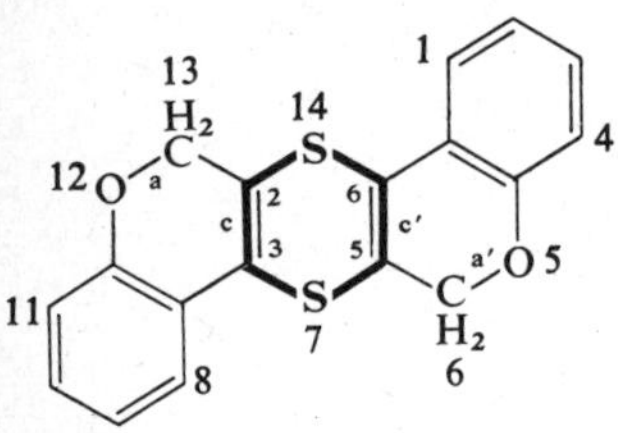

6*H*,13*H*-[1,4]Dithiino[2,3-c:5,6-c′]-bis[1]benzopyran

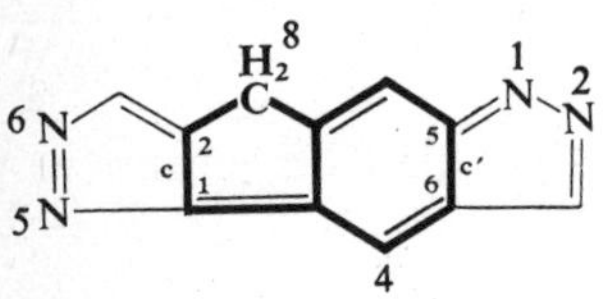

8*H*-Indeno[1,2-c:5,6-c′]dipyrazol

Zur *endgültigen Bezifferung* der kondensierten Heterocyclen sind zunächst die bei den entsprechenden Isocyclen gegebenen allgemeinen *Orientierungsregeln* zu beachten (S. 20). Sind diese nicht ausreichend, kommen die folgenden Kriterien in abnehmender Priorität zum Tragen, nach denen kleinste Ziffern zu erteilen sind:

a) den Heteroatomen insgesamt (vgl. aber S. 47),
b) den Heteroatomen gemäß der „a“-Term-Serie (Tabelle 4),
c) den C-Atomen, die zwei oder mehr Ringen gemeinsam angehören,
d) dem indizierten Wasserstoff.

Es sei nochmals darauf hingewiesen, daß an Verschmelzungspositionen befindliche Heteroatome fortlaufend beziffert werden und daß diese Atome in den Namen beider zu kondensierender Komponenten berücksichtigt werden.

Zur Verdeutlichung der Kondensations- und Bezifferungsprinzipien folgen hier noch einige kompliziertere Beispiele:

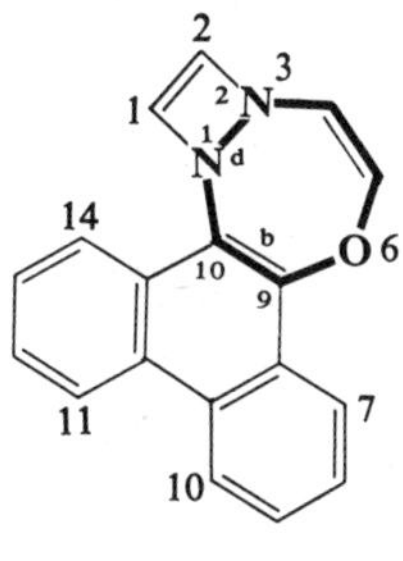

[1,2]-Diazeto[1,2-d]phenanthro-[9,10-b][1,4,5]oxadiazepin[15]

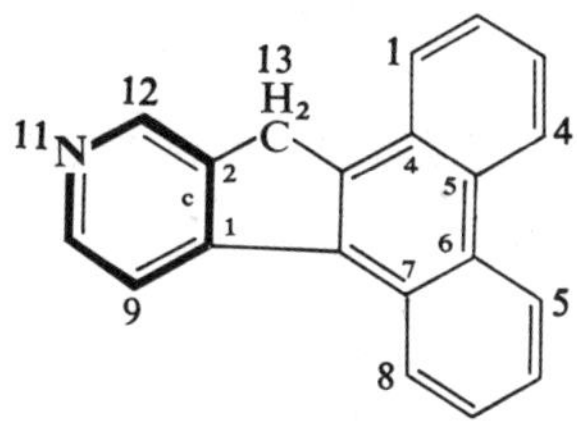

13*H*-Dibenz[4,5:6,7]indeno[2,1-c]pyridin

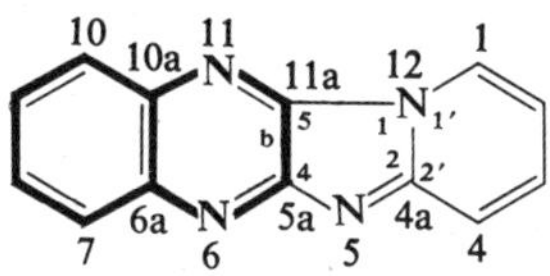

richtig

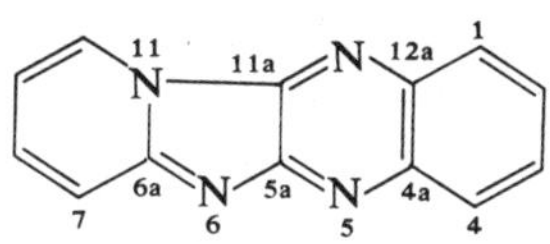

falsch

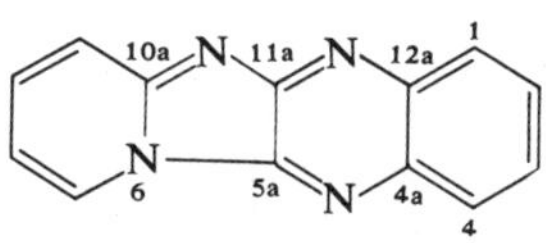

falsch

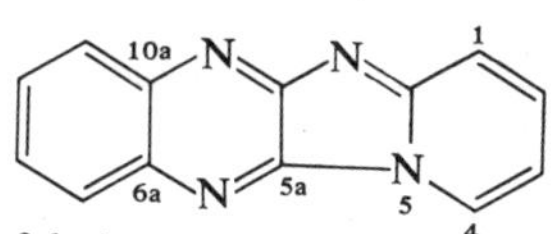

falsch

Pyrido[1′,2′:1,2]imidazo[4,5-b]chinoxalin

Im obigen Beispiel ist die Bezifferung für die Stickstoffatome immer dieselbe; für die Verschmelzungspositionen gilt jedoch: 4a, 5a, 6a, 10a . . . < 4a, 5a, 6a, 11a . . . < 4a, 5a, 10a . . . < 5a . . .

[15] Entspricht die ursprüngliche Bezifferung der Heteroatome in den monocyclischen Komponenten der endgültigen Kranzbezifferung des Polycyclus, wird sie unverändert beibehalten; anderenfalls werden die individuellen Heteroatomplatzziffern der Komponenten im Polycyclenverband in eckige Klammern gesetzt.

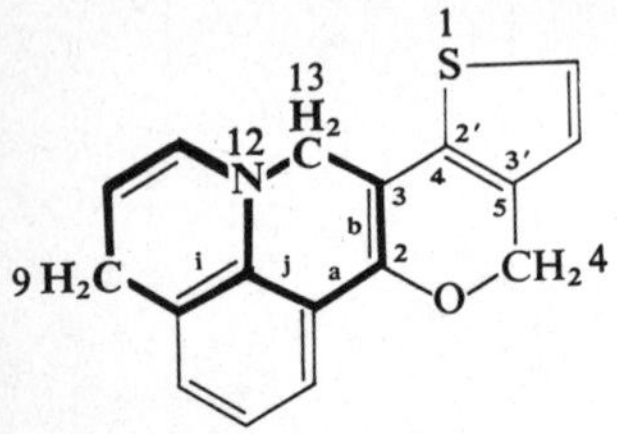

4*H*,9*H*,13*H*-Benzo[ij]thieno[2′,3′:4,5]pyrano[2,3-b]chinolizin

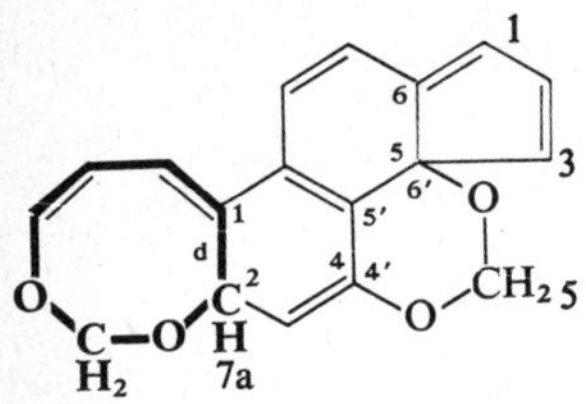

7a*H*-Cyclopenta[5,6]-[1,3]dioxino[4′,5′,6′:4,5]naphtho[2,1-d][1,3]dioxocin

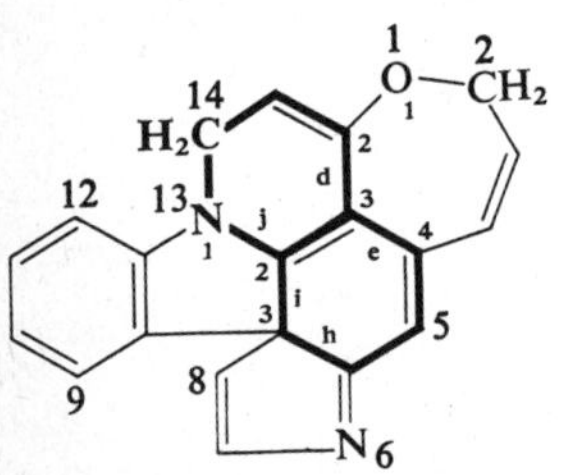

2*H*,14*H*-Indolo[3,2,1-ij]oxepino[2,3,4-de]pyrrolo[2,3-h]chinolin

Kationische Systeme werden am Ende des Namens mit *-ium*, *-diium* (s.S. 77) usw. versehen.

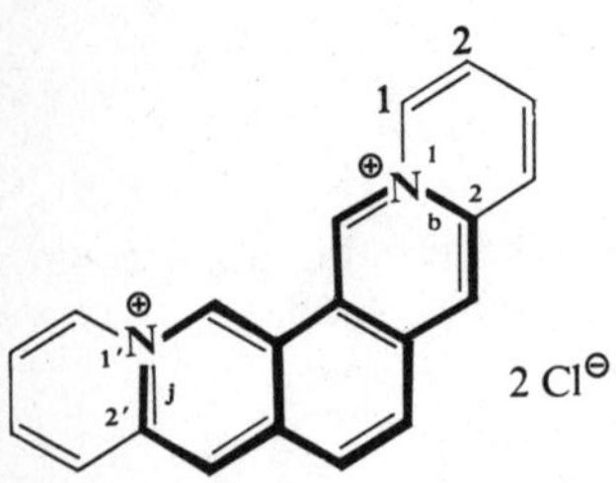

Dipyrido[1,2-b:2′,1′-j][2,9]phenanthrolin-diium-dichlorid

Durch Einfachbindungen miteinander verknüpfte Heterocyclen werden wie entsprechende Kohlenwasserstoffe behandelt.

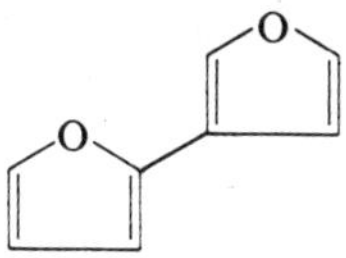

2,3′-Bifuryl
oder: 2,3′-Bifuran

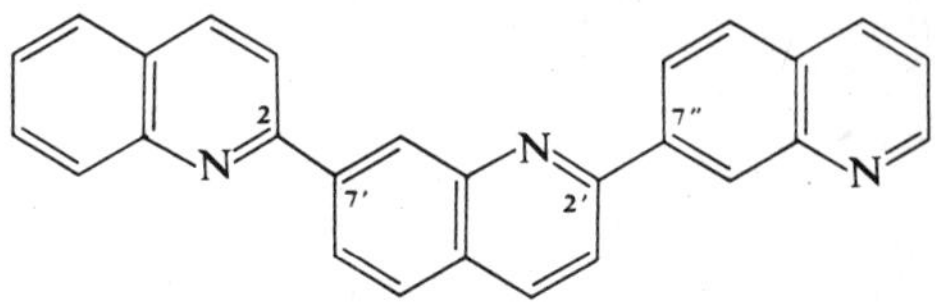

2,7′:2′,7″-Terchinolin

Auch *kondensierte Heterospirocyclen* werden, nachdem man die Komponenten gemäß den oben gegebenen Regeln vorbereitet hat, analog den entsprechenden isocyclischen Systemen zusammengesetzt (alphabetische Reihenfolge!).

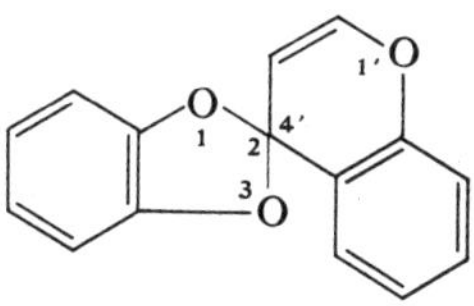

Spiro[1,3-benzodioxol-2,4′-[4*H*][1]benzopyran][16]

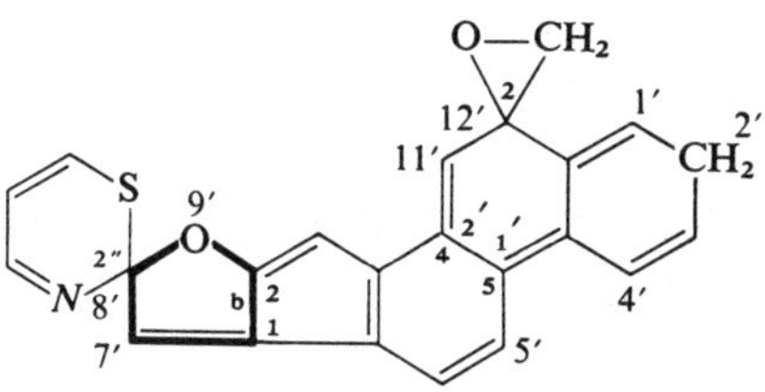

Dispiro[oxiran-2,12′(2′H)-[8*H*]naphth-[2′,1′:4,5]indeno[2,1-b]furan-8′,2″-[2*H*][1,3]thiazin]

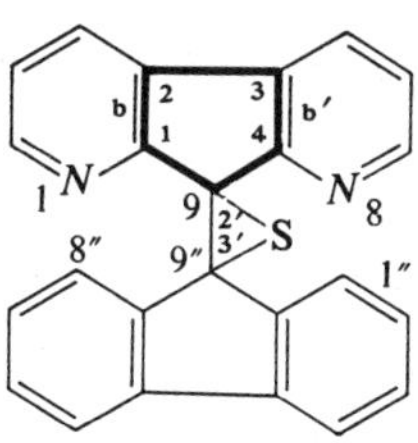

Dispiro[9*H*-cyclopenta[1,2-b:4,3-b′]-dipyridin-9,2′-thiiran-3′,9″-fluoren]

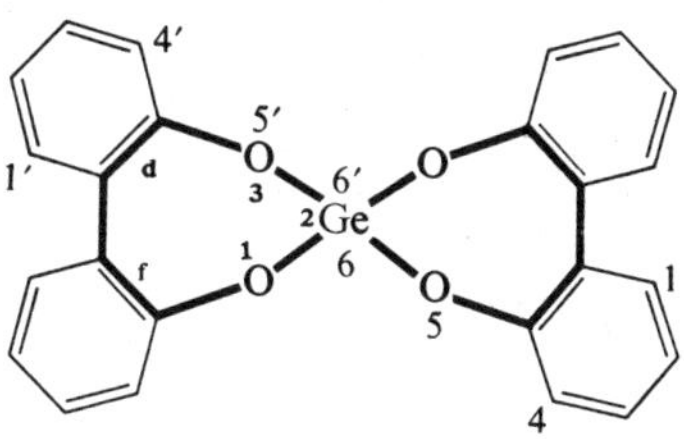

6,6′-Spirobi[dibenzo[d,f]-[1,3,2]dioxagermepin]

[16] Fußnote [15] von Seite 53 gilt sinngemäß.

Kondensierte heterocyclische Systeme, die *zusätzliche Kohlenwasserstoff-brücken* enthalten, werden wie entsprechende Isocyclen behandelt. Treten in solchen Systemen jedoch *Heterobrücken* auf, so werden diese wie folgt als Präfixe konstruiert: auf den Vorschub *Ep*(*i*) folgen die Heterosymbole der „a"-Term-Tabelle mit einem endständigen *o* an Stelle von a (das bei nachfolgendem Vokal eliminiert wird). Stickstoff-haltige Brücken werden *ohne Ep*(*i*) gebildet.

—N=N—NH— Azimino, —N=N— Azo, —NH—NH— Biimino

—NH— Imino, —N= Nitrilo

—O—, —S— Epoxy, Epithio; —S—S— Epidithio; —O—S— Epoxythio;

—S—O—NH— Epithioximino; —Se—O—Te— Episelenoxytelluro;

—O—$(CH_2)_n$— Epoxyalkano; —O—$(CH_2)_n$—S— Epoxyalkanothio;

—S—$(CH_2)_n$—N= Epithioalkanonitrilo;

—$(CH_2)_n$—O—$(CH_2)_n$— Alkanoxyalkano;

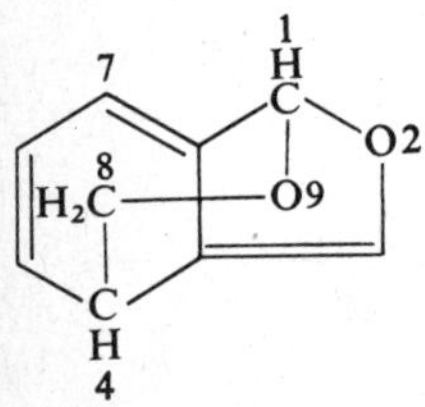

1,4-(Epoxymethano)-1*H*,4*H*-isobenzofuran

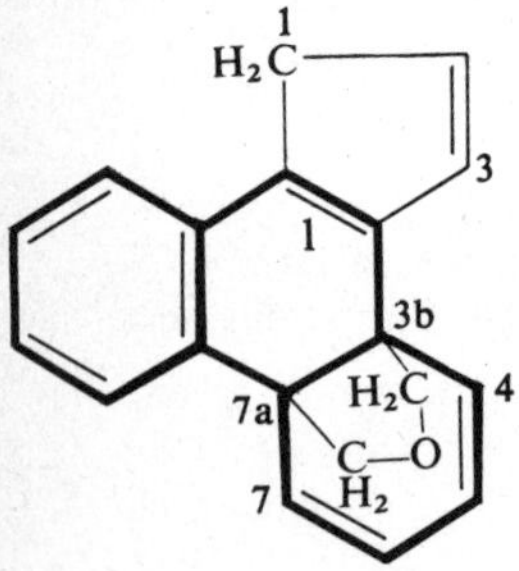

3b,7a-(Methanoxymethano)-1*H*-cyclopenta[1]phenanthren

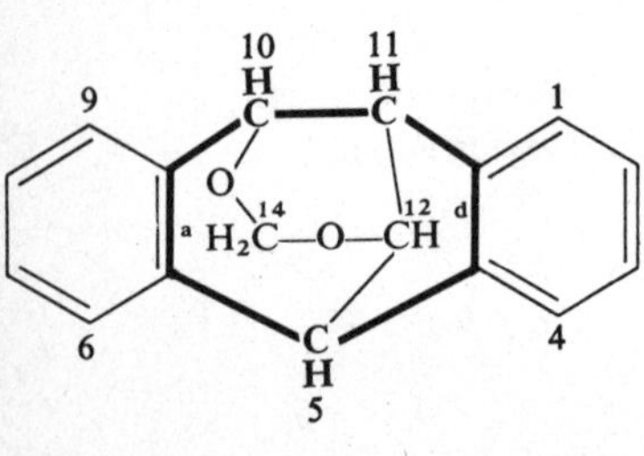

10,11-Dihydro-10,5;11-(epoxymethanoxy-metheno)-5*H*-dibenzo[a,d]cyclohepten

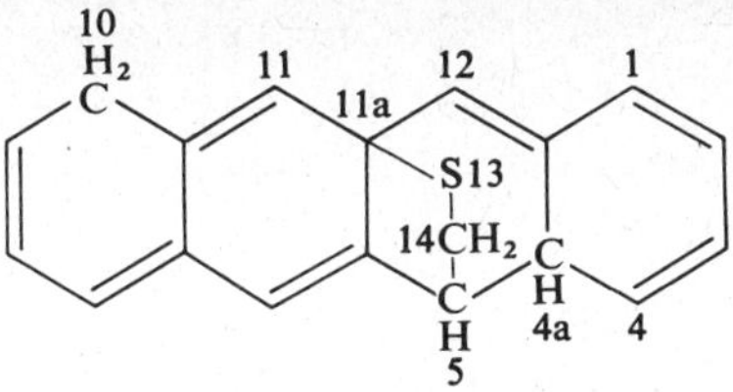

4a,5-Dihydro-11a,5-(epithiomethano)-10*H*-naphthacen

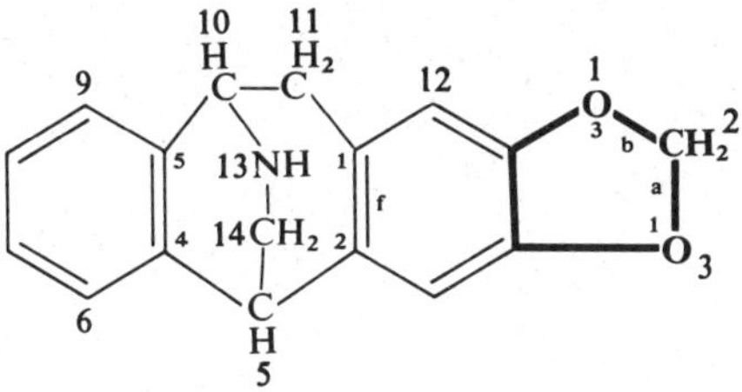

10,11-Dihydro-10,5-(iminomethano)-5*H*-benzo[4,5]cyclohepta[1,2-f]-[1,3]benzodioxol

Treten ganze Heterocyclen als Brücken auf, werden sie wie analoge Kohlenwasserstoff-Cyclen behandelt.

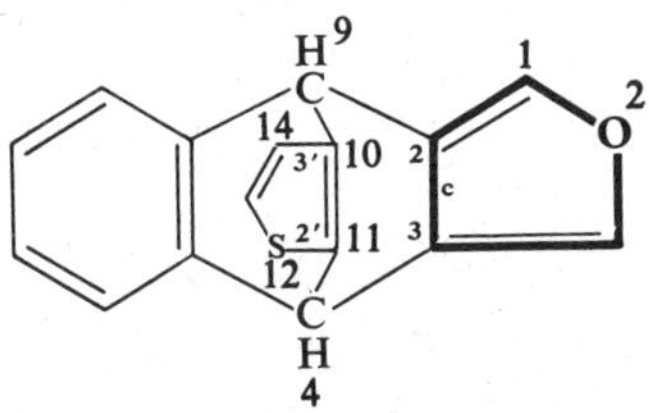

4,9-Dihydro-4,9-[2′,3′]thiopheno-naphtho[2,3-c]furan

Anmerkung:

Werden bei komplexen kondensierten Heterocyclen die nach dem erweiterten Hantzsch-Widman-System gebildeten Namen zu unhandlich, empfielt es sich, die „a“-Nomenklatur zu verwenden:

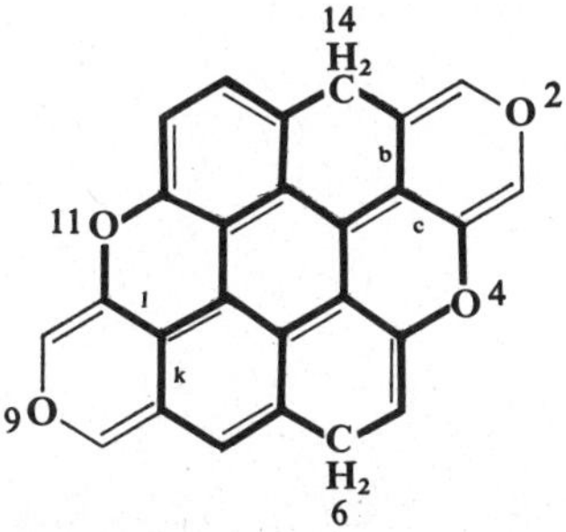

6*H*,14*H*-2,4,9,11-Tetraoxadibenzo[bc,kl]coronen

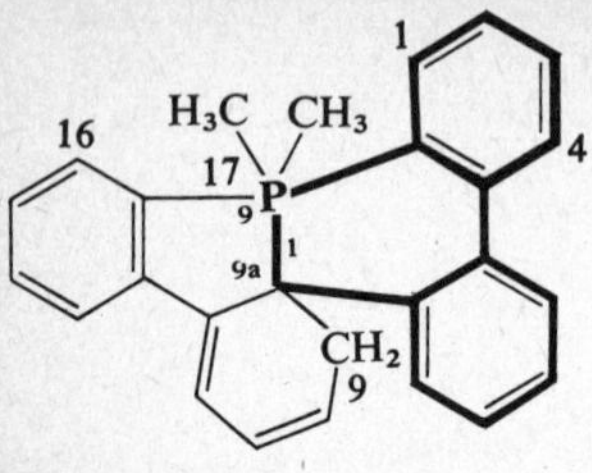

17,17-Dimethyl-9*H*-17-λ^5-phospha-fluoreno-[9,9a-1]phenanthren

oder:

9*H*-Dibenzo[2,3:4,5]phospholo[1,2-f]phosphanthridin

2. Substituierte Systeme

2.1. Allgemeine Vorbemerkungen

Der Begriff des Substituenten, der bereits bei der Besprechung der Stammsysteme in Form der Radikale vielfach verwendet worden ist, nimmt naturgemäß im folgenden eine zentrale Stellung ein und bedarf deshalb einer erweiterten Definition.

> Als Substituent wird jedes Atom und jede Atomkombination (funktionelle Gruppe) bezeichnet, das/die ein Wasserstoffatom eines Stammsystems ersetzt.

Eine weitergehende Spezifizierung des Substituenten-Begriffes ist dadurch gegeben, daß man alle substituierenden Gruppen, die nicht Kohlenwasserstoff- oder Heterocyclen-Radikale[1] sind, unter dem Terminus *Charakteristische Gruppe* zusammenfaßt. Diese Gruppen bestimmen dann, welche *Verbindungsklasse* (funktionelle Klasse) vorliegt; z.B.: —COOH Carbonsäure, —NO_2 Nitroverbindung, —NH_2 Amin oder Aminoverbindung, —OH Alkohol usw. Aus der trivialen Tatsache, daß ein Stammsystem durch mehrere charakteristische Gruppen substituiert sein kann, ergibt sich die Notwendigkeit einer *Rangfolge der Substituenten.* Die ranghöchste Gruppe (principal group) definiert dann immer die vorliegende Verbindungsklasse; die übrigen charakteristischen Gruppen werden in geeigneter Weise als Präfixe in alphabetischer Reihenfolge und unter Wahrung des Prinzips kleinster Chiffren zugeordnet.

Multiplizierende Präfixe werden wie bei den Stammsystemen verwendet: die Reihe *di, tri, tetra* ... für Sätze identischer Substituenten, die Reihe *bis, tris, tetrakis* ... für identisch weitersubstituierte identische Substituenten (oder wenn es sprachlich geboten erscheint), und die Reihe *bi, ter, quater* ... für direkt miteinander verknüpfte identische Teilkomponenten.

Während die Nomenklaturgebräuche bei den Stammsystemen weitgehend vereinheitlicht wurden, liegen die Verhältnisse bei substituierten Systemen wesentlich komplizierter, da 1. mehrere Nomenklatursysteme sehr unsystematisch nebeneinander verwendet werden, 2. viele Ausnahmeregelungen zu beachten sind und 3. zahlreiche Trivial- und Semitrivial-

---

[1] Meist abgekürzt als R^1, R^2, R^3, R^4 ... oder R, R′, R″, R‴, R⁗ ...

Namen und -Regeln ebenfalls in unsystematischer Weise beibehalten werden.
Spezielle Nomenklaturprobleme sind deshalb häufig nur mit Hilfe der streng kodifizierten IUPAC-Regel-Manuale (s. S. 4) zu lösen; hier soll dagegen ein straffer Überblick über die allgemeinen Prinzipien dieser Benennungsvorschriften gegeben werden.

2.2. Nomenklaturtypen für substituierte Systeme

2.2.1. Die substitutive Nomenklatur

Bei diesem Nomenklaturtyp werden die *Substituenten bzw. charakteristischen* Gruppen dem Stammnamen in Form geeigneter Kürzel als *Vor- und/oder Nachsilben* (*Präfixe* bzw. *Suffixe*) beigegeben. Die in Tabelle 6 aufgeführten Substituenten werden jedoch nur als Präfixe verwertet. Auch substituierende Stammsysteme vom Kohlenwasserstoff- und Heterocyclen-Typ werden in Form ihrer Radikalausdrücke als Präfixe behandelt.

Tabelle 6 *Charakteristische Gruppen, die nur als Präfixe auftreten*

Charakteristische Gruppe[a]	Präfix (Verbindungsname)
$—N_3$	Azido . . . (Azid)
—Br	Brom . . . (engl. Bromo . . . usw.)
—Cl	Chlor . . .
—ClO	Chlorosyl . . .
$—ClO_2$	Chloryl . . .
—OCN	Cyanato . . . (Cyanat)
—CN	Cyan . . . (Cyanid)
$=N_2$	Diazo . . .
$—I(OH)_2$	Dihydroxyiod . . .
$—IX_2$	Di . . . iod . . . (X ist irgendein Säurerest: —Cl, $—OOCCH_3$ usw.)
$>\mathbf{C}(SR)_2$	Di-(. . . ylthio) . . . (Thioacetal)
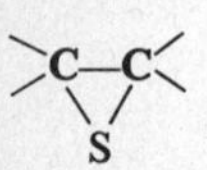	Epithio . . .
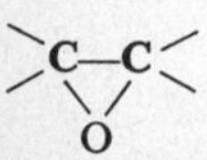	Epoxy . . .

[a] Die fettgedruckten C-Atome sind in den Stammnamen einbezogen.

Tabelle 6 (Fortsetzung)

Charakteristische Gruppe[a]	Präfix (Verbindungsname)
—F	Fluor . . .
—OOH	Hydroperoxy . . .
—NHOH	Hydroxyamino . . . (Hydroxylamin)
—$NHNH_2$	Hydrazino . . .
—NCO	Isocyanato . . .
—NC	Isocyan . . . (Isocyanid, Isonitril)
—NCS	Isothiocyanato . . .
—I	Iod . . .
—IO	Iodosyl . . . (früher Iodoso . . .)
—IO_2	Iodyl . . . (früher Iodo . . .)
—NO_2	Nitro . . .
═N(O)OH	aci-Nitro . . .
—NO	Nitroso . . .
—ClO_3	Perchloryl . . .
—SCN	Thiocyanato . . .
—OOR	. . . yldioxy . . . (Peroxid)
—OR, —SR usw.	. . . yloxy . . ., . . . ylthio . . . (Ether, Thioether)

Alle anderen charakteristischen Gruppen können als Präfixe und/oder als Suffixe in Erscheinung treten. Grundsätzlich wird die *ranghöchste charakteristische Gruppe als Suffix* genommen und bestimmt damit den Verbindungstyp; die übrigen Gruppen werden dann als Präfixe dem Stammnamen vorangestellt. Zur Ermittlung der ranghöchsten Gruppe bedient man sich der folgenden Tabelle 7, die die wichtigsten Verbindungsklassen in abnehmender Priorität gibt.

Wie nun die den Verbindungsklassen der Tabelle 7 zugeordneten charakteristischen Gruppen in Präfixe und Suffixe zu verwandeln sind, zeigt Tabelle 8.

Tabelle 7 *Rangfolge der wichtigsten Verbindungsklassen*

1. Onium- und ähnliche Kationen (s.S. 77)
2. Carbonsäuren in der Reihenfolge: —COOH, —$\overset{\text{O}}{\text{C}}$OH, dann Schwefel- und Selenanaloga, dann Sulf(on,in,en)säuren
3. Säurederivate in der Reihenfolge: Anhydride, Ester, Halogenide, Amide, Hydrazide, Imide, Amidine usw.
4. Nitrile (Cyanide), Isocyanide usw.
5. Aldehyde, S- und Se-Analoga, Derivate
6. Ketone, S- und Se-Analoga, Derivate
7. Alkohole, Phenole, S- und Se-Analoga von Alkoholen, Ester mit anorganischen Säuren (Ausnahme: Halogenwasserstoffe), dann Phenolderivate in der gleichen Reihenfolge
8. Hydroperoxide
9. Amine, Imine, Hydrazine usw.
10. Ether, S- und Se-Analoga
11. Peroxide

Tabelle 8 *Präfixe und Suffixe für die wichtigsten charakteristischen Gruppen in der substitutiven Nomenklatur*

Verbindungsklasse	Charakteristische Gruppe[a]	Verwendung als Präfix	Verwendung als Suffix
Kationen	$—\overset{\oplus}{O}R_2$, $—\overset{\oplus}{N}R_3$, $—\overset{\oplus}{Br}R$	. . . onio . . .	. . . onium . . .
	$—\overset{\oplus}{N}{\equiv}N$	Diazonió . . .?	-diazonium . . .
Carbonsäuren	—COOH	Carboxy . . .	-carbonsäure[b]
	—COOH	—	-säure[b]
Peroxycarbonsäuren	—C(O)OOH	?	-peroxycarbonsäure
	—C(O)OOH	—	Peroxy . . . säure
(Di)thiocarbonsäuren	—COSH, —CSSH	(Di)thiocarboxy . . .	-(di)thiocarbonsäure
	—COSH, —CSSH	—	-(di)thiosäure
Sulf{on/in/en}säuren	$—SO_3H$ $—SO_2H$ —SOH	Sulf{o/ino/eno} . . .	-sulf{on/in/en}-säure
Carbonsäuresalze	—COOM	M-carboxylato . . .	M- . . . carboxylat
	—COOM	—	M- . . . oat
Sulf{on/in/en}säuresalze	$—SO_3M$ $—SO_2M$ —SOM	M-sulf{on/in/en}ato . . .	M- . . . sulf{on/in/en}at
Carbonsäureanhydride	—C(=O)—O—C(=O)—	—	. . . säure . . . säureanhydrid
Carbonsäureester	—COOR	. . . yloxycarbonyl . . .	. . . yl . . . carboxylat
	—COOR	—	. . . yl . . . oat
Sulf{on/in/en}säureester	$—SO_3R$ $—SO_2R$ —SOR	. . . yloxysulf{on/in/en}yl . . .	. . . yl . . . sulf{on/in/en}at

Lactone	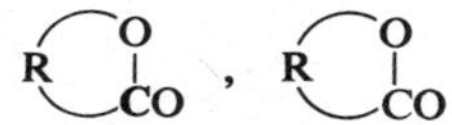	—	. . . olid, -carbolacton
Sultone		—	. . . sulton
Carbonsäurehalogenide	—COX —COX	Halogenformyl . . . —	-carbonylhalogenid -oylhalogenid[c]
Sulf {on, in, en} säurehalogenide	$—SO_2X$ —SOX —SX	X-sulf {on, in, en} yl . . .	-sulf {on, in, en} ylhalogenid
Carbonsäureamide	$—CONH_2$ $—CONH_2$	Carbamoyl . . . —	-carboxamid -amid
Carbonimidsäuren	—C(NH)OH —C(NH)OH	? —	-carboximidsäure -imidsäure
Lactame		—	-lactam
Lactime		—	-lactim
Carbonsäureimide		—	-dicarboximid
	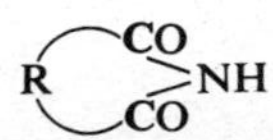	—	. . . imid (für Trivialnamen)
Carbonsäurehydrazide	$—CONHNH_2$ $—CONHNH_2$	? —	-carbohydrazid . . . ohydrazid

Tabelle 8 (Fortsetzung)

Verbindungsklasse	Charakteristische Gruppe[a]	Verwendung als Präfix	Verwendung als Suffix
Hydrazonsäuren	—C(NHNH$_2$)OH	?	-carbohydrazonsäure
	—**C**(NHNH$_2$)OH	—	. . . hydrazonsäure
Hydroxamsäuren	—CONHOH	?	-carbohydroxamsäure
	—**C**ONHOH	—	. . . hydroxamsäure
Hydroximsäuren	—C(NOH)OH	?	-carbohydroximsäure
	—**C**(NOH)OH	—	. . . hydroximsäure
Amidine	—C(NH)NH$_2$	Amidino . . .	-carboxamidin
	—**C**(NH)NH$_2$	—	. . . amidin
Amidoxime	—C(NOH)NH$_2$	?	-carboxamidoxim
	—**C**(NOH)NH$_2$	—	. . . amidoxim
Sulf {on / in / en} säureamide	—SO$_2$NH$_2$ —SONH$_2$ —SNH$_2$	Sulf {amoyl / inamoyl / enamoyl} . . .	. . . sulf {on / in / en} amid
Sulf {on / in} imidsäure	—S(O)(NH)OH —S(NH)OH	? ?	-sulf {on / in} imidsäure
Sultame		—	. . . sultam
Sulf {on / in / en} säurehydrazide	—SO$_2$NHNH$_2$ —SONHNH$_2$ —SNHNH$_2$	? ? ?	-sulf {ono / ino / eno} hydrazid
Nitrile	—C≡N	Cyano . . .	-carbonitril
	—**C**≡N	—	. . . nitril
Aldehyde	—CHO	Formyl . . .	-carbaldehyd
	—**C**HO	Oxo . . .	. . . al
Thioaldehyde	—CHS	Thioformyl . . .	-carbothialdehyd
	—**C**HS	Thioxo . . .	. . . thial

Ketone	>**C**=O	Oxo . . .	. . . on
Thioketone	>**C**=S	Thioxo . . .	. . . thion
Acetale	>**C**(OR)$_2$	Di-(. . . yloxy) . . .	. . . al / on } di . . . yl-acetal
Oxime	>**C**=NOH	Hydroximino . . .	. . . al / on } oxim
Hydrazone	>**C**=NNH$_2$	Hydrazono . . .	. . . al / on } hydrazon
Azine	>**C**=N—N=**C**<	Azinodi . . .	. . . al / on } azin
Semicarbazone	>**C**=NNHCONH$_2$	Semicarbazono . . .	. . . al / on } semicarbazon
Alkohole, Phenole	—OH	Hydroxy . . .	. . . ol
Thiole	—SH	Mercapto . . .	. . . thiol
Alkohol / Phenol } ate	—OM	M-oxido . . .	M . . . olat
Thioalkohol / Thiophenol } ate	—SM	M-sulfido . . .	M . . . thiolat
Amine	—NH$_2$	Amino . . .	. . . amin[c]
Imine	=NH	Imino . . .	. . . imin[c]

[a] Die fettgedruckten C-Atome sind in den Stammnamen einbezogen.
[b] Im Englischen carboxylic acid bzw. -oic acid.
[c] Siehe auch die radikofunktionelle Bezeichnungsweise.

Die Tabelle läßt sich leicht logisch erweitern. So können die Benennungsverfahren für Sulf(on, in, en)säuren und ihre Derivate direkt auf entsprechende Thioanaloga übertragen werden. Einige der aufgeführten charakteristischen Gruppen können in ihren —NH$_2$ oder —OH Funktionen weiter substituiert sein. Bei der Benennung berücksichtigt man dies durch Voranstellen des entsprechenden Radikalbegriffs, einschließlich Platzbezeichnung; z.B.: *N*-Methylhexanamid.

Während die Vorschriften der Tabelle 8 auf die meisten Verbindungsklassen ohne Schwierigkeiten direkt anwendbar sind, bedürfen die beiden alternativen Benennungsmethoden für aliphatische Carbonsäure-Derivate und Nitrile sowie aliphatische Aldehyde einer kurzen Erläuterung:
Bei einfachen Carbonsäuren und ihren Derivaten wird das Kohlenstoffatom der Säuregruppe dem Stammsystem zugerechnet und nur die Nachsilbe . . . *säure* verwendet:

$\overset{21}{H_3C}—(CH_2)_{18}—\overset{2}{C}H_2—\overset{1}{C}OOH$ Heneicosansäure

Bei mehrfachen und cyclischen Carbonsäuren (und Derivaten) behandelt man die Säuregruppe als Einheit in der Nachsilbe . . . *carbonsäure*, . . . *carboxamid*, . . . *carbonylchlorid* usw.

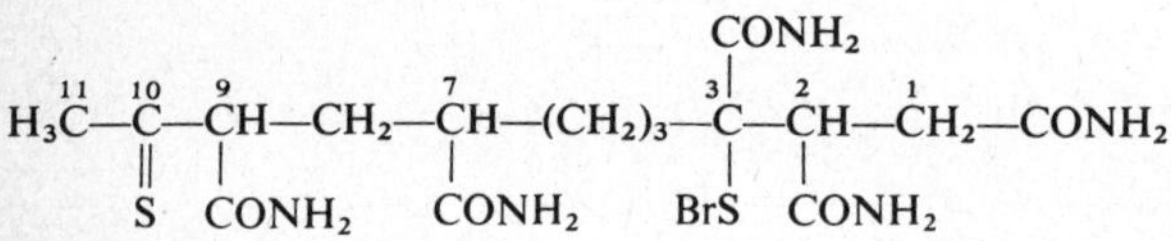

3-Bromthio-10-thioxo-1,2,3,7,9-undecanpentacarboxamid

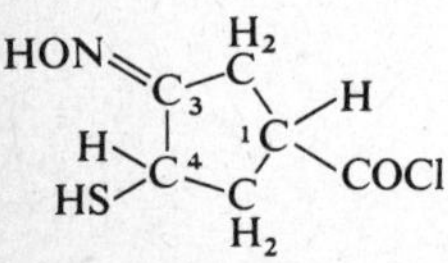

3-Hydroxyimino-4-mercaptocyclopentancarbonylchlorid

Analoge Nitrile und Aldehyde werden entsprechend behandelt:

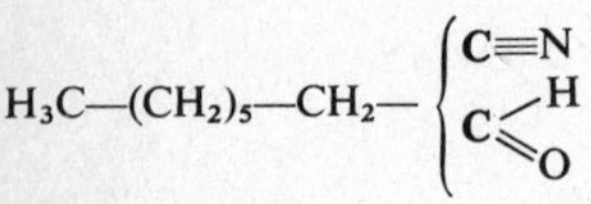

Octan {nitril / al} (evtl. auch Octansäure-nitril)

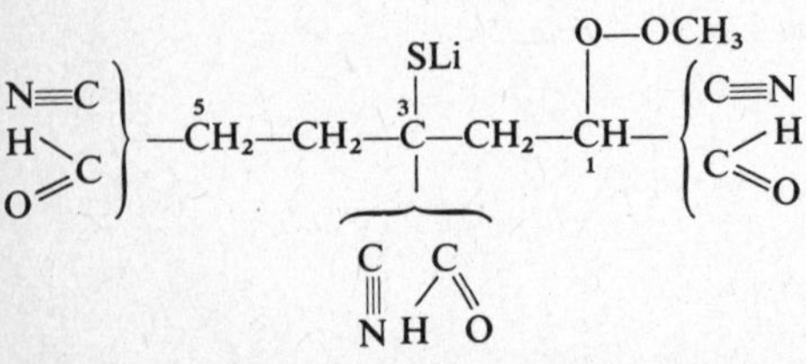

Lithium-1-methyldioxy-3-sulfido-1,3,5-pentantri {carbonitril / carbaldehyd}

Die Regeln der substitutiven Nomenklatur sind allen anderen Bezeichnungsmethoden vorzuziehen, denn sie haben bislang die allgemeinste und breiteste Anwendung gefunden. Dennoch werden für einige Verbindungstypen in nicht immer genau abgegrenzter Weise andere Nomenklatursysteme beibehalten, die im folgenden kurz besprochen werden, obwohl zu hoffen ist, daß man sich in Zukunft so weit wie möglich auf die substitutive Nomenklatur beschränken wird.

2.2.2. Die radikofunktionelle Nomenklatur

Dieses Benennungsverfahren wird nur auf einige Verbindungsklassen angewendet, die in Tabelle 9 in absteigender Priorität zusammengefaßt sind. Im Gegensatz zur substitutiven Nomenklatur werden hier *die Stammsysteme in Form ihrer Radikale benannt*, denen die meist *anionisierten Namen* der fraglichen Verbindungsklasse *nachgestellt* sind. Im Deutschen

Tabelle 9 *Verbindungsnamen, wie sie in der radikofunktionellen Nomenklatur Verwendung finden*

Charakteristische Gruppe[a]	Radikofunktioneller Verbindungsname
X in Säurederivaten $RCO{-}X$, $RSO_2{-}X$ usw.	Anionischer Name von X in der Rangfolge: -fluorid, -chlorid, -bromid, -iodid, -cyanid, -azid, usw., dann S und Se-Analoga
$-C{\equiv}N{:}$, $-\overset{\oplus}{N}{\equiv}\overset{\ominus}{C}{:}$	-cyanid, -isocyanid
$-O{-}C{\equiv}N{:}$, $-N{=}C{=}O$	-cyanat, -isocyanat
$-O{-}\overset{\oplus}{N}{\equiv}\overset{\ominus}{C}{:}$	-fulminat
$-S{-}C{\equiv}N{:}$, $-N{=}C{=}S$	-thiocyanat, -isothiocyanat usw.
$>C{=}O$, $>C{=}S$	-keton, -thioketon usw.
$>C{=}C{=}O$	-keten
$-OH$, $-SH$	-alkohol, -hydrosulfid
$-O{-}OH$, $-S{-}S_x{-}SH$	-hydroperoxid, -hydropolysulfid bzw. -polysulfan
$-O-$, $-O{-}O-$	-ether oder -oxid, -peroxid
$-S-$, $-S{-}S_x{-}S-$	-sulfid, -polysulfid oder -polysulfan
$>S{=}O$, $>SO_2$	-sulfoxid, -sulfon
$>S{=}NH$, $>S(O)NH$	-sulfimid, -sulfoximid
$>Se$, $>SeO$, $>SeO_2$	-selenid, -selenoxid, -selenon
$-F$, $-Cl$, $-Br$, $-I$, $-N_3$	-fluorid, -chlorid, -bromid, -iodid, -azid
RNH_2, $RR'NH$, $RR'R''N$	-amin
$RNHNH_2$---$RR'NNR''R'''$	-hydrazin
$RNHOH$---$RR'NOR''$	-hydroxylamin
$>C{=}N{-}C<$	-amin (Azomethine, Schiff'sche Basen)
$-N{=}C{=}N-$	-carbodiimid
$>C(OOCR)_2$	-di . . . oat (Acylale)

[a] Die fettgedruckten Atome sind in die Stammradikale einbezogen.

arbeitet man hierbei mit oder auch ohne Bindestrich, im Englischen werden zwei separate Wörter verwendet.

Einige Beispiele mögen die Prinzipien der radikofunktionellen Nomenklatur verdeutlichen:

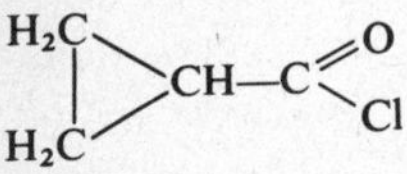

Cyclopropancarbonylchlorid

H_2CCl_2 Methylen-dichlorid, $H_3C—CH_2—CH_2—CH_2—CH_2—COF$ Hexanoyl-fluorid

$H_3C—CN$ Methyl-cyanid, $H_3C—CO—C_2H_5$ Ethyl-methyl-keton,

$H_3C—O—CH_3$ Dimethyl-ether, $(C_6H_5)_2SO$ Diphenyl-sulfoxid.

Sind zusätzliche charakteristische Gruppen vorhanden, so bestimmt Tabelle 9 die Rangfolge bei der Festlegung der Verbindungsklasse; die übrigen funktionellen Gruppen werden gemäß den Regeln der substitutiven Nomenklatur als Präfixe angegeben (alphabetische Ordnung!):

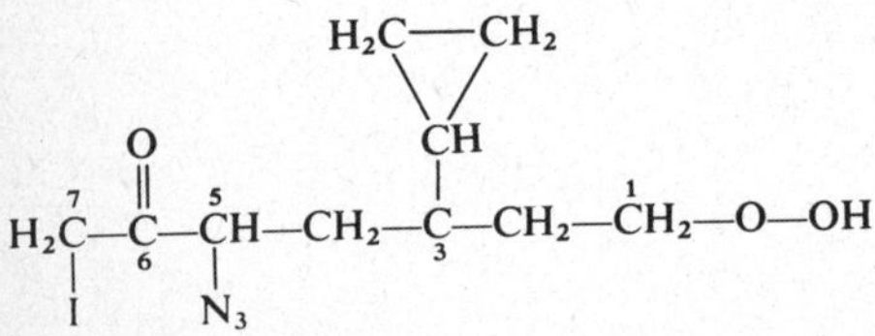

5-Azido-3-cyclopropyl-7-iod-6-oxo-heptyl-hydroperoxid

2.2.3. Die additive Nomenklatur

Dieser Nomenklaturtyp, bei dem, wie der Name schon sagt, eine *Addition von Atomen oder Atomgruppen an eine Stammstruktur* vorgenommen wird, ist auf ganz wenige Spezialfälle beschränkt. Die wichtigste und wohl auch in Zukunft unverzichtbare Anwendung findet dieses Verfahren bei der Benennung von *hydrierten cyclischen Verbindungen*, wobei die Hydrierung durch entsprechende Präfixe angegeben wird.

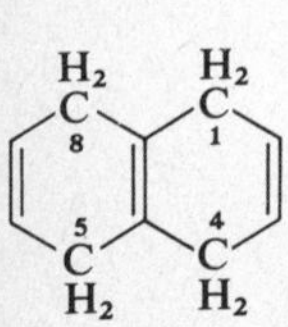

1,4,5,8-Tetrahydronaphthalin

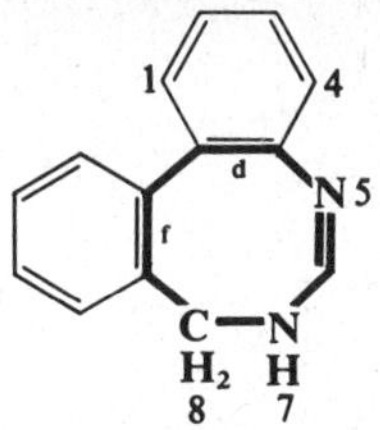

7,8-Dihydro-dibenzo[d,f][1,3]diazocin

Im Gegensatz hierzu werden *Epoxide*, *Ozonide* und gewisse *Halogenderivate* durch die *dem Stammbegriff nachgestellten anionischen Namen* der entsprechenden Atome (Atomgruppen) charakterisiert. Es sei jedoch darauf hingeweisen, daß diese Methode nicht zur Beibehaltung empfohlen wird, sofern andere Nomenklaturtypen (substitutive oder Heterocyclen-Nomenklatur) einfache und eindeutige Benennungen zulassen.

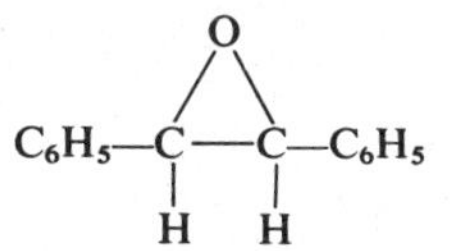

Stilben-oxid, besser: 1,2-Diphenyloxiran, oder 1,2-Diphenylepoxyethan, oder α.α′-Epoxybibenzyl

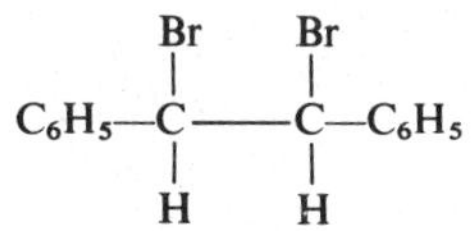

Stilben-dibromid,besser: 1,2-Dibrom-1,2-diphenylethan

Ozonid sollte man nur schreiben, wenn man nichts Genaueres über die Struktur weiß; anderenfalls kommt die Heterocyclen-Nomenklatur in Frage.

$C_3H_6O_3$ Propen-ozonid aber: 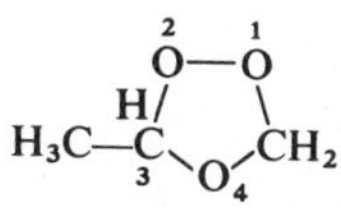 3-Methyl-1,2,4-trioxolan

Nur für Verbindungen vom *Aminoxid*- und *Nitril-oxid*-Typ sowie für andere *am Heteroatom oxidierte Systeme* (insbesondere Heterocyclen!) kommt wieder allein die additive Nomenklatur in Frage:

$(C_4H_9)_3\overset{\oplus}{N}-O^{\ominus}$ Tributylamin-oxid.

$C_{12}H_{25}-C\equiv\overset{\oplus}{N}-O^{\ominus}$ Tridecannitril-oxid,

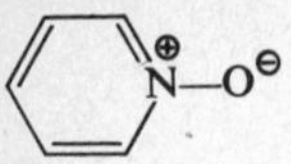

Pyridin-oxid.

Auch *Nitrone* werden als Aminoxide benannt:

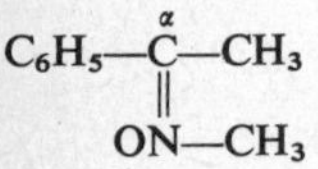

N-(α-Methylbenzyliden)-methylamin-*N*-oxid

Eine weitere Variante der additiven Nomenklatur, bei der die Erhöhung der Ringgliederzahl um eine CH_2-Einheit durch das Präfix *Homo* angegeben wird, sollte auf Steroid-Derivate beschränkt bleiben (siehe Tabelle 13, S. 134).

2.2.4. Die subtraktive Nomenklatur

Bei diesem Nomenklaturtyp werden *subtraktive Präfixe* oder *Suffixe* verwendet, um die Entfernung von Atomen oder Atomgruppen aus einem trivialen oder systematischen Stammbegriff anzuzeigen. Während die additive Nomenklatur ihre allgemeinste Anwendung bei hydrierten cyclischen Systemen gefunden hat, konzentriert sich die Anwendung der subtraktiven Nomenklatur auf die Kennzeichnung des Gegenteils, auf die *Einführung von Unsättigung*. Wir haben dies bei der Besprechung der Kohlenwasserstoff-Systeme ausführlich behandelt, wo die Endsilben . . . *en* und . . . *in* jeweils den Verlust von zwei bzw. vier Wasserstoffatomen unter Bildung einer Doppel- bzw. einer Dreifachbindung anzeigen. Direkte Symbolisierung der *Dehydrierung* in Form eines subtraktiven Präfixes findet man nur bei einigen Naturstoffen der Steroid- und Zuckerreihe und bei Dehydrobenzol, das die Angelsachsen Benzyne nennen. (Allgemein: Dehydroaromaten, Arine, Arynes.)

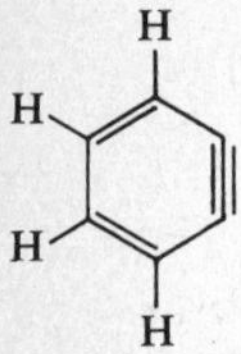

Dehydrobenzol oder Benzyne (Benz-in)

Ebenfalls auf komplizierte und trivial benannte Naturstoffe (z.B. Alkaloide) beschränkt bleibt das Verfahren, den Ersatz einer *N*-Methylgruppe durch Wasserstoff mit dem Präfix *Des* . . . anzuzeigen (englisch *De* . . .).

Des-*N*-methyl . . .

Ähnlich limitiert (auf Zuckerderivate) ist die analoge Kennzeichnung des Ersatzes einer OH-Gruppe durch H:

$—CH_2OH \longrightarrow —CH_3$ Desoxy . . .

Einige Verbindungsklassen, die durch Wasserentzug aus geeigneten Vorläufern entstehen, haben subtraktive Gattungsnamen: Anhydride, (Lactone, Sultame usw.). Speziell in der Zuckerreihe wird die intramolekulare Abspaltung von Wasser aus zwei Hydroxylgruppen mit dem Präfix *Anhydro* wiedergegeben.

x,z-Anhydro . . .

Ebenfalls der subtraktiven Nomenklatur zuzurechnen ist die Vorsilbe *Nor . . .*, für die spezielle Konventionen gelten. Bei Terpenen (Anhang, Tabelle 12) spricht man von Nor-Verbindungen, wenn alle an einen Ring gebundenen *Methylgruppen durch Wasserstoff ersetzt* sind. In der Steroid-Reihe (Anhang, Tabelle 13) zeigt *Nor . . .* einmal den *Verlust einer* CH_2-*Gruppe* aus einer Kette an, in einem zweiten Sinne verwendet man *Nor . . .* hier um eine *Ringkontraktion um eine* CH_2-*Einheit* (also: Umkehrung von *Homo . . .*) zu formulieren.

2.2.5. Die konjunktive Nomenklatur

Dieser Nomenklaturtyp ist eigentlich völlig überflüssig, da er nichts bietet, was nicht mit der substitutiven Nomenklatur genau so gut und vor allem einheitlicher erledigt werden kann. Mehr noch, dieses System ist in sich selbst inkonsistent und trägt somit sicherlich nicht zu der dringend erforderlichen Vereinfachung und Vereinheitlichung der chemischen Nomenklatur bei. Da aber einerseits Chemical Abstracts ausgiebig Gebrauch von der konjunktiven Nomenklatur macht und andererseits auch die IUPAC sie noch immer als Alternative zuläßt, seien hier die Grundzüge dieses Benennungssystems angegeben: Insbesondere acyclische *Carbonsäuren*, *Aldehyde*, *Alkohole* und *Amine*, die terminal einen cyclischen Substituenten tragen, werden benannt, indem man den *unveränderten Stammnamen* des Cyclus mit dem *unveränderten Namen* der *acyclischen Komponente* kombiniert.

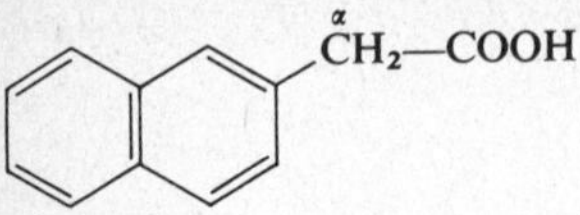

konjunktiv: 2-Naphthalinessigsäure

substitutiv: 2-Naphthylessigsäure

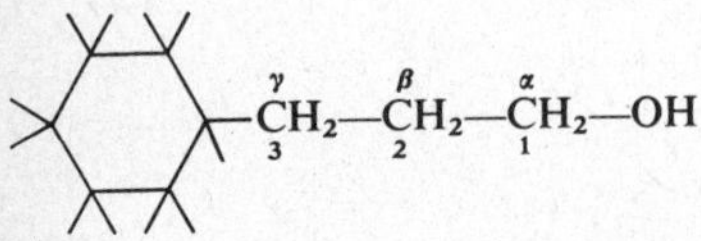

konjunktiv: Cyclohexanpropanol

substitutiv: 3-Cyclohexylpropanol

aber:

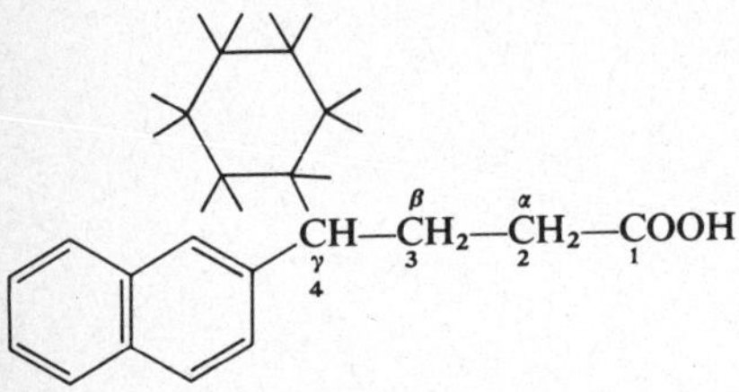

konjunktiv: γ-Cyclohexyl-2-naphthalinbuttersäure

substitutiv: 4-Cyclohexyl-4-(2-naphthyl)-buttersäure

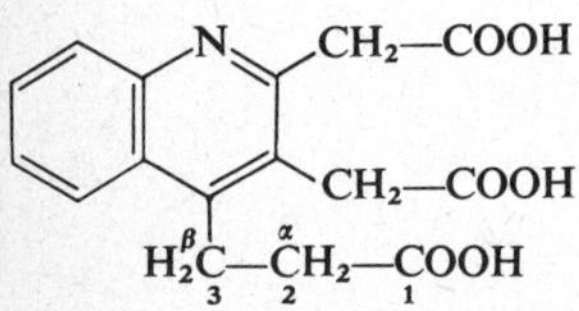

konjunktiv: 4-(2-Carboxyethyl)-2,3-isochinolindiessigsäure

substitutiv: 3-[2,3-Bis-(carboxymethyl)-4-isochinolinyl]-propionsäure

Lediglich bei *mehrfach identisch substituierten* Systemen scheint die konjunktive Benennung zuweilen gewisse Vorteile zu bieten.

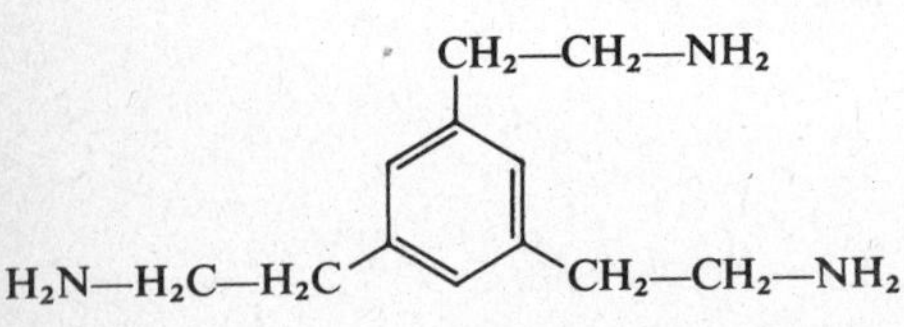

konjunktiv: 1,3,5-Benzoltriethanamin

substitutiv: 2-[3,5-Bis-(2-aminoethyl)-phenyl]-ethylamin

oder auch: 1,3,5-Tris-(2-aminoethyl)-benzol

2.2.6. Die Nomenklatur für substituierte Verbände identischer Einheiten

Wir haben schon bei der Besprechung der Stammsysteme erfahren, daß für Verbindungen, die aus identischen Komponenten zusammengesetzt sind, spezielle Benennungsvorschriften zu beachten sind (über deren Notwendigkeit man durchaus unterschiedlicher Ansicht sein kann). Das gleiche gilt für Verbände identischer substituierter Untereinheiten, von denen zwei Typen vorkommen, solche die direkt mit Einfach- oder Doppelbindungen verknüpft und solche die substitutiv durch ein bi- oder polyvalentes Radikal verbunden sind.

2.2.6.1. Komponenten mit direkter Verknüpfung

Hier werden zunächst die zugrundeliegenden unsubstituierten Stammkomponenten wie früher beschrieben (siehe Seite 32, 55) zusammengesetzt und dann wie normale Stammsysteme mit den Regeln der substitutiven Nomenklatur abgewandelt (kleinstmögliche Chiffren für Verknüpfungen!).

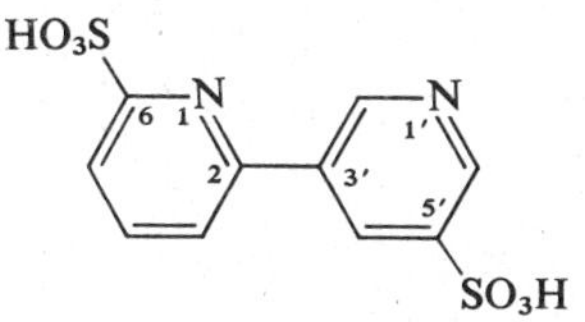

2,3′-Bipyridin
oder: 2,3′-Bipyridyl } -5′,6-disulfonsäure

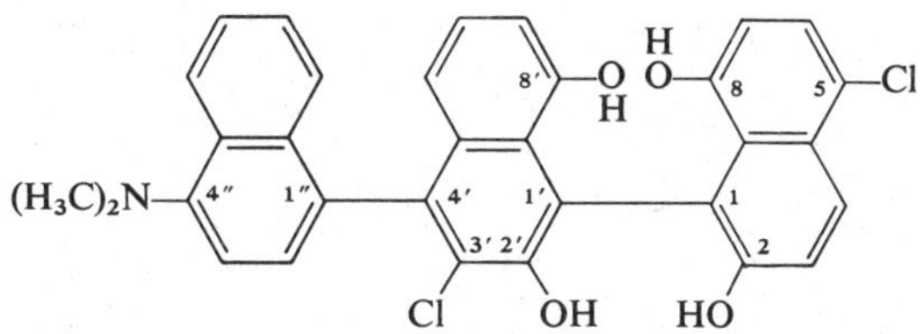

3′,5-Dichlor-4″-(dimethylamino)-1,1′:
4′,1″-ternaphthalin-2,2′,8,8′-tetrol

Können substituierte Teilkomponenten in Form von Trivialnamen verwendet werden, so behält man deren ursprüngliche Bezifferung bei.

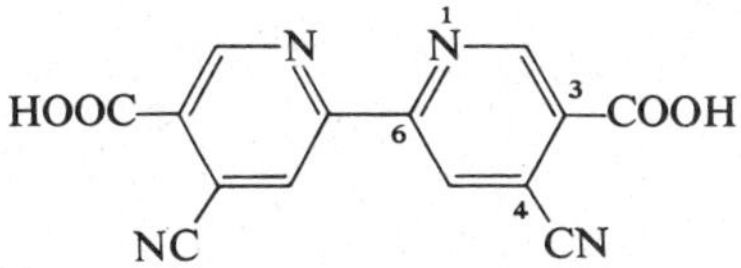

4,4′-Dicyano-6,6′-binicotinsäure

In seltenen Fällen wird diese Namensgebung auch für acyclische identische funktionelle Systeme verwendet:

$H_3C—CO—CO—CH_3$ Biacetyl

HOOC—NH—NH—COOH Bicarbaminsäure

2.2.6.2. Identische Komponenten, die an di- oder polyvalente Radikale gebunden sind

Derartige Verbindungen werden benannt, indem man zunächst die Verknüpfungspositionen der Komponenten (mit dem zentralen Radikal) angibt, dann den Namen dieses Radikals, dann Präfixe *di*..., *tri*... (gegebenenfalls auch *bis*...) usw. und schließlich den Namen der Komponente, einschließlich der charakteristischen Gruppe. Zusätzliche Substituenten werden als Präfixe beigegeben, wobei folgende Prioritäten der Bezifferung zu beachten sind:

1. Charakteristische Gruppen (Suffixe)
2. Verknüpfung
3. Präfix-Substituenten.

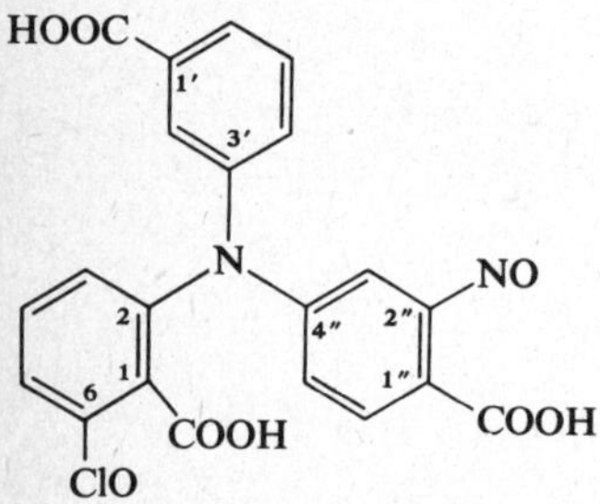

6-Chlorosyl-2″-nitroso-2,3′,4″-nitrilotribenzoesäure

Bestehen die verbindenden Radikale selbst aus mehreren Teilen, so erweitert man das Konzept logisch:

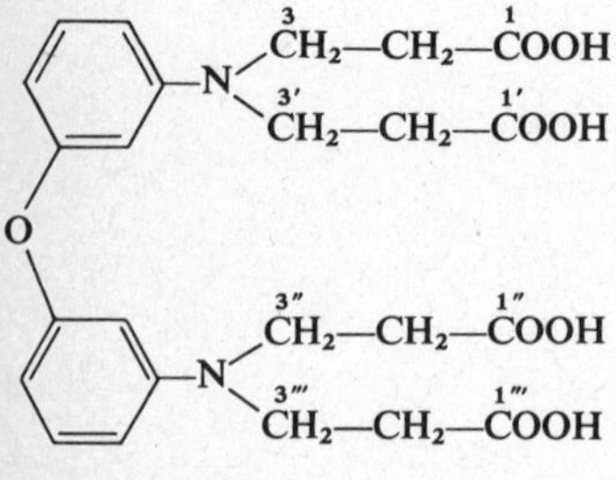

3,3′,3″,3‴-Oxybis(*m*-phenylen-nitrilo)tetrapropionsäure

Will man derartige Systeme in Form von Diradikalen verwenden, so verfährt man völlig analog:

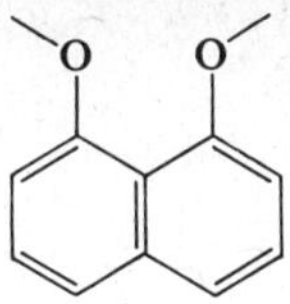

1,8-Naphthylendioxy . . .

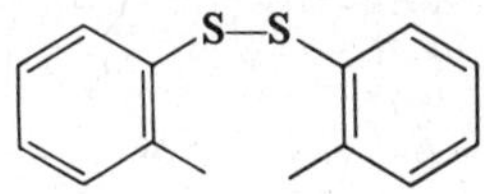

Dithio-di-o-phenylen . . .

In Tabelle 10 wird eine Aufzählung der für diesen Nomenklaturtyp verwertbaren di- bzw. polyvalenten Zentralradikale gegeben:

Tabelle 10 *Radikale, wie sie in der Nomenklatur für Aggregate identischer Einheiten verwendet werden*

Radikalname	Formel
Ethylendi . . .	—CH_2—CH_2—
Ethylendioxydi . . .	—O—CH_2CH_2—O—
Azinodi . . .	=N—N=
Azodi . . .	—N=N—
Carbonimidoyldi . . .	—C(NH)—
Carbonyldi . . .	—CO—
Carbonyldioxydi . . .	—O—CO—O—
Dioxydi . . .	—O—O—
Dithiodi . . .	—S—S—
Hydrazodi . . .	—NH—NH—
Iminodi . . .	—NH—
Methylendi . . .	—CH_2—
Methylendioxydi . . .	—O—CH_2—O—
Naphthylenbisazodi . . .	—$N_2C_{10}H_6N_2$—
Nitrilotri . . .	—N<
Oxydi . . .	—O—
Phenylendi . . .	—C_6H_4—
Phenylenbisazodi . . .	—$N_2C_6H_4N_2$—
Polythiodi . . .	—S_n—
Seleninyldi . . .	—SeO—
Selenodi . . .	—Se—
Selenonyldi . . .	—SeO_2—
Sulfinyldi . . .	—SO—
Sulfonyldi . . .	—SO_2—
Sulfonyldioxydi . . .	—O—SO_2—O—
Tetramethylendi . . .	—$CH_2(CH_2)_2CH_2$—
Thiodi . . .	—S—
Thiocarbonyldi . . .	—CS—
Trimethylendi . . .	—$CH_2CH_2CH_2$—
Trimethylendioxydi . . .	—$O(CH_2)_3O$—
Trithiodi . . .	—S—S—S—
Ureylendi . . .	—NH—CO—NH—

2.2.7. Die Benennung radikalischer und ionischer Spezies

2.2.7.1. Freie Radikale

Elektrisch neutrale Atomgruppen, die ein ungepaartes Elektron aufweisen, bezeichnet man als freie Radikale und charakterisiert sie grundsätzlich mit der Endung . . . *yl*. Wie man Stammsysteme im nomenklatorischen Sinne zu Radikalen (Gruppen, Substituenten) abwandelt, haben wir in den entsprechenden Kapiteln kennengelernt; die dort erhaltenen Radikalnamen können direkt zur Benennung realer freier Radikale verwendet werden.

Sauerstoffradikale, die sich meist von Säuren, Alkoholen usw. ableiten, erhalten die Endung . . . *oxyl*; die Radikalnamen anderer Gruppen kann man oft direkt aus den entsprechenden Präfixen der substitutiven Nomenklatur ableiten.

C_5H_{11}—O• Pentyloxyl, C_6H_5—CO—O• Benzoyloxyl,

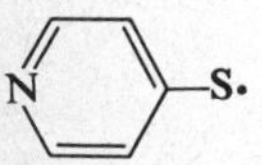 4-Pyridinsulfenyl, $(H_3C)_3C$—O—O• tert-Butylperoxyl.

Freie Radikale, die von Aminen abgeleitet sind, werden als *Aminyle* bezeichnet, entsprechende Diradikale als *Aminylene.*

Cl—$\dot{\text{N}}$—F Chlorfluoraminyl, $(C_6H_5)_2\dot{N}$: Diphenylaminyl,

H_3C—$\dot{\text{N}}$• Methylaminylen, oft auch Methylnitren genannt,

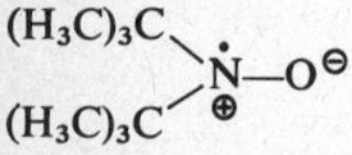 Di-tert-butylaminyl-oxid.

Vom Hydrazin abgeleitete Radikale heißen Hydrazyle.

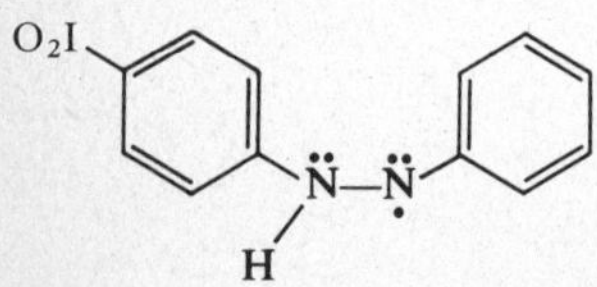

2-(p-Iodylphenyl)-1-phenylhydrazyl

2.2.7.2. Kationen

Bei der Festlegung der Nomenklaturregeln für organische Kationen hat man vier verschiedene Verfahrensweisen zu beachten; die Behandlung von Kationen in der „a"-Nomenklatur ist bereits auf Seite 44 vorgeführt worden.

a) Kationen, die sich von den in Tabelle 11 zusammengestellten . . . *onium*-Grundtypen ableiten.

Tabelle 11 *Onium-Grundtypen in absteigender Priorität*

Ion	Gattungsname	Kation als Präfix
$H_4N^{\oplus}$	Ammonium	Ammonio
$H_3O^{\oplus}$	Oxonium	Oxonio
$H_3S^{\oplus}$	Sulfonium	Sulfonio
$H_3Se^{\oplus}$	Selenonium	Selenonio
$H_3Te^{\oplus}$	Telluronium	Telluronio
$H_2F^{\oplus}$	Fluoronium	Fluoronio
$H_2Cl^{\oplus}$	Chloronium	Chloronio
$H_2Br^{\oplus}$	Bromonium	Bromonio
$H_2I^{\oplus}$	Iodonium	Iodonio

$(C_2H_5)_2\overset{\oplus}{O}H$ Diethyloxonium-,

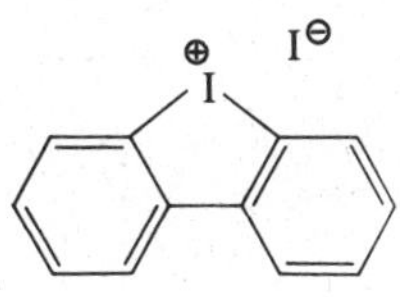

2.2′-Biphenylyleniodonium-iodid (Dibenziodolium)

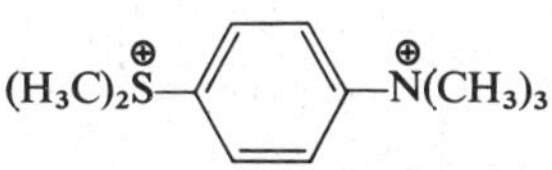

(p-Dimethylsulfoniophenyl)-trimethylammonium-

b) Kationen, die durch Fixierung eines Protons oder einer anderen positiven Gruppe an einem Heteroatom einer trivial oder systematisch benannten Verbindung entstehen, erhalten nach dem Verbindungsnamen die Endung . . . *ium* (siehe auch Heterocyclen-Nomenklatur S. 54). Ein angefügtes Proton wird nötigenfalls wie ein indizierter Wasserstoff behandelt.

$H_3C—\overset{\oplus}{N}H_2—NH_2$ 1-Methylhydrazinium

$C_6H_5—CO—\overset{\oplus}{N}H_3$ $\overset{\oplus}{N}$*H*-Benzamidium

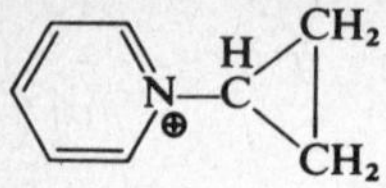

1-Cyclopropylpyridinium-...

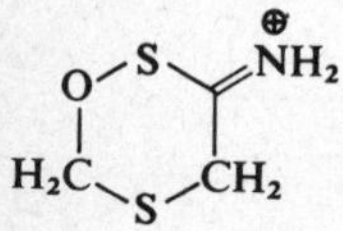

1,2,5-Oxadithian-3-iminium-...

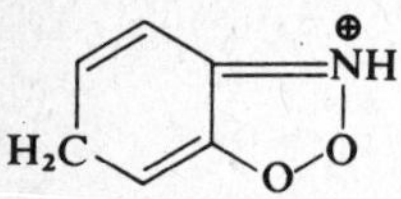

$3H^{\oplus}$,6*H*-Benzo-1,2,3-dioxazolium-...

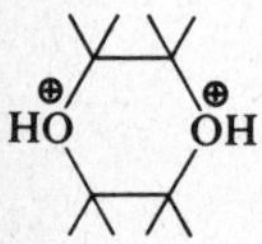

1,4-Dioxandiium-...

c) Auch Kationen, die durch Addition eines Protons an einen ungesättigten Kohlenwasserstoff entstehen, erhalten nach dem Stammterminus die Endung ... *ium*, nötigenfalls mit Platzbezeichnung.

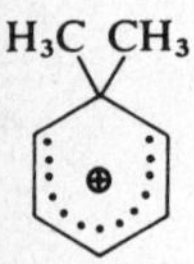

1,1-Dimethylbenzenium-... (die direkte Übertragung ins Deutsche wäre *Benzolium*; aber auch die Begriffe Benzolenium, Benzolonium und Phenonium finden sich noch in der Literatur)

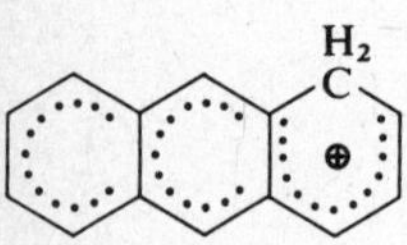

1*H*-Anthracenium-...

aber auch:
$[H_3C{-}CH_4]^{\oplus}$
Ethanium-...

d) Bildet man Kationen durch Abzug eines Elektrons von einer Radikalstelle, so fügt man *dem Radikalbegriff den Terminus Kation nach*, wenn man nur die entsprechende kationische Spezies beschreiben will; zur Benennung der vollständigen Verbindung (einschließlich Gegenion) verwendet man *hinter dem Radikalbegriff die Endung ... ium-* ...

$H_3C{-}CH_2^{\oplus}$ Ethyl-Kation, $[H_3C{-}CH_2^{\oplus}][FSO_3^{\ominus}]$ Ethylium-fluorsulfonat

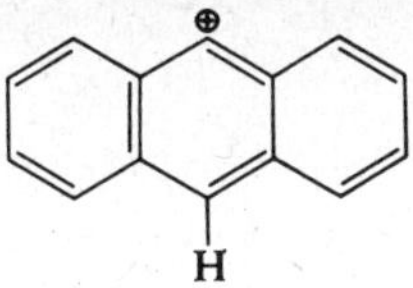

9-Anthryl-Kation
9-Anthrylium- . . .

$(C_6H_5)_3C^{\oplus}$

Triphenylmethyl-Kation oder *Trityl*-Kation
Triphenylmethylium- . . . oder Triphenylcarbenium- . . .[2]

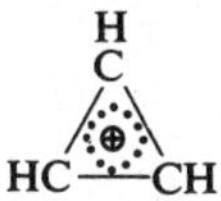

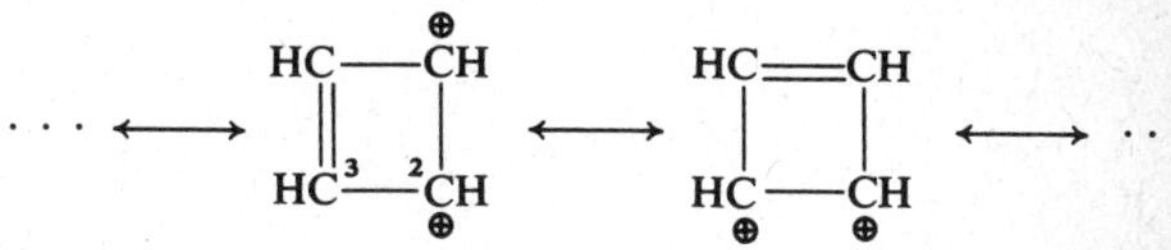

Cyclopropenyl-kation
Cyclopropenylium- . . .

3-Cyclobuten-1,2-ylen-dikation
3-Cyclobuten-1,2-diylium- . . .

$H_3C—CH^{\oplus\oplus}$ Ethyliden-dikation
Ethan-1,1-diylium- . . .

$H_3C—SO_2^{\oplus}$ Methansulfonyl-kation
Methansulfonylium- . . .

Bei komplizierteren Systemen ist die Benennung abgeleiteter Kationen unter Umständen nicht ganz einfach, wie die folgenden Beispiele belegen.

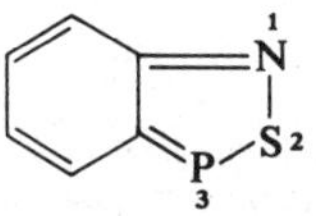

2,1,3-Benzothiazaphosphol

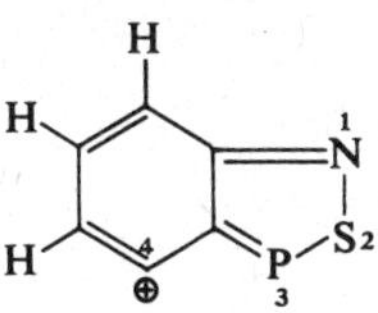

d) 2,1,3-Benzothiazaphosphol-4-yl-kation
2,1,3-Benzothiazaphosphol-4-ylium- . . .

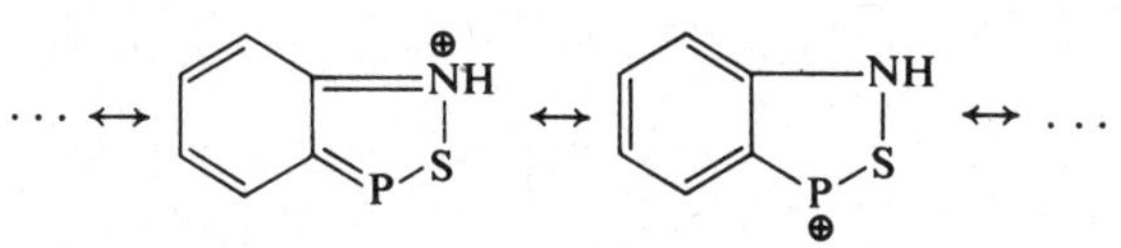

b) $1H^{\oplus}$-2,1,3-Benzothiazaphospholium- . . .

---

[2] Positive Ionen des Kohlenstoffes sollen nach einem Vorschlag von *G. A. Olah*, Angew. Chem. **85**, 183 (1973); Angew. Chem. Internat. Edit. **12**, 173 (1973), unter dem Begriff *Carbokationen* zusammengefaßt werden.
Ionen, die sich von $CH_3^{\oplus}$ ableiten, können generell als *Carbeniumionen* bezeichnet werden; Elektronenmangel-Verbindungen vom Typ $CH_5^{\oplus}$ soll dann die Bezeichnung *Carboniumionen* vorbehalten bleiben.

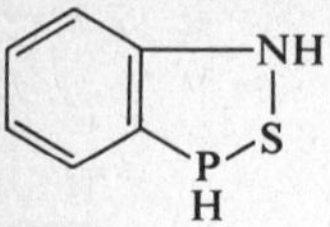

1*H*,3*H*-2,1,3-Benzothiazaphosphol

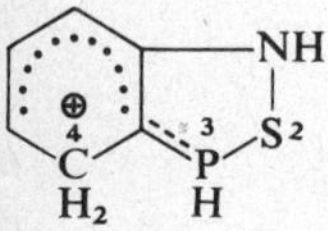

c) 1*H*,3*H*,4*H*-2,1,3-Benzothiazaphospholium- . . .

aber:

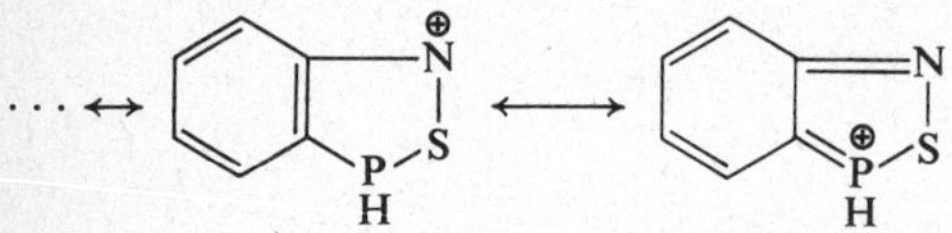

b) 3*H*⊕-2,1,3-Benzothiazaphospholium- . . .

2.2.7.3. Kationradikale (Radikalkationen)

Diese Spezies kann man sich formal durch Addition eines Protons (oder einer anderen positiven Gruppe) an ein Radikal entstanden denken. Auch hier pflegt man zwei Bezeichnungsweisen, indem man den Terminus *Kation*[3] *dem Verbindungsnamen nachordnet*, oder, indem man an den Verbindungsnamen bzw. eine geeignete Variante davon die Endung . . . *iumyl* . . . anhängt.

$CH_4^{\cdot +}$ Methan-Kation, Methaniumyl- . . .

$C_{14}H_{10}^{\cdot +}$ Anthracen-Kation, Anthraceniumyl- . . .

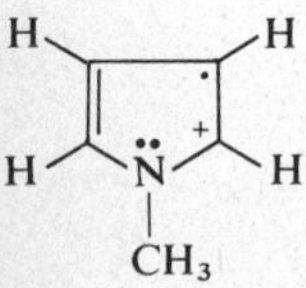

1-Methylpyrrol-kation[4], 1-Methyl-2-pyrrolium-3-yl- . . .

$(C_6H_5)_3N^{\cdot +}$ Triphenylamin-Kation, Triphenylammoniumyl- . . .

2.2.7.4. Anionen

Anionen, die durch Verlust eines Protons aus den funktionellen Gruppen von Säuren entstehen, werden benannt, indem man den Begriff . . . *säure* in . . . *oat* bzw. . . . *at*, den Begriff . . . *carbonsäure* in . . . *carboxylat* umwandelt. Z.B.: Decanoat, Naphthalinsulfonat, Cyclobutancarboxylat.

---

[3] . . . -Kationradikal wäre einleuchtender.

[4] Dieser Begriff ist nicht weiter spezifizierbar.

Die Salze der trivial benannten Ameisensäure, Essigsäure und Buttersäure heißen systematisch: Formiat, Acetat, Butyrat (vgl. die klareren Verhältnisse im Englischen). Salze von Alkoholen und Thioalkoholen erhalten die Endungen . . . *olat* (bzw. . . . *oxid*) und . . . *thiolat* (bzw. . . . *sulfid*). Anionen, die durch Deprotonierung von Kohlenwasserstoffen entstehen, sogenannte *Carbanionen*, erhalten den Suffix . . . *id* hinter dem Stammnamen. Zuweilen werden solche Spezies auch als . . . *yl-Anionen* bezeichnet.

$H_3C{-}CH_2{-}CH_2{-}CH_2{-}\overset{\ominus}{\ddot{C}}H_2$ . . . -1-pentanid (1-Pentyl-anion)

$H_2\underset{6}{\overset{\ominus}{\ddot{C}}}{-}CH_2{-}CH_2{-}CH_2{-}C{\equiv}\underset{1}{C}{:}^{\ominus}\ 2\,Li^{\oplus}$ Dilithium-1-hexin-1,6-diid

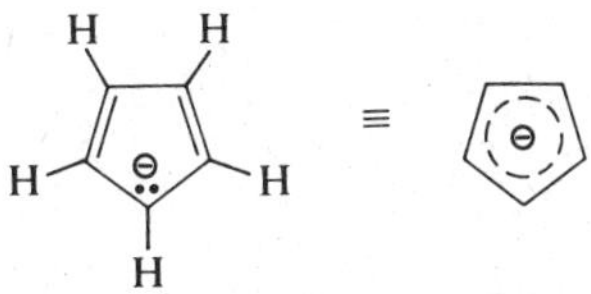

. . . -cyclopentadienid

Eine Übertragung dieses Verfahrens auf Heterosysteme ist zwar in den IUPAC-Regeln nicht angemerkt, erscheint aber logisch.

$H_3C{-}\underset{9}{\overset{Na^+}{\overset{\ominus\cdot\cdot}{N}}}{-}(CH_2)_3{-}\overset{5}{O}{-}(CH_2)_2{-}\overset{2}{S}{-}\overset{1}{C}H_3$ Natrium-2-thia-5-oxa-9-aza-decan-9-id

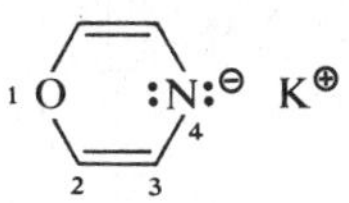

Kalium-4*H*-1,4-oxazin-4-id

Ausnahmen:

Salze des *Acetylens* werden weiterhin als *Acetylide* bezeichnet. Auch gebräuchliche Namen wie *Butyllithium* und *Phenylnatrium* werden beibehalten.

2.2.7.5. Radikalanionen (Anionradikale)

Verbindungen, die man formal durch Verlust eines Protons aus einem Radikal erhält, werden durch Anhängen des Suffix . . . *id* an den Radikalnamen, oder durch Anfügen des Terminus . . . *anion*[5] hinter dem Verbindungsnamen charakterisiert.

---

[5] . . . -Radikalanion wäre einleuchtender.

$C_2H_4^{\bullet -}$ Ethylen-Anion
. . . ethylid

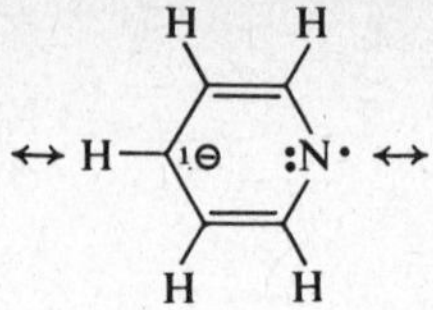

Pyridin-Anion
. . . dihydropyridylid

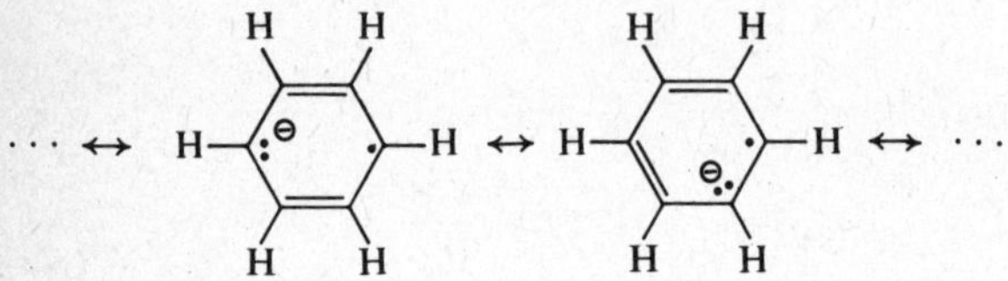

Benzol-Anion
. . . cyclohexadienylid
(. . . dihydrophenylid)

Verbindungen wie $R_2\dot{C}-\ddot{\underset{..}{O}}:^{\ominus}$ heißen weiterhin *Ketyle.*

2.2.7.6. Verbindungen mit zwei (oder mehr) gleichartigen ionischen Zentren

Befinden sich in ein und derselben Verbindung zwei (oder mehr) kationische oder anionische Zentren, so müssen diese Strukturelemente zum Teil als Präfixe behandelt werden. Kationen, die auf . . . *ium* enden werden hierbei zu . . . *io*, Anionen mit den Endungen . . . *at* oder . . . *id* zu . . . *ato* bzw. . . . *ido* abgewandelt. Als Ausnahmen werden auch anionische Substituenten vom Typ $-\ddot{\underset{..}{O}}:^{\ominus}$ und $-\ddot{\underset{..}{S}}:^{\ominus}$ als *Oxido* . . .- und *Sulfido* . . .- Präfixe verwendet.
Die Prioritäten werden dabei wie folgt gewahrt: Kationen: 1. Kohlenstoffzentren, 2. Heterozentren gemäß „a"-Term-Tabelle 4. Cyclen vor Acyclen. Anionen: Reihenfolge der Tabelle 7.

$[(CH_3)_2\overset{\oplus}{Se}-(CH_2)_{12}-\overset{\oplus}{P}(C_6H_5)_3]2Cl^{\ominus}$ (12-Dimethylselenonio-dodecyl)-triphenylphosphonium-dichlorid

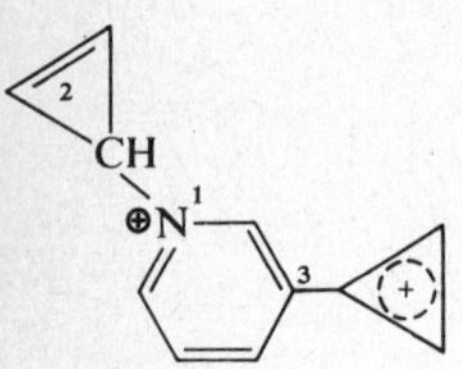

2 Br$^{\ominus}$

[1-(2-Cyclopropenyl)-3-pyridinio]cyclopropenylium-dibromid

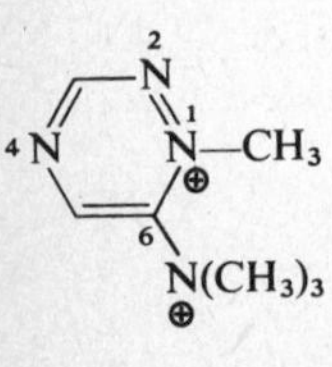

2 F$^{\ominus}$

1-Methyl-6-trimethylammonio-1,2,4-triazinium-difluorid

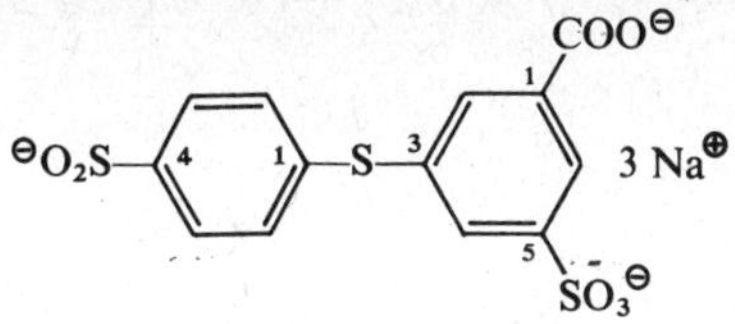

Trinatrium-3-(4-sulfinatophenylthio)-5-sulfonato-benzoat

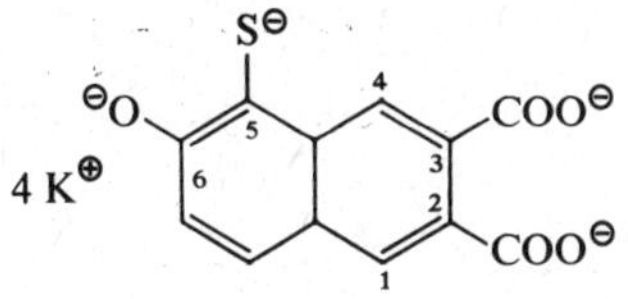

Tetrakalium-6-oxido-5-sulfido-naphthalin-2,3-dicarboxylat

2.2.7.7. Verbindungen mit positiven und negativen Zentren

Für derartige Verbindungen stehen wieder zwei Benennungsweisen zur Verfügung, je nach dem ob man a) ein Kation als Präfix in ein Anion substituiert, oder b) ein Anion als Suffix einem durch ... *ium* oder ... *ylium* charakterisierten Kation zuordnet. (Beachte die verschiedenen Varianten der Kationenbenennung!)

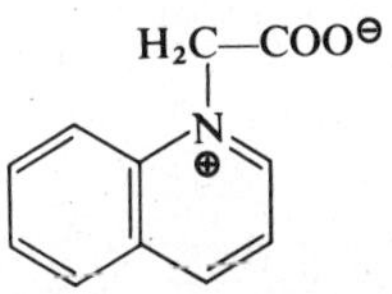

a) (1-Chinolinio)acetat

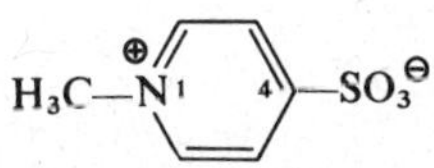

b) 1-Methylpyridinium-4-sulfonat

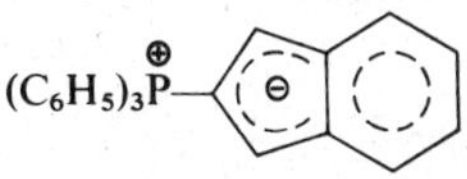

a) 2-(Triphenylphosphonio)-indenid

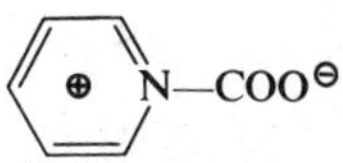

a) (1-Pyridinio)formiat
b) Pyridinium-1-carboxylat

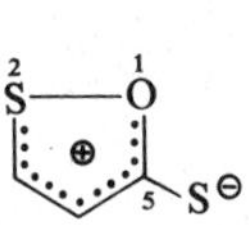

a) (1,2-Oxathiol-5-ylio)sulfid
b) 1,2-Oxathiolylium-5-thiolat

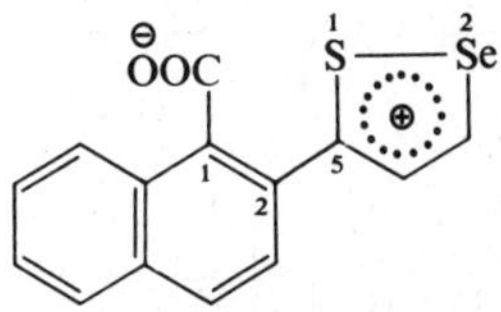

a) 2-(1,2-Thiaselenol-5-ylio)-naphthalin-1-carboxylat

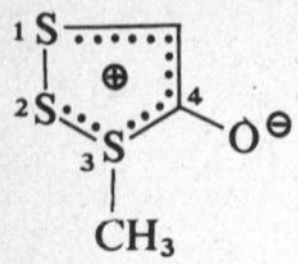

a) (3-Methyl-1,2,3-trithiol-4-io)oxid
b) 3-Methyl-1,2,3-trithiolium-4-olat

2.3. Kurze Exemplifizierung der allgemeinen Nomenklaturregeln für die wichtigsten Verbindungsklassen

Wegen des leider noch immer fortdauernden Gebrauchs verschiedener Nomenklaturarten für ein und dieselbe Verbindungsklasse ist es notwendig, einige Hinweise darauf zu geben, nach welchen Prinzipien (sofern solche überhaupt zu erkennen sind) im allgemeinen zu verfahren ist. Es sollen aber hier nur diejenigen Verbindungsklassen gesondert besprochen werden, deren Benennungen sich gemäß Tabelle 8 nicht von selbst verstehen. Die zahlreich vorkommenden Trivialnamen werden grundsätzlich in den Tabellen des Anhangs zusammengefaßt. Die übrigen Verbindungsklassen werden in den Beispielen beiläufig berücksichtigt.

2.3.1. Carbonsäuren, Sulfonsäuren u.a. und ihre Derivate

Die *substitutive Nomenklatur* erlaubt bei Carbonsäuren zwei Alternativen, je nach dem, ob man den Kohlenstoff der funktionellen Gruppe in den Stammnamen einbezieht[a] oder nicht. Grundsätzlich bevorzugt man für lineare Systeme die erste Alternative, sobald nicht mehr als zwei Carboxylgruppen vorhanden sind. Bei cyclischen Carbonsäuren gibt man die ganze funktionelle Gruppe als Suffix an.

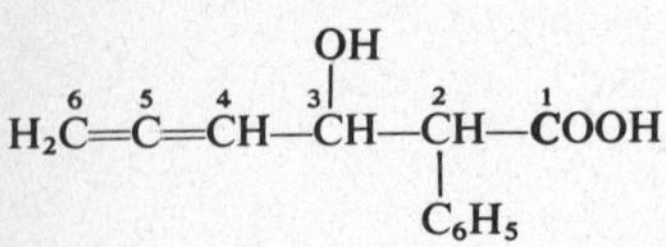

3-Hydroxy-2-phenyl-4,5-hexadien-säure

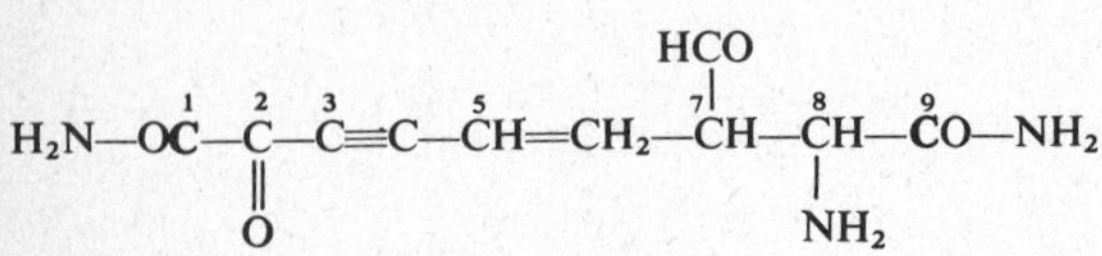

8-Amino-7-formyl-2-oxo-5-nonen-3-in-diamid

$H_2N—OC—\overset{8}{C}H_2—(CH_2)_6—\overset{1}{C}OOH$ 8-Carbamoyloctan-säure

---

[a] Fettgedruckte Atome sind in den Stammnamen einbezogen.

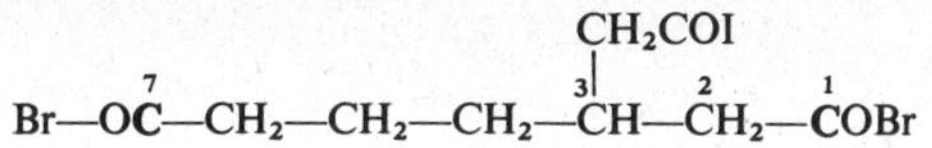

3-(Iodformylmethyl)-heptandioyl-dibromid

aber:

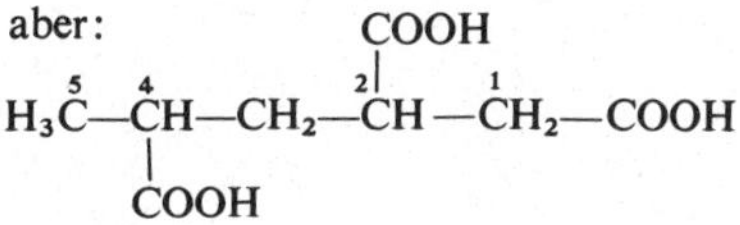

1,2,4-Pentantricarbonsäure

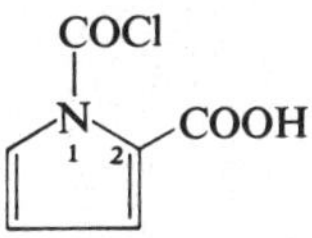

1-Chlorformyl-2-pyrrolcarbonsäure

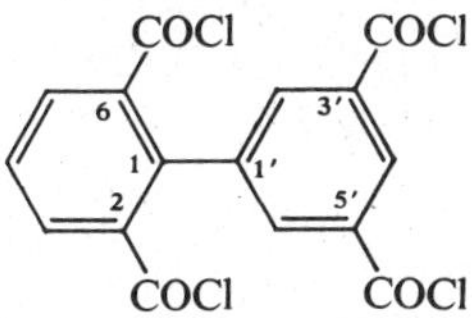

2,6,3′,5′-Biphenyltetracarbonyl-tetrachlorid

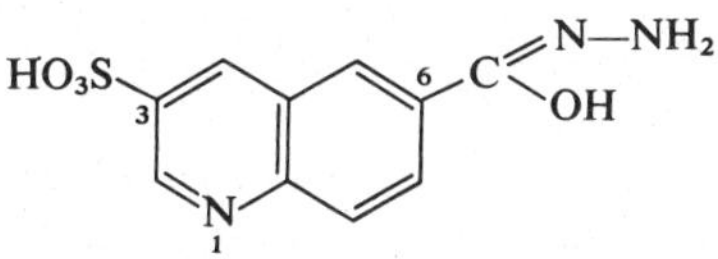

3-Sulfo-6-chinolincarbohydrazonsäure

$C_{15}H_{31}$—CO—NH—OH

Hexadecanhydroxamsäure

Die Verwendung der *konjunktiven Nomenklatur* sollte auf mehrfach gleichartig substituierte Systeme beschränkt bleiben. Monofunktionelle Säuren können substitutiv einheitlicher benamt werden, da nicht einzusehen ist, warum man einerseits Phenylessigsäure, andererseits aber Naphthalinessigsäure sagen sollte.

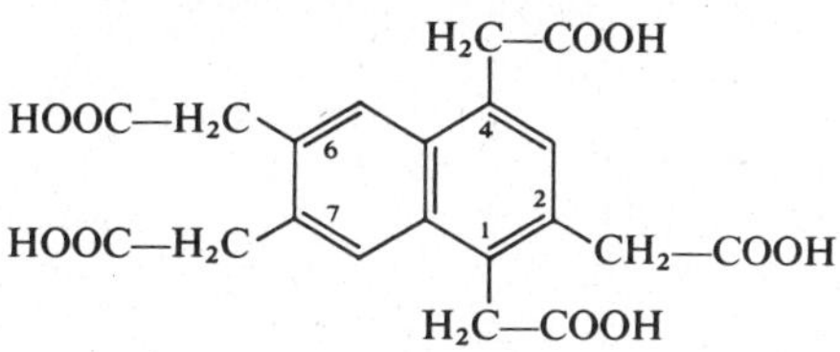

1,2,4,6,7-Naphthalinpentaessigsäure,
nicht: [2,4,6,7-Tetrakis-(carboxymethyl)-2-naphthyl]-essigsäure

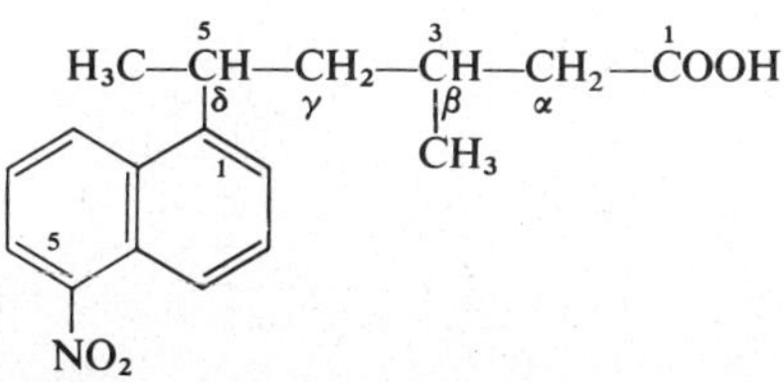

3-Methyl-5-(5-nitro-1-naphthyl)-hexan-säure,
β,δ-Dimethyl-5-nitro-1-naphthalinvalerian-säure

Halbamide und Halbaldehyde trivial benannter Dicarbonsäuren werden in einer Ausnahmeregelung als *Amidsäuren* bzw. *Aldehydsäuren* bezeichnet.

$OHC{-}CH_2{-}COOH$ Malonaldehydsäure,

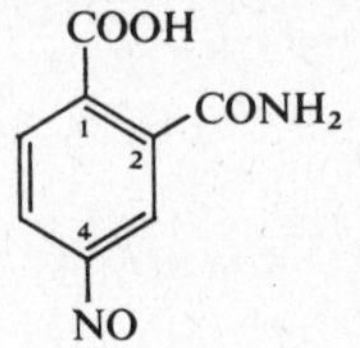

4-Nitroso-phthalamidsäure

Die *Radikale* der verschiedenen Säurederivate (allgemein: *Acyl*...), die entstehen, wenn man aus der funktionellen Gruppe —OH entfernt und die in der radikofunktionellen Nomenklatur Verwendung finden, werden benamt, indem die Endung ... *säure* in ... *oyl* und ... *carbonsäure* in ... *carbonyl* abgewandelt wird.

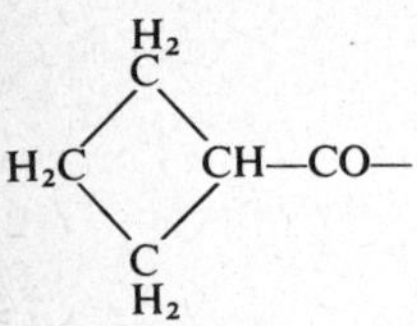

Cyclobutancarbonyl[6]

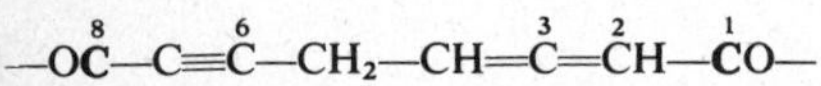

2,3-Octadien-6-in-dioyl

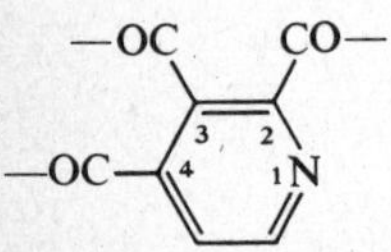

2,3,4-Pyridintricarbonyl

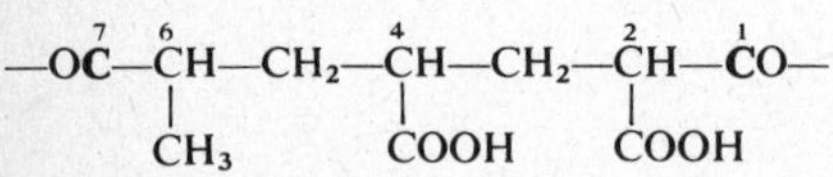

2,4-Dicarboxy-6-methyl-heptandioyl

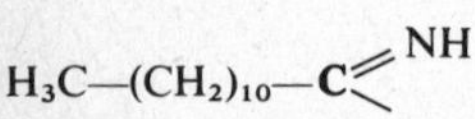

Dodecanimidoyl

Salze und Ester der Carbonsäuren und analoger Verbindungen werden benannt, indem man den Namen des Metalls bzw. des veresternden Radikals vor den anionisierten Namen der Säure stellt. Gemeinsames

---

[6] Nur wenn dieser Rest als Säurerest fungiert. In allen anderen Fällen muß es Cyclobutylcarbonyl heißen!

Vorkommen beider Funktionen wird entsprechend angezeigt. Für saure Ester und Salze verfährt man analog. In komplizierteren Fällen kann man auch sagen: ... *salz* bzw. ... *ylester* der ... *säure*. (Ähnliches gilt im übrigen auch für andere Säurederivate wie Amide, Nitrile.)

$H_3C-(CH_2)_6-COOLi$ — Lithium-octanoat (oder Lithiumsalz der Octan-säure

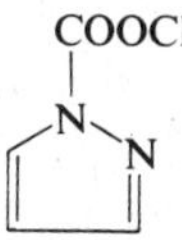

Methyl-1-pyrazolcarboxylat (oder 1-Pyrazol-carbonsäuremethylester)

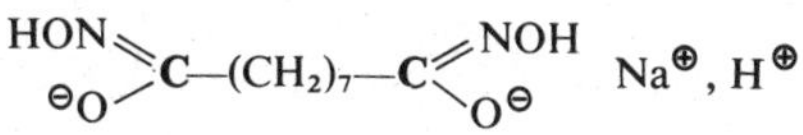

Natrium-hydrogen-nonandihydroximat

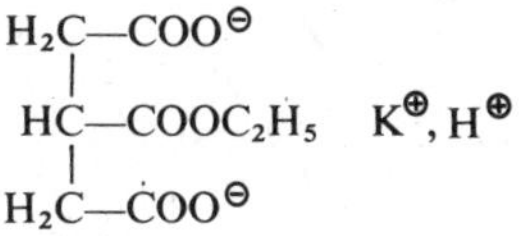

Kalium-2-ethyl-hydrogen-propantricarboxylat (saures Kaliumsalz oder Monokaliumsalz des Propantricarbonsäure-2-ethylesters)

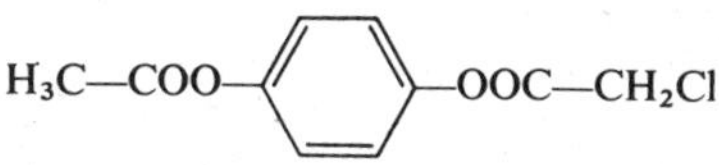

p-Phenylen-acetat-chloracetat

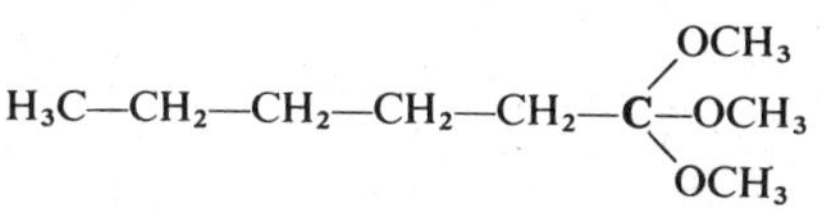

Trimethyl-orthohexanat

vgl. auch $C(OC_2H_5)_4$ — Tetraethyl-orthocarbonat

Ist eine bevorrechtigte funktionelle Gruppe vorhanden, müssen die Esterfunktionen als Präfixe eingesetzt werden.

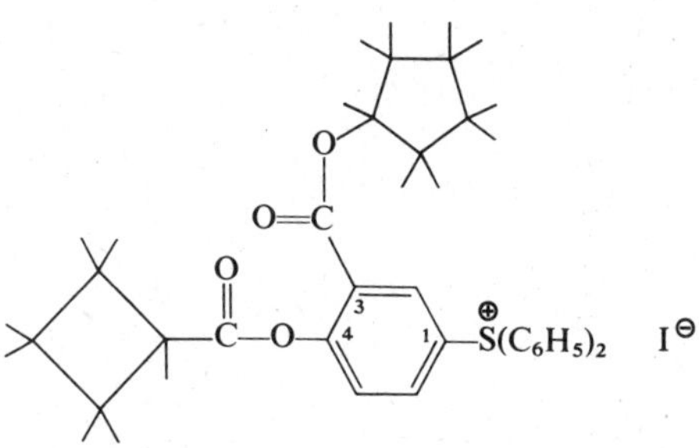

[4-(Cyclobutylcarbonyloxy)-3-(cyclopentyloxycarbonyl)-phenyl]-diphenylsulfonium-iodid

Thiocarbonsäuren, Sulf{on/in/en}säuren und ihre Thioderivate werden völlig analog behandelt, nur müssen gegebenenfalls Veresterungspositionen u.a. gesondert vermerkt werden.

$H_3C-CH_2-SO_2Br$ — Ethan**sulfonyl**bromid (sonst Ethyl**sulfonyl**!)

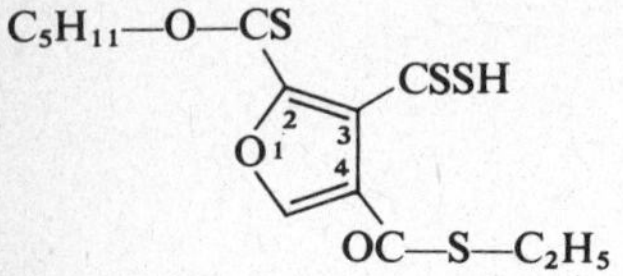

4-[(Ethylthio)carbonyl]-2-[(pentyloxy)-thiocarbonyl]-3-furancarbodithiosäure

$^{\ominus}SSC-(CH_2)_3-CSS^{\ominus}Na,^{\oplus}H^{\oplus}$ — Natrium-hydrogen-pentanbis(dithioat)

$H_3C-(CH_2)_7-CO-SC_2H_5$ — *S*-Ethyl-nonanthioat

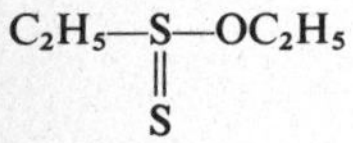

O-Ethyl-ethanthiosulfinat

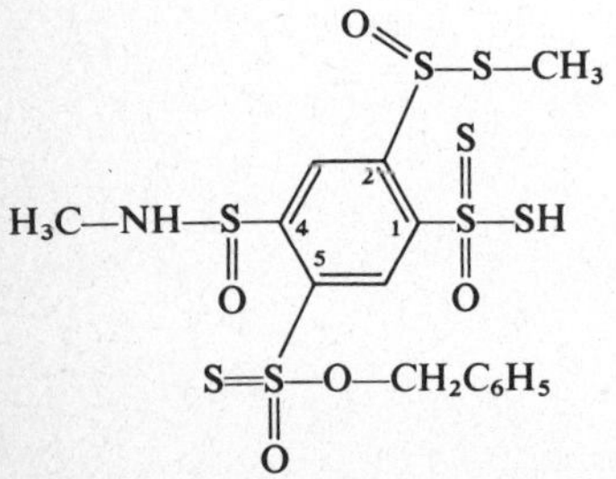

5-[Benzyloxy(thiosulfonyl)]-4-(*N*-methyl-sulfinamoyl)-2-[(methylthio)sulfinyl]-benzoldithiosulfon-*S*-säure

2.3.2. Nitrile, Isocyanide und ähnliche Verbindungen

Wie Carbonsäuren können Nitrile *substitutiv* nach zwei Verfahren benannt werden, unter Einbeziehung oder unter Ausschluß des C-Atoms der funktionellen Gruppe in den Stamm.

$C_6H_{13}-CN$ Heptannitril,

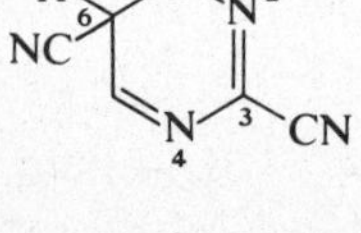

6*H*-1,2,4-Thiadiazin-3,6-dicarbonitril

Nitrile, die sich von trivial benannten Carbonsäuren ableiten, haben die Endung . . . *onitril.*

C_3H_7—CN Butyronitril (von Buttersäure)

Daneben ist hier auch die *radikofunktionelle* Nomenklatur gebräuchlich, nach der man von . . . *yl-cyaniden* spricht.

H_3C—CH_2—CH_2—CN Propyl-cyanid,

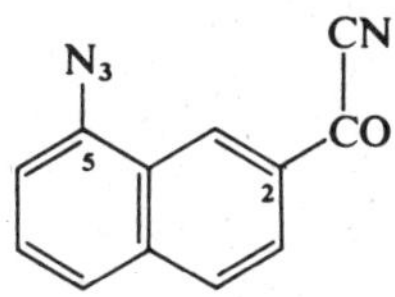

5-Azido-2-naphthoyl-cyanid

Isocyanide und ähnliche Verbindungen werden nur *radikofunktionell* benannt, sofern die funktionelle Gruppe nicht als substitutives Präfix verwendet wird.

SeCN—$\overset{2}{C}H_2$—$\overset{1}{C}H_2$—OCN 2-Isoselenocyanato-ethyl-cyanat

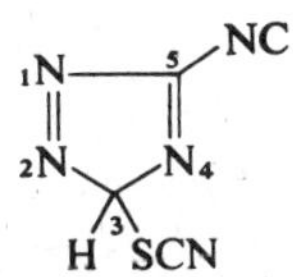

3-Thiocyanato-3*H*-1,2,4-triazol-5-yl-isocyanid

2.3.3. Aldehyde und Ketone

Die beiden *substitutiven* Benennungsmöglichkeiten für *Aldehyde* werden wie bei Carbonsäuren, Nitrilen u.a. realisiert.

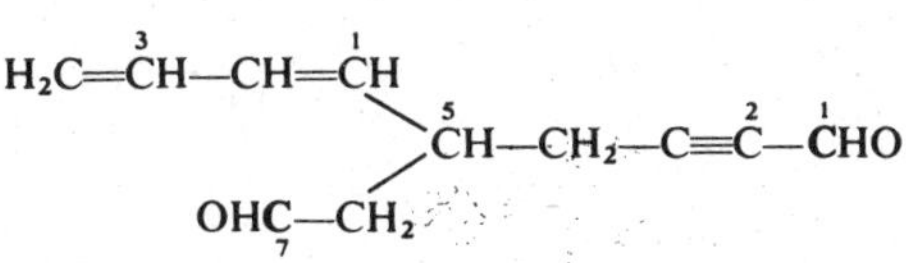

5-(1,3-Butadienyl)-2-heptin-dial

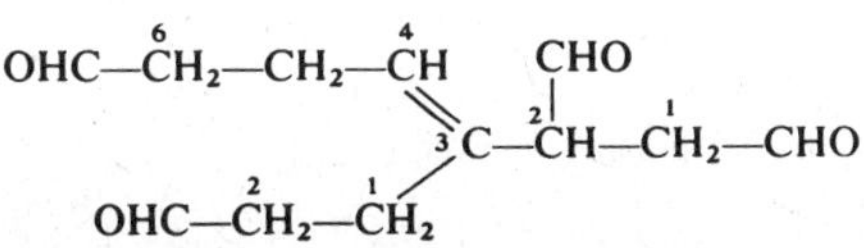

3-(2-Formylethyl)-3-hexen-1,2,6-tricarbaldehyd

Die *konjunktive* Bezeichnungsweise für Aldehyde sollte man, wenn möglich, wieder nur für mehrfach gleichartig substituierte Systeme anwenden.

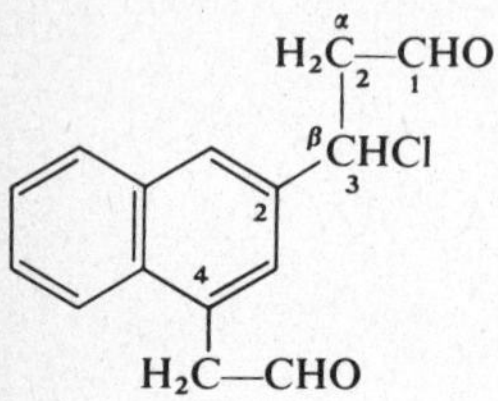

3-Chlor-3-[4-(formylmethyl)-2-naphthyl]-propionaldehyd

β-Chlor-4-(formylmethyl)-2-naphthalin-propionaldehyd

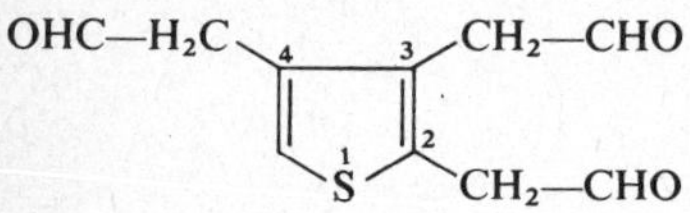

aber:

2,3,4-Thiophentriacetaldehyd und nicht:

[3,4-Bis(formylmethyl)-2-thienyl]-acetaldehyd

Die Benennungsvorschriften für *Ketone* sind sehr vielfältig und in ihren Anwendungsbereichen leider nicht streng voneinander abgegrenzt. Am einfachsten gestaltet sich wieder die Handhabung der *substitutiven* Regeln, die vor allem bei linearen Systemen Anwendung finden.

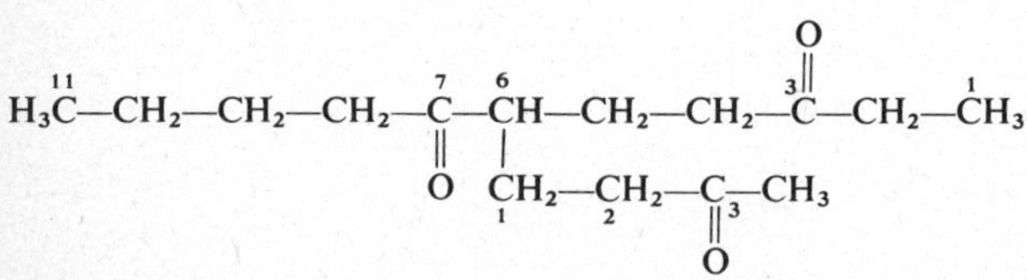

6-(3-Oxobutyl)-3,7-undecandion

Dieses Benennungsverfahren wird auch verwendet, wenn die Ketofunktion einseitig an eine cyclische Komponente geknüpft ist. In solchen Fällen kann man die acyclische Komponente aber auch als Acylrest auffassen, der den Ring substituiert.

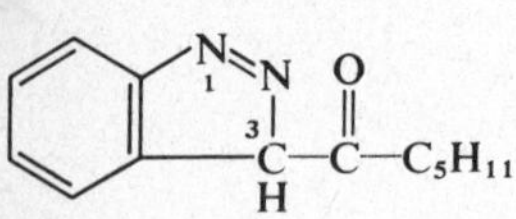

1-(3*H*-Indazol-3-yl)-1-hexanon
oder: 3-Hexanoyl-3*H*-indazol
oder: (3*H*-Indazol-3-yl)-pentyl-keton (s. unten)

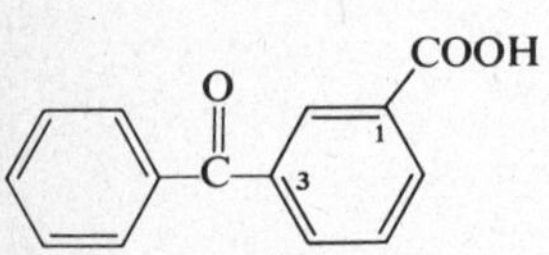

3-Benzoyl-benzoesäure

In einer *Ausnahmeregelung* werden für Ketone des obigen Typs, die Phenyl- oder Naphthylkomponenten aufweisen, die Endungen . . . *ophenon* und . . . *onaphthon* verwendet.

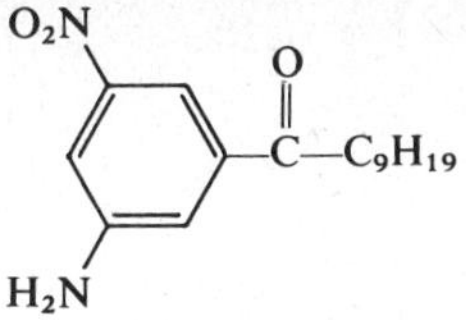

3′-Amino-5′-nitro-decanophenon oder:
(3-Amino-5-nitrophenyl)-nonyl-keton (s.u.)

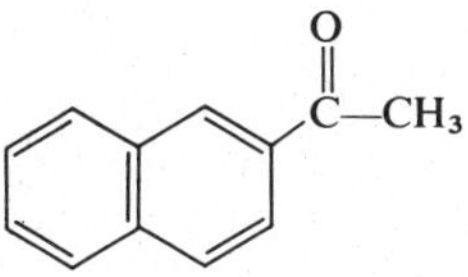

2-Acetonaphthon oder:
Methyl-(2-naphthyl)-keton (s.u.)

Am einfachsten anwendbar für Monoketone ist wohl die *radikofunktionelle* Nomenklatur, bei der beide Komponenten als Radikale vor den Gattungsbegriff . . . *keton* gestellt werden.

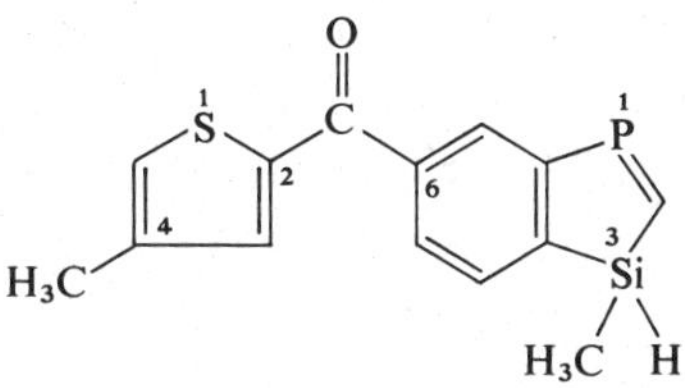

(3-Methyl-3*H*-1,3-benzophosphasilol-6-yl)-(4-methyl-2-thienyl)-keton

Polyketone, bei denen mehrere direkt verbundene Ketogruppen an beiden Enden mit Ringen versehen sind, werden *substitutiv* oder *radikofunktionell* benannt.

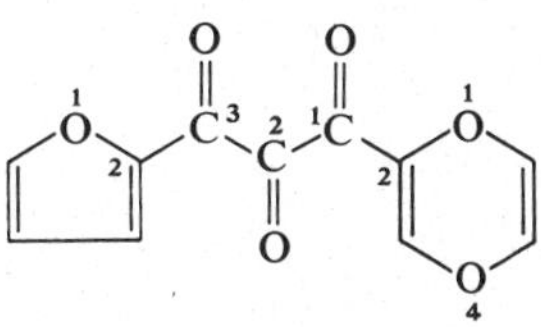

1-(1,4-Dioxin-2-yl)-3-(2-furyl)-propantrion oder:
(1,4-Dioxin-2-yl)-(2-furyl)-triketon

Cyclische Ketone werden im allgemeinen *substitutiv* benannt. Weist das zugrundeliegende cyclische System bereits $>CH_2$ Gruppen auf, so ist das Verfahren unproblematisch. Wird jedoch durch die Umwandlung einer $\geq$CH Gruppierung in eine $>$CO Gruppe zwangsläufig noch eine zusätzliche Position gesättigt, so muß dies durch Angabe des entsprechenden indizierten Wasserstoffs berücksichtigt werden, wobei dann *ausnahmsweise* die CO-Gruppe die höhere Priorität hat. In komplexeren Fällen, vor allem wenn mehrere $>$CO Gruppen vorliegen, kann man auch die *oxo*-Präfixe verwerten, muß dann allerdings zuvor den jeweiligen Hydrierungsgrad angeben.

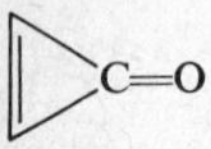

Cyclopropenon

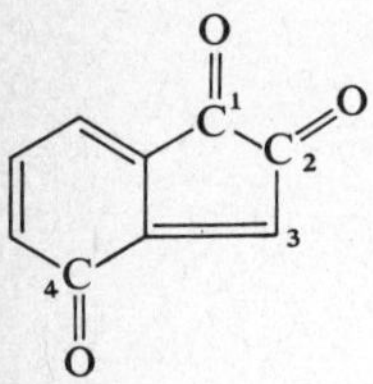

1,2,4-Indantrion

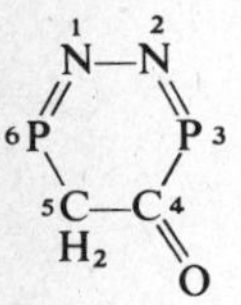

1,2,3,6-Diazadiphosphinin-4(5*H*)-on

früher: 1,2,3,6-Diazadiphosphorin-4(5*H*)-on

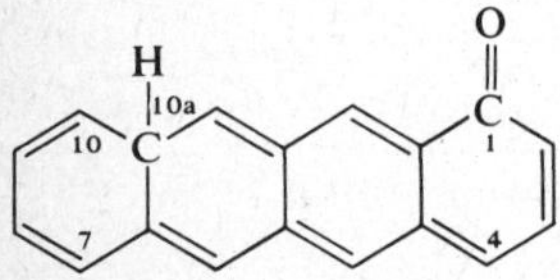

1(10a*H*)-Naphthacenon

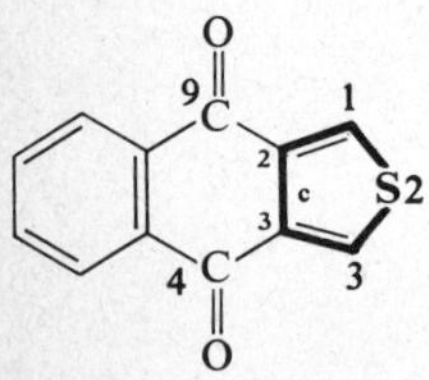

4,9-Naphtho[2,3-c]thiophendion oder:

4,9-Dioxo-4,9-dihydro-naphtho[2,3-c]thiophen

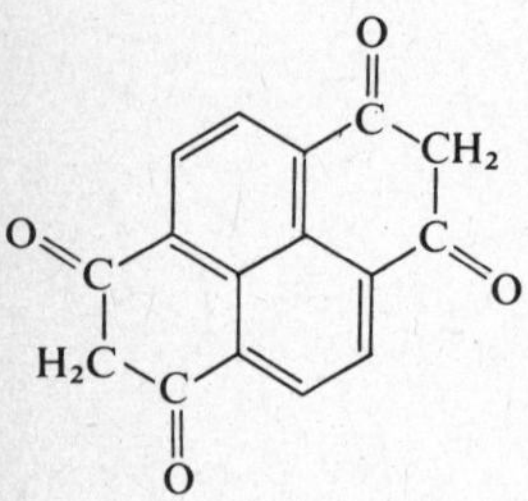

1,3,6,8(2*H*,7*H*)-Pyrentetron oder:

1,3,6,8-Tetraoxo-1,2,3,6,7,8-hexahydropyren

Anmerkung:

Für einige Ketone, die sich von ... *idin*- bzw. ... *olin*-Heterocyclen ableiten, verwendet man an Stelle der systematischen Endungen ... *idinon* bzw. ... *olinon* die abgekürzten

Suffixe ... *idon* bzw. ... *olon*. Z.B. Pyridon für Pyridinon und Pyrazolon für Pyrazolinon. Wegen dieser, eigentlich kaum noch zu vertretender, Ausnahmeregeln müssen dann die Ketone des Pyrazols z.B. als *Oxo-pyrazole* bezeichnet werden!

Von Aromaten abgeleitete Di- und Tetraketone, bei denen die typische *chinoide Doppelbindungsanordnung* vorliegt, werden durch das Suffix ... *chinon* bzw. ... *dichinon* charakterisiert, wobei die Stammnamen zuweilen gewissen Änderungen unterliegen.

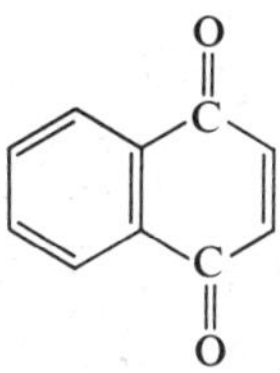

1,4-Naphthochinon

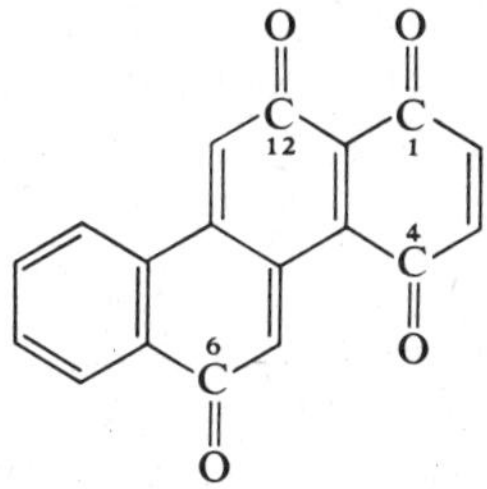

1,4,6,12-Chrysendichinon

Die Übertragung all dieser Regeln auf *Thioaldehyde* und *Thioketone* ist unproblematisch und soll nur durch zwei Beispiele belegt werden.

$$SHC{-}CH_2{-}CH_2{-}\underset{}{\overset{CHS}{\overset{|}{C}}}H{-}CH_2{-}CHS$$

1,2,4-Butantricarbothioaldehyd

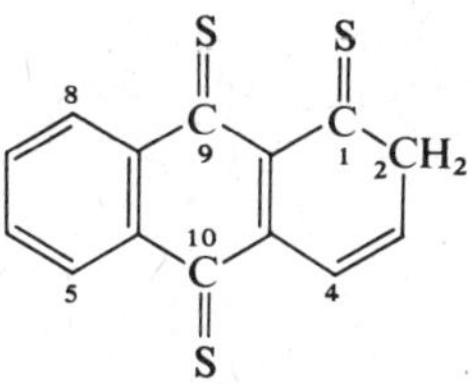

1,9,10-Trithioxo-1,2,9,10-tetrahydroanthracen oder:

1,9,10(2*H*)-Anthracentrithion

Am Schwefel weiteroxidierte Thioaldehyde und Thioketone werden additiv als *Thioaldehydoxide* und *-dioxide* bzw. *Thioketonoxide* und *-dioxide* benannt. Ob die häufig verwendeten Bezeichnungen *Sulfine* bzw. *Sulfene* beibehalten werden sollen, ist noch nicht entschieden.

$C_6H_5{-}CH{=}SO$ Thiobenzaldehyd-oxid (Phenylsulfin)

$$C_4H_9{-}\underset{\underset{SO_2}{\|}}{C}{-}C_2H_5$$

3-Heptanthion-dioxid (Ethyl-butyl-sulfen)

Acetale können entweder direkt als Derivate der zugrundeliegenden Carbonylverbindung bezeichnet werden, oder, einfacher, substitutiv als ... *oxy* ...-Verbindungen. Der Begriff *Ketal* wird nicht mehr verwendet. *Halbacetale* werden als substituierte Alkohole aufgefaßt.

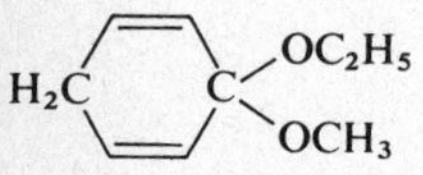

2,5-Cyclohexadien-1-on-ethyl-methyl-acetal
oder:
3-Ethoxy-3-methoxy-1,4-cyclohexadien

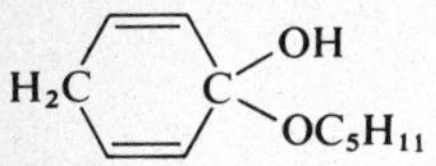

1-(Pentyloxy)-2,5-cyclohexadien-1-ol

Cyclische Acetale lassen sich am einfachsten als Heterocyclen benennen; ist die $H_2C{<}^{O}_{O}{>}$-Gruppierung vorhanden, kann man sie auch als *Methylendioxy* ...-Derivate beschreiben.

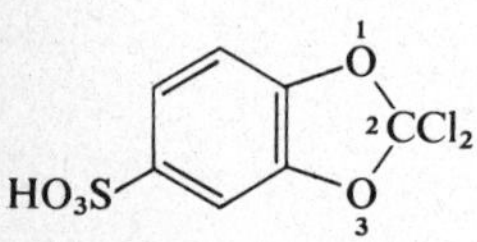

2,2-Dichlor-1,3-benzodioxol-5-sulfonsäure
oder:
3,4-(Dichlormethylendioxy)-benzolsulfonsäure

Acylale und *Thioacetale* schließlich werden nur noch substitutiv als Ester bzw. als ... *ylthio* ...-Verbindungen benannt.

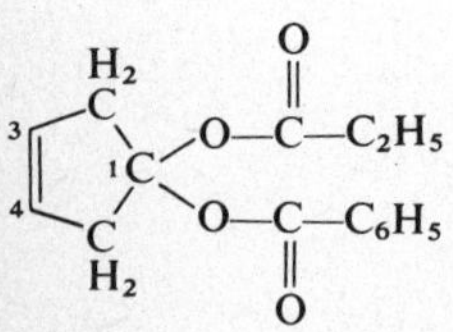

3-Cyclopentenyliden-benzoat-propionat

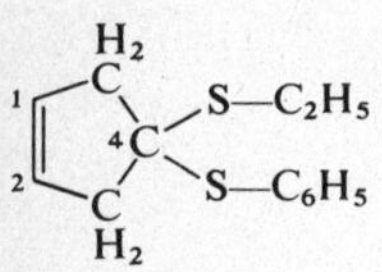

4-(Ethylthio)-4-(phenylthio)-cyclopenten

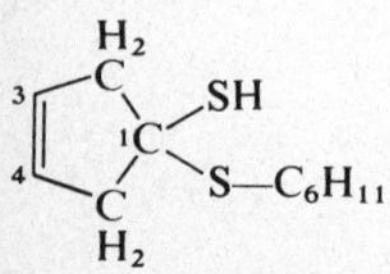

1-(Cyclohexylthio)-3-cyclopenten-1-thiol

2.3.4. Alkohole, Phenole und ihre Derivate

Alkohole und Phenole werden grundsätzlich *substitutiv* benannt. Die *konjunktiven* Regeln sollten hier wieder nur für mehrfach gleichartig substituierte Ringalkohole angewendet werden.

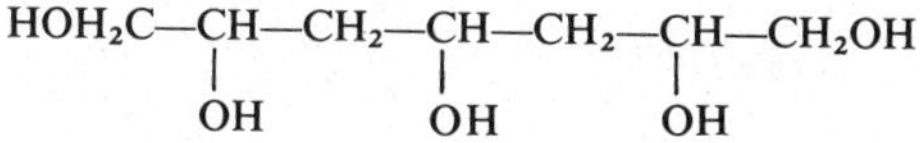

1,2,4,6,7-Heptanpentol

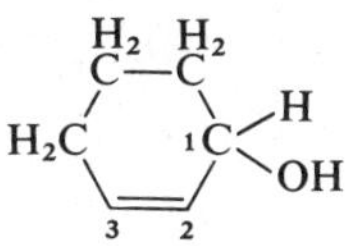

2-Cyclohexen-1-ol

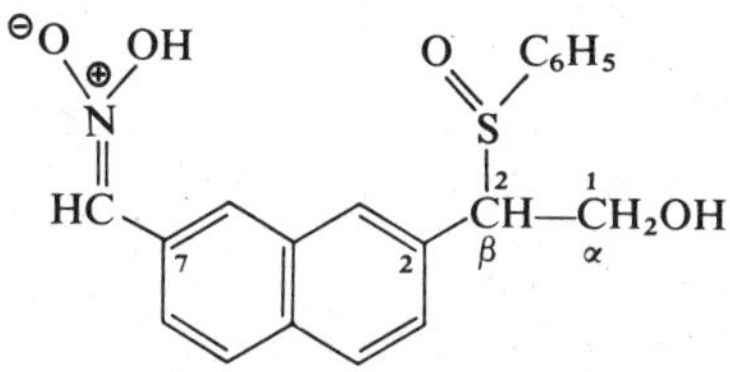

7-aci-Nitromethyl-β-phenylsulfinyl-2-naphthalinethanol besser: 2-(7-aci-Nitromethyl-2-naphthyl)-2-(phenyl-sulfinyl)-ethanol

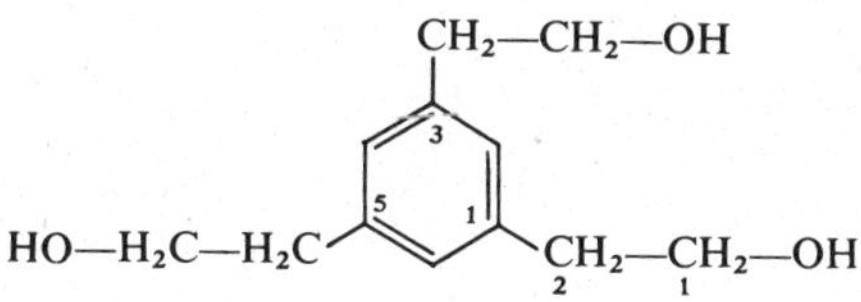

aber:

1,3,5-Benzoltriethanol
nicht: 2-[3,5-Bis-(2-hydroxyethyl)-phenyl]-ethanol

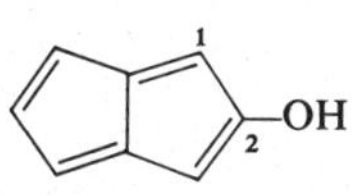

2-Pentalenol

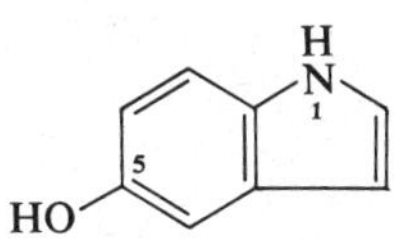

Indol-5-ol oder 5-Indolol

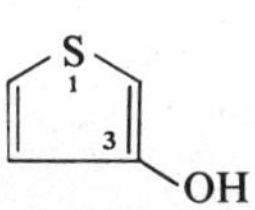

3-Hydroxythiophen (weil Thiophenol zur Verwechslung mit C_6H_5—SH führen würde!)

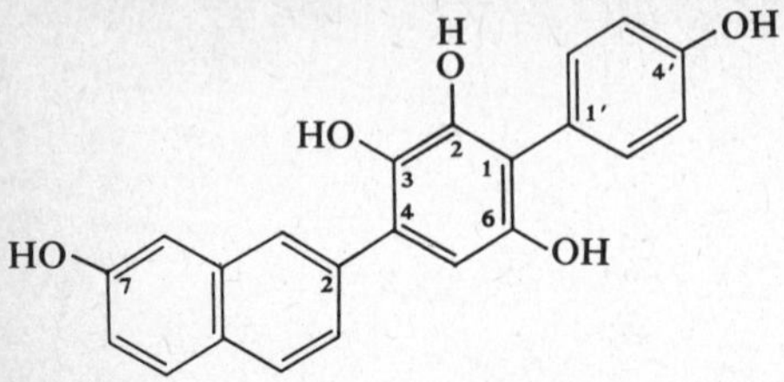

4-(7-Hydroxy-2-naphthyl)-2,3,6,4′-biphenyltetrol

Die *radikofunktionelle* Nomenklatur findet nur bei einfachen aliphatischen und alicyclischen Alkoholen (z.B. Methylalkohol, Pentylalkohol, Cyclohexylalkohol usw.) Verwendung und könnte auch hier durchaus aufgegeben werden.

Die *Radikale* der Alkohole werden durch die Endung ... *yloxy* charakterisiert.

C_7H_{15}—O— Heptyloxy

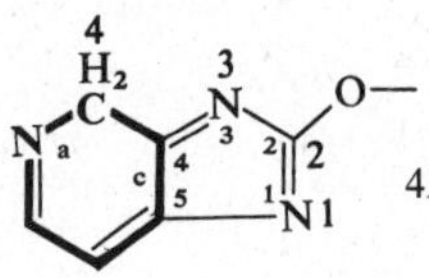

4*H*-1,3-Imidazolo[4,5-c]pyrid-2-yloxy

Folgende *abgekürzte Formen* werden beibehalten: *Methoxy*, *Ethoxy*, *(iso-)Propoxy*, *(iso-*, *sec-*, *tert-)Butoxy*, *Phenoxy*. *Divalente Radikale* dieser Art (—O—$(CH_2)_n$—O—) werden als Methylen-, Ethylen-, Trimethylendioxy-Gruppen bezeichnet. —O—CO—O— und —O—SO_2—O— usw. Gruppen erhalten die Bezeichnung Carbonyldioxy und Sulfonyldioxy (s. Abschnitt 2.2.6.2.).

OS(—O—CH_2—CH_2—COOH)(—O—CH_2—CH_2—COOH)

3,3′-(Sulfinyldioxy)dipropionsäure

Salze von Alkoholen oder Phenolen, die auf ... *ol* enden, können grundsätzlich als ... *olate* bezeichnet werden.

$(H_3C—CH_2—CH_2—O—)_2Mg$ Magnesium-di-(1-propanolat)

$C_6H_5—CH_2—O—Li$ Lithium-benzylalkoholat

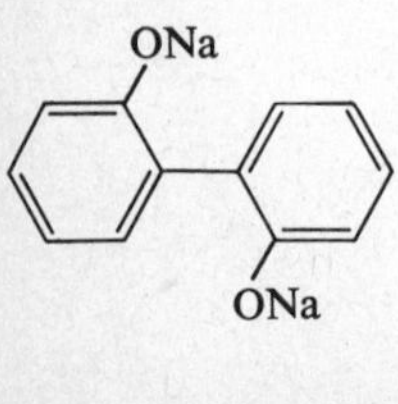

Dinatrium-2,2′-biphenyl-diolat

Alternativ können Alkoholate auch als . . . *oxide* bezeichnet werden.

$(C_5H_{11}—O—)_2Ca$ Calcium-di-(pentyloxid) $H_3C—O—K$ Kalium-methoxid

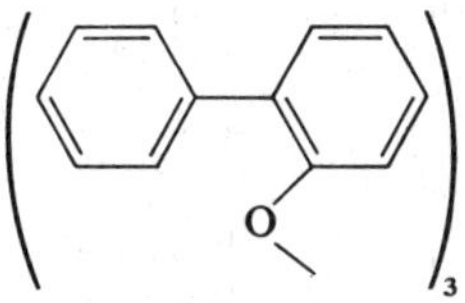

Al Aluminium-tri-(2-biphenylyloxid)

Für Salze *radikofunktionell* bezeichneter Alkohole steht auch die Endung . . . *ylat* zur Verfügung.

$(H_3C)_3C—O—Na$ Natrium-tert-butylat oder Natrium-tert-butoxid oder Natrium-tert-butylalkoholat oder Natrium-2-methyl-2-propanolat. (Es gibt kein tert-Butan also auch kein tert-Butanol, wohl aber tert-Butylalkohol)

Angesichts der Bezeichnungsvielfalt für das letzte Beispiel ist es doch angebracht die Empfehlung auszusprechen, sich bei der Benennung von Alkoholaten auf die substitutive Methode mit der Endung . . . olat zu beschränken.

Thioanaloge Alkohole werden *Thiole* genannt, die ältere Bezeichnung *Mercaptane* wird (außer als Präfix Mercapto für die —SH-Gruppe) nicht mehr verwendet. Auch hier ist die *substitutive* Nomenklatur zu bevorzugen, da die *radikofunktionelle* Nomenklatur keinerlei Vorteile bietet. In der Benennung der Salze schließe man sich an die Verfahrensweise bei den Alkoholaten an.

$HS—CH_2—CH_2—CH_2—SH$ Propandithiol (Trimethylendihydrosulfid)

$C_6H_5—SH$ Benzolthiol (hier ausnahmsweise auch Thio-phenol erlaubt. Vorsicht: Thiophen-ol!)

$C_6H_5—CH_2—SH$ Phenylmethanthiol oder Toluolthiol

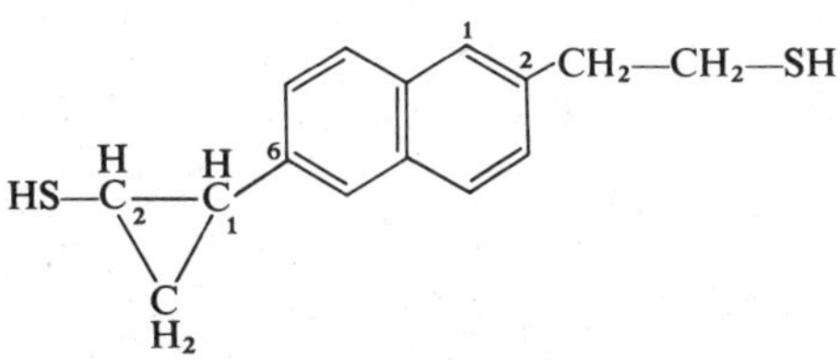

substitutiv:
2-[6-(2-Mercaptocyclopropyl)-2-naphthyl]-ethanthiol
konjunktiv:
6-(2-Mercaptocyclopropyl)-2-naphthalinethanthiol
radikofunktionell:
2-[6-(2-Mercaptocyclopropyl)-2-naphthyl]-ethyl-hydrosulfid

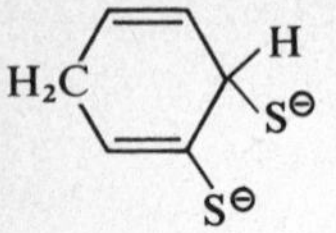

Dinatrium-2,5-cyclohexadien-1,2-dithiolat

Während Hydroperoxide *radikofunktionell* einheitlich als ... *ylhydroperoxide* bezeichnet werden, stehen für entsprechende *Hydrodi-* und *Hydropolysulfide* zwei Benennungsvarianten zur Verfügung, je nach dem, ob man die Betonung auf die Sulfidgruppierung oder die Schwefelkette legen will.

$H_3C—CH_2—CH_2—CH_2—S—S—S—S—SH$ Butylhydropentasulfid
Butylpentasulfan

2.3.5. Ether und Thioether

Ether werden *radikofunktionell* oder *substitutiv* benannt, mit einer gewissen Bevorzugung der ersteren Methode für einfache Ether.

$Cl—CH_2—CH_2—O—CH{=}CH_2$ (2-Chlorethyl)-vinyl-ether
(2-Chlorethoxy)-ethylen

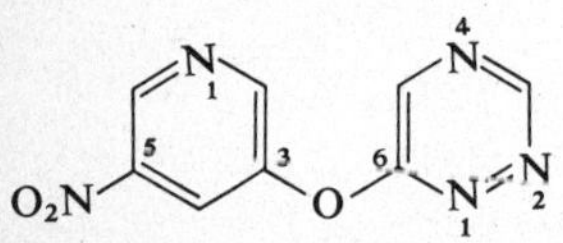

(1,2,4-Triazin-6-yl)-(5-nitro-3-pyridyl)-ether
6-(5-Nitro-3-pyridyloxy)-1,2,4-triazin

$H_3C—O—CH_2—CH_2—O—CH_3$ 1,2-Dimethoxyethan, *Glykoldimethylether* ist kein systematischer Name; man könnte radikofunktionell bestenfalls Ethylendimethylether sagen!

Sind zwei identische aber komplexere Einheiten durch einen Sauerstoff verknüpft, kann man die Nomenklatur identischer Aggregate verwenden.

$HOOC—H_2C—CH_2—O—CH_2—CH_2—COOH$ 3,3′-Oxydipropionsäure

Ein cyclischer Ether vom *Epoxid*-Typ wird entweder *additiv* als ... *oxid*, *substitutiv* als *Epoxy* ... (vgl. auch die überbrückten Systeme, S. 56), oder am besten als *Heterocyclus* benannt.

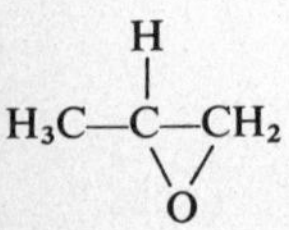

Methyloxiran
1,2-Epoxypropan
Propenoxid

(Propylenoxid ist nur richtig, wenn man den Trivialnamen *Propylen* anstelle von *Propen* beibehält)

Für lineare Polyether empfiehlt sich die *Austauschnomenklatur* (S. 46).

$$HO—H_2\overset{8}{C}—CH_2—\overset{6}{O}—H_2C—CH_2—\overset{3}{O}—H\overset{2}{C}(Br)—\overset{1}{C}H_2—OH$$

2-Brom-3,6-dioxaoctan-1,8-diol

Monoether von Polyalkoholen werden am besten *substitutiv* benannt; zuweilen aber auch recht trivial, in dem man dem Namen des Alkohols . . . *monomethylether* bzw. . . .*-methylether* etc. folgen läßt.

$CH_2—O—C_3H_7$ | $CH—OH$ | $CH_2—OH$

3-Propoxy-1,2-propandiol
oder: Glycerin-1-propylether
oder: 1-*O*-Propylglycerin

Der Gattungsbegriff *Thioether* soll in Zukunft zugunsten des Terminus *Sulfid* verworfen werden. Zur Benennung verfährt man wie bei den Ethern, z.B.:

$H_3C—S—CH_2—CH_2—CH_2—CH_2—CH_2—CH_3$ Hexyl-methyl-sulfid
oder: 1-(Methylthio)-hexan

$H_5C_2—S—CH_2—S—CH_2—S—C_2H_5$ Bis-[(ethylthio)methyl]-sulfid
oder 3,5,7-Trithianonan

Cyclische Sulfide werden wie entsprechende Ether behandelt.
Zweiseitig substituierte Polysulfide werden *radikofunktionell* wie einseitig substituierte, d.h. als . . . *polysulfid* oder als . . . *polysulfan* bezeichnet.

$H_3C—S—S—S—S—C_6H_5$ Methyl-phenyl-tetrasulfid (Methyltetrathiobenzol)
oder: Methyl-phenyl-tetrasulfan (Methyltetrasulfanylbenzol)

$C_3H_7—S—S—S—ONa$ Natrium-1-oxido-3-propyl-trisulf {id / an}

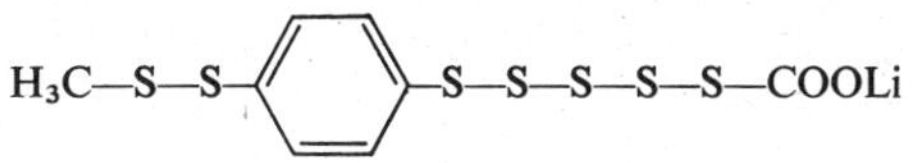

Lithium-1-carboxylato-5-(4-methyldi- {sulfanyl / thio} -phenyl)-pentasulf {an / id}

Am Schwefel oxidierte Sulfide, R—SO—R′ und $R—SO_2—R'$ heißen *Sulfoxide* und *Sulfone* und werden entsprechend *radikofunktionell* benannt.

Andererseits kann man diese Derivate auch *substitutiv* mit den bei den Sulfin- bzw. Sulfonsäuren besprochenen Präfixen benennen.

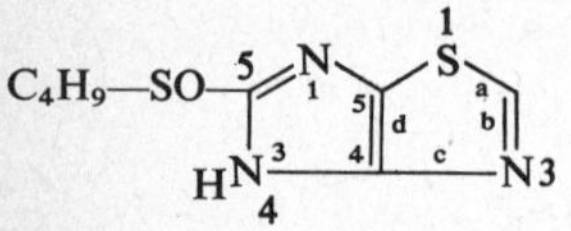

Butyl-(4*H*-imidazo[4,5-d]thiazol-5-yl)-sulfoxid
oder 5-(Butylsulfinyl)-4*H*-imidazo[4,5-d]thiazol

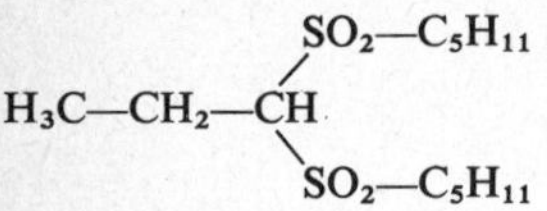

Pentyl-[1-(pentylsulfonyl)-propyl]-sulfon
oder:
1,1-Bis-(pentylsulfonyl)-propan

Analoge Iminoderivate werden als ... *sulfimide*, ... *sulfoximide* bezeichnet (C.A. verwendet noch immer die Bezeichnungen ... *sulfilimin* und ... *sulfoximin*).

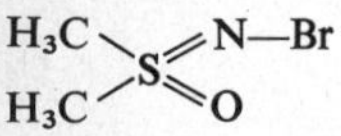

N-Brom-*S*,*S*-dimethylsulfoximid

Cyclische Sulfoxide und *Sulfone* behandelt man am besten *additiv* als ... *oxide* bzw. ... *dioxide* (siehe S. 69).

2.3.6. Amine und ihre Derivate

Für Amine werden *radikofunktionelle*, *konjunktive* und *substitutive* Benennungsmöglichkeiten wieder sehr uneinheitlich wahrgenommen. Und zwar bevorzugt man bei relativ *einfachen* primären Aminen die radikofunktionelle Nomenklatur:

$H_3C—NH_2$ Methylamin

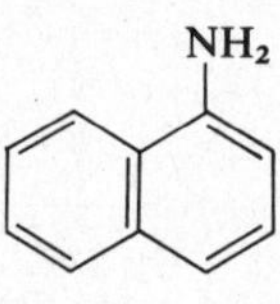

1-Naphthylamin

Ist die Aminogruppe an *komplexere*, insbesondere heterocyclische Systeme gebunden, scheinen neben der obigen Benennungsweise die beiden substitutiven Möglichkeiten (Aminofunktion als Suffix oder als Präfix) gleich oft gebräuchlich zu sein.

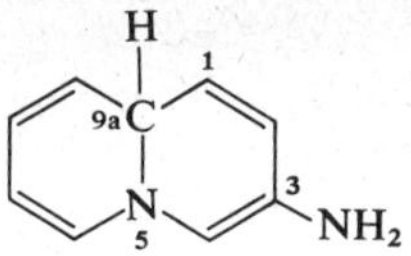

9a*H*-Chinolizin-3-ylamin
oder: 9a*H*-Chinolizin-3-amin
(oder: 3-Amino-9a*H*-chinolizin[7])

Ist ein *acyclisches* Amin terminal mit einem cyclischen System substituiert, so kann man substitutiv oder konjunktiv benennen.

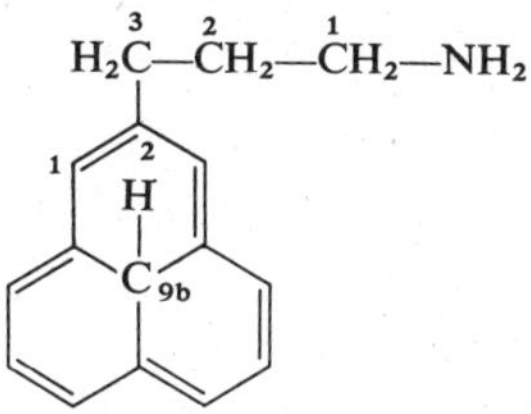

3-(9b*H*-Phenalen-2-yl)-propylamin
oder: 9b*H*-Phenalen-2-propanamin
(oder: 2-(3-Aminopropyl)-9b*H*-phenalen[7])

Primäre *Diamine* werden substitutiv oder radikofunktionell, Polyamine substitutiv benannt.

$H_2N—CH_2—CH_2—CH_2—CH_2—NH_2$

1,4-Butandiamin
oder: Tetramethylendiamin
(oder: 1,4-Diaminobutan[7])

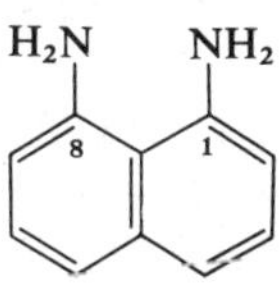

1,8-Naphthalindiamin
oder: 1,8-Naphthylendiamin
(oder: 1,8-Diaminonaphthalin[7])

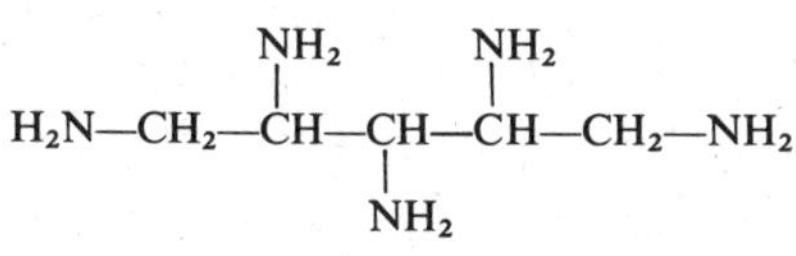

1,2,3,4,5-Pentanpentamin
(1,2,3,4,5-Pentaaminopentan[7])

Für *heterocyclische* Di- und Polyamine verwendet man durchweg die beiden substitutiven Möglichkeiten.

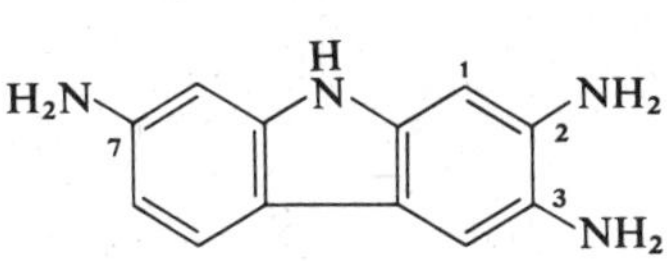

Carbazol-2,3,7-triamin
oder: 2,3,7-Triaminocarbazol

---

[7] Vgl. Empfehlung am Ende des Abschnitts (S. 103).

Befinden sich alle Aminogruppen in *Seitenketten*, verwendet man zweckmäßig substitutive Vorsilben oder konjunktive Namen.

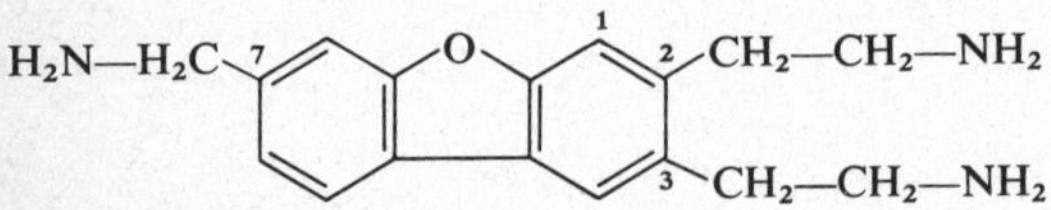

2,3-Bis-(2-aminoethyl)-7-(aminomethyl)-dibenzofuran
oder: 7-(Aminomethyl)-2,3-dibenzofuranbis-(ethanamin)

Symmetrisch und unsymmetrisch substituierte *symmetrische sekundäre* und *tertiäre Amine* lassen sich am besten radikofunktionell benennen. Andererseits können die Substituenten der identischen Radikale auch durch Markierungen (primes) angezeigt werden. In einer dritten Benennungsmethode faßt man derartige Amine als *N*-Substitutionsprodukte primärer Amine auf.

$(C_6H_5)_3N$ Triphenylamin;

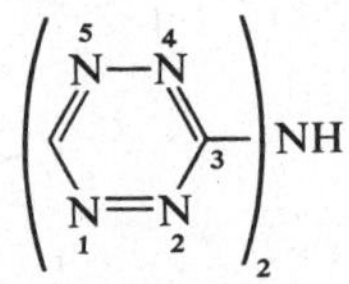

Di-(1,2,4,5-tetrazin-3-yl)-amin

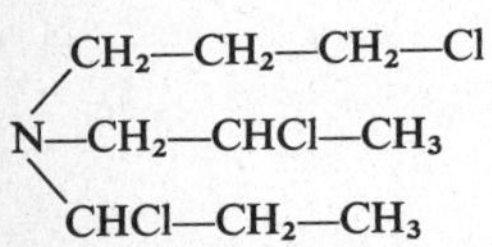

(1-Chlorpropyl)-(2-chlorpropyl)-(3-chlorpropyl)-amin
oder:
1,2′,3″-Trichlortripropylamin
oder:
1-Chlor-*N*-(2-chlorpropyl)-*N*-(3-chlorpropyl)-propylamin

Unsymmetrische sekundäre und tertiäre Amine werden grundsätzlich als *N*-Substitutionsprodukte primärer Amine aufgefaßt, wobei das komplexeste Radikal das Stammamin bestimmt.

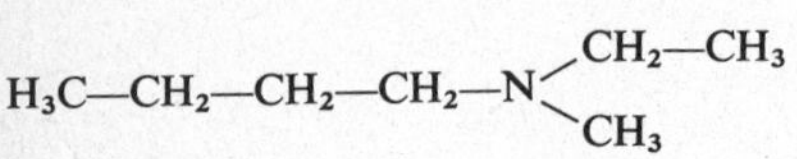

N-Ethyl-*N*-methyl-butylamin
(1-(Ethylmethylamino)-butan)[7]

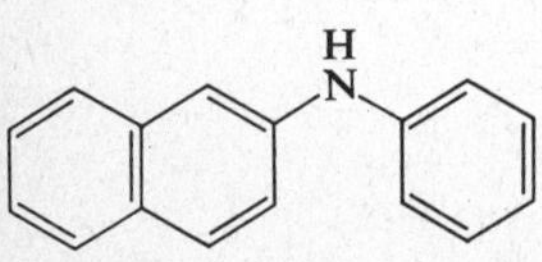

N-Phenyl-2-naphthylamin
(2-Anilinonaphthalin)[7]

Komplexere Amine dieses Typs können auch substitutiv mit ... *amino* Präfix bezeichnet werden.

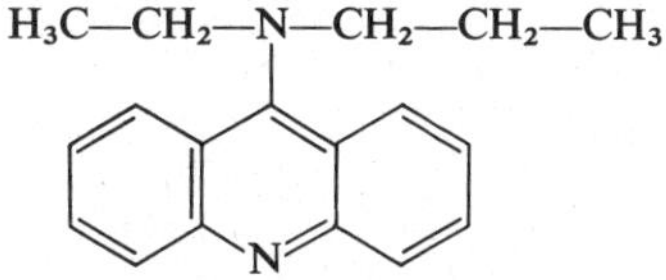

9-(Ethylpropylamino)-acridin

oder: *N*-Ethyl-*N*-propyl-9-acridinamin

oder: *N*-Ethyl-*N*-propyl-9-acridinylamin

Anmerkung:

Die Vielzahl der Benennungsmöglichkeiten für Amine ist wieder so verwirrend, daß es dringend geraten erscheint, eine Vereinheitlichung zu empfehlen. Diese könnte gemäß den gegebenen Beispielen darin bestehen, daß man nur für die einfachsten primären, sekundären und tertiären Amine die radikofunktionelle Bezeichnungsweise beibehält (z.B. Propylamin, Tri-p-tolylamin usw.); für alle komplexeren Aminsysteme könnte man dann *ausschließlich die substitutive Vorsilbe ... amino* ... verwenden. Chem. Abstr. verwendet allerdings ausschließlich substitutive Namen wie „Methanamin, Benzenamin" usw.

Für acylierte Amine liegt eine ebensolche Vielfalt der Namensgebungen vor wie für die Amine selbst. Monoacylderivate des Ammoniaks werden dabei grundsätzlich als *Säureamide* behandelt (siehe S. 84) Symmetrische Di- und Triacylderivate des Ammoniaks hingegen bezeichnet man als Di- bzw. Tri-acylamine (oder als Bis- bzw. Tris- ... ylcarbonylamine).

$(C_5H_9—CO)_3N$ Tris-(cyclopentylcarbonyl)-amin

$(C_6H_5—CO—)_2NH$ Dibenzoylamin

Unsymmetrische Di- und Triacylderivate faßt man als Acylderivate des komplexesten Säureamids auf.

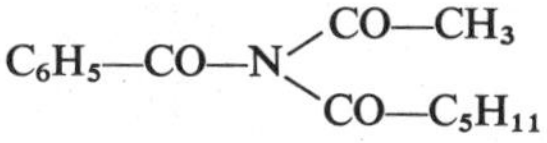

N-Acetyl-*N*-hexanoyl-benzamid

Ist ein Säureamid am Stickstoff mit Kohlenwasserstoff- oder Heterocyclen-Systemen weiter substituiert, hängt es von der Komplexität des Substituenten ab, ob man die Verbindung a) als *N*-substituiertes Säureamid, oder b) als Acylamino-substituierten (bzw. Alkanamido- oder Cycloalkancarboxamido-substituierten) Stammkörper benennt.

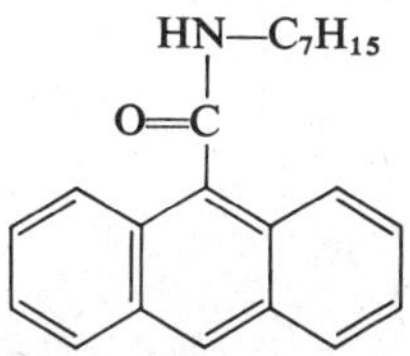

a) *N*-Heptyl-9-anthracencarboxamid

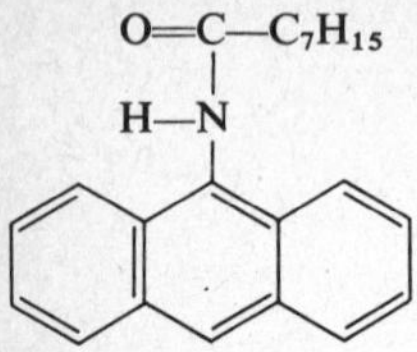

b) 9-Octanoylamino-anthracen
oder: 9-Octanamido-anthracen

Weitere Substitution am Stickstoff wird entsprechend angemerkt.

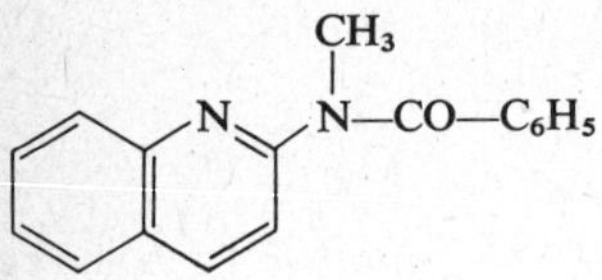

2-(*N*-Methylbenzamido)-chinolin
(oder: 2-(*N*-Methylbenzoylamino)-chinolin,
N-(2-Chinolinyl)-*N*-methylbenzamid)

In einer Ausnahmeregelung werden Phenyl-substituierte Säureamide als *Anilide* bezeichnet.

$C_6H_5—CO—N(CH_3)—C_6H_5$ *N*-Methylbenzanilid

Diacylderivate primärer Amine können
a) als solche benannt werden,
b) mit Diacylamino . . .-Präfixen charakterisiert werden, oder
c) als *N*-substituierte sekundäre Amide aufgefaßt werden.

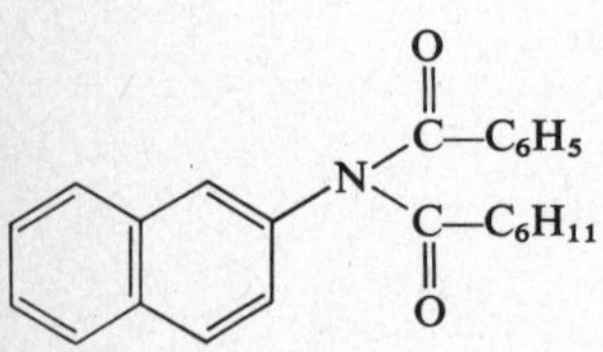

a) *N*-Benzoyl-*N*-cyclohexylcarbonyl-2-naphthylamin
b) 2-(Benzoyl-cyclohexylcarbonyl-amino)-naphthalin
c) *N*-Cyclohexylcarbonyl-*N*-(2-naphthyl)-benzamid

Auch hier könnte man sehr zur *Vereinheitlichung* und Vereinfachung der Nomenklatur beitragen, wenn man sich möglichst generell der *Acylamino*-Präfixe bedienen würde.

2.3.7. Halogenverbindungen

Halogenverbindungen sollten grundsätzlich *substitutiv* benannt werden. Vollständige Substitution wird mit dem Präfix *Per* . . . belegt.

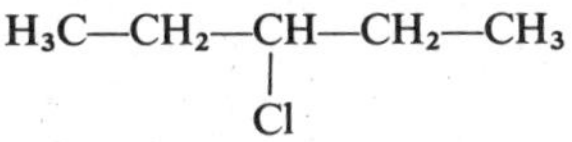
3-Chlorpentan

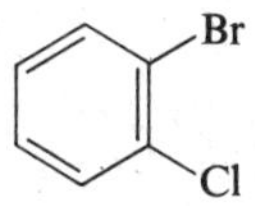
1-Brom-2-chlorbenzol (o-Bromchlorbenzol)

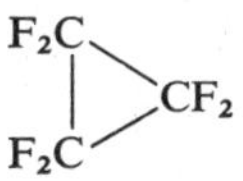
Perfluorcyclopropan

Für einige einfache Halogenderivate sind aber *radikofunktionelle* Namen noch sehr verbreitet.

$H_3C—I$	Methyliodid (besser: Iodmethan)
$BrH_2C—CH_2Br$	Ethylendibromid (besser: 1,2-Dibromethan)
$C_6H_5—CHCl_2$	Benzylidendichlorid (besser: α,α-Dichlortoluol)

In wenigen Fällen findet man auch eine *additive* Benennungsweise, die man aber doch aufgeben sollte.

$C_6H_5—CHBr—CHBr—C_6H_5$ Stilbendibromid (besser: 1,2-Dibrom-1,2-diphenylethan oder auch α,α'-Dibrombibenzyl)

2.3.8. Azo- und Azoxyverbindungen

Während die Benennungen der Verbindungsklassen der vorhergehenden Abschnitte mehr oder weniger direkt aus den entsprechenden Tabellen 6, 8 und 9 abgeleitet werden konnten, müssen jetzt noch einige Stoffklassen Beachtung finden, für die zum Teil sehr spezielle Nomenklaturen gelten. Für Azo- und Azoxyverbindungen geben die IUPAC-Regeln zwei alternative Benennungssysteme, die in sich selbst stark zergliedert sind und auch noch teilweise überlappen. Nur die *einfachsten Azoverbindungen*, die beiderseits der Azogruppe gleiche Stammsysteme tragen, welche nur mit Präfix-Substituenten substituiert sein dürfen, werden nach beiden Methoden gleich behandelt, in dem man das Präfix *Azo* . . . (mit den kleinsten Ziffern) dem Stammnamen voranstellt.

$H_3C—N{=}N—CH_3$ Azomethan, 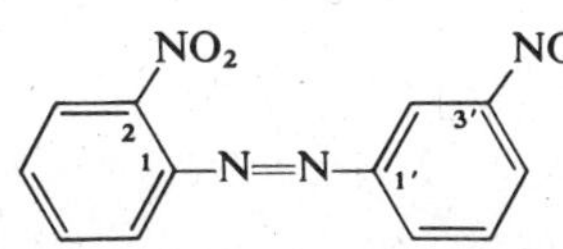 2,3'-Dinitro-azobenzol

Alle übrigen Azoverbindungen werden nach zwei Alternativen benannt, von denen die ältere vor allem im Beilstein Anwendung findet, die neuere von C.A. vorgezogen wird. Azoverbindungen mit identischen Stammsystemen, die identische Suffix-Substituenten tragen, werden nach der *älteren Benennungsmethode* (*a*) analog den einfachsten Azoderivaten behandelt (s.o.). Die *neuere Benennungsmethode* (*b*) beginnt aber bereits hier zu differenzieren und verwendet an Stelle des Präfixes ... *-azo* ... das Präfix ... *-azodi* ... in einer Benennungsweise, die der Spezialnomenklatur identischer Einheiten entspricht (siehe S. 74). Hier kleinste Ziffern für die Suffixe!

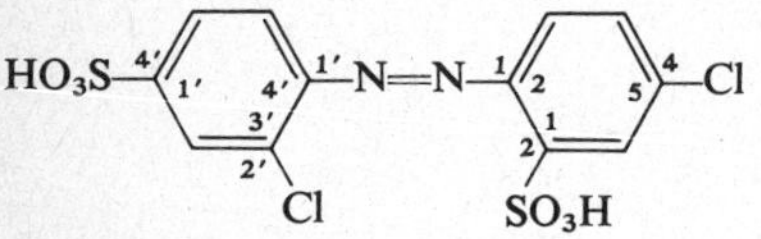

a) 2′,4-Dichlorazobenzol-2,4′-disulfonsäure

b) 3′,5-Dichlor-2,4′-azodibenzolsulfonsäure

Alle *komplexeren Azoverbindungen*, namentlich die mit nicht identischen Stammkomponenten, werden in der *älteren Methode* benannt, indem man den Stammterminus der komplexesten Komponente zuerst nennt, dann die *azo*-Silbe zwischen den Platzziffern folgen läßt und zuletzt die weniger komplexe Komponente anfügt. Die Azoverknüpfungen erhalten die kleinstmöglichen Ziffern (nach dem Suffix-Substituenten!); eventuelle Substituenten der erstgenannten Komponente werden — auch wenn es sich um bevorrechtigte handelt — als Präfixe angegeben. In der *neueren Benennungsmethode* wendct man ein substitutives Verfahren an, das mit ... *ylazo* ... Infixen arbeitet. Hier wird aber die Komponente, die die meisten und/oder ranghöchsten Suffix-Substituenten trägt als Basiskomponente gewählt. Nur wenn keine oder die gleiche Zahl von Suffix-Substituenten in beiden Komponenten vorhanden sind, deklariert man wieder die komplexeste Komponente als Basiskomponente.

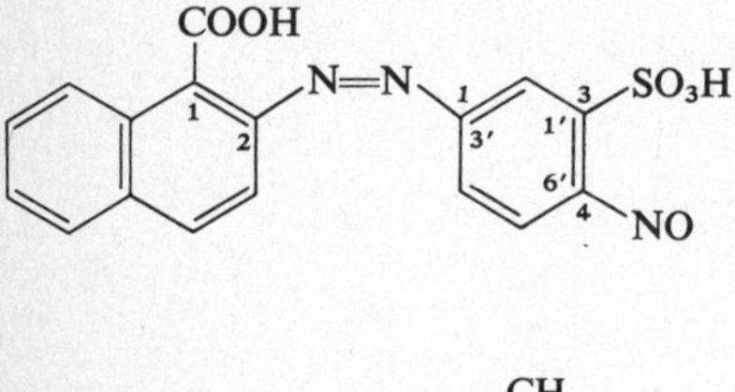

a) 1-Carboxynaphthalin-2-azo-3′-(6′-nitrosobenzolsulfonsäure)

b) 2-(4-Nitroso-3-sulfo-phenylazo)-1-naphthoesäure

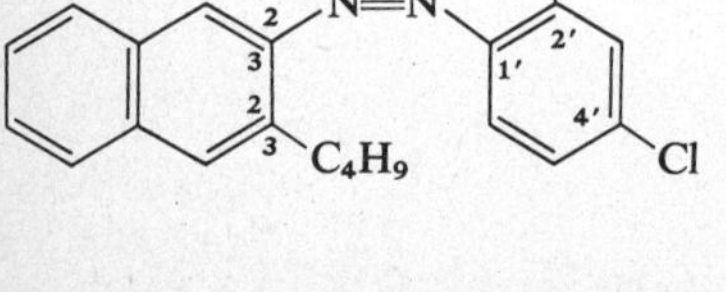

a) 3-Butylnaphthalin-2-azo-(4′-chlor-2′-methylbenzol)

b) 2-Butyl-3-(4-chlor-2-methyl-phenylazo)-naphthalin

Die eindeutige Übertragbarkeit beider Benennungsmethoden auf Polyazoverbindungen ist evident.

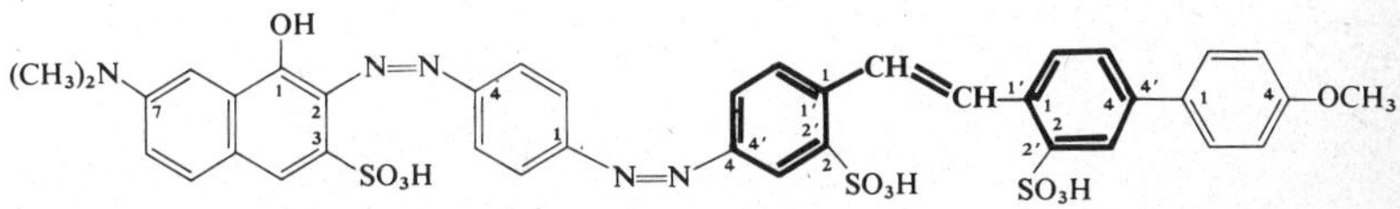

a) [4-(4-Methoxyphenyl)-2,2′-disulfostilben]-4′-azo-1-benzol-4-azo-2-(7-dimethylamino-1-hydroxy-3-naphthalinsulfonsäure)
b) 4-[4-(7-Dimethylamino-1-hydroxy-3-sulfo-2-naphthylazo)-phenylazo]-4′-(4-methoxyphenyl)-2,2′-stilbendisulfonsäure

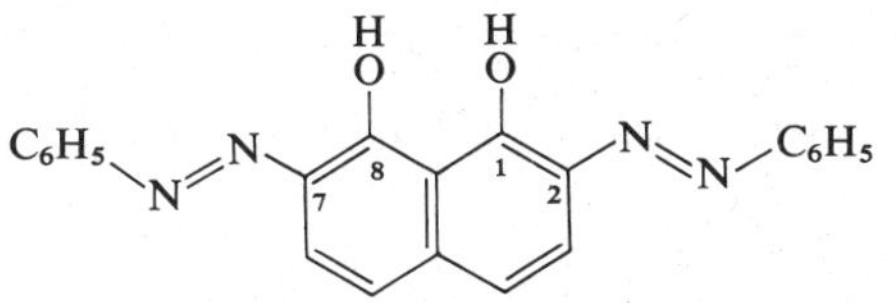

a) Bis-(benzolazo)-2,7-(1,8-naphthalindiol)
b) 2,7-Bis-(phenylazo)-1,8-naphthalindiol

Mit Suffix-Substituenten versehene symmetrische Bis- oder Polyazoverbindungen können auch nach der *Nomenklatur identischer Aggregate* benannt werden (S. 74).

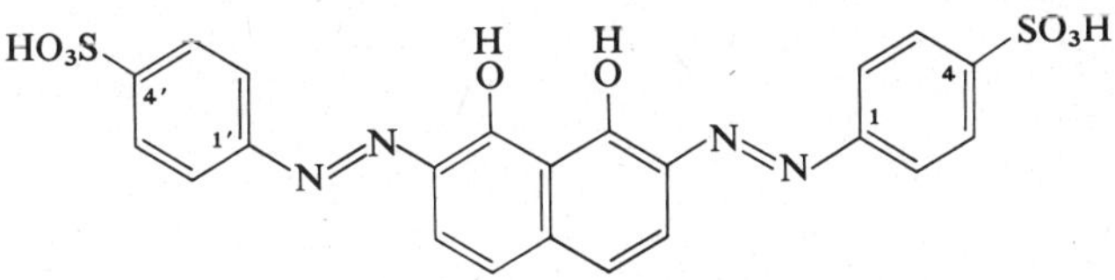

4,4′-(1,8-Dihydroxy-2,7-naphthylenbisazo)-dibenzolsulfonsäure

Die für Azoverbindungen angeführten Regeln können direkt auf entsprechende *Azoxyderivate* übertragen werden, wie das folgende Beispiel verdeutlicht. Die Position des Sauerstoffs wird (wenn bekannt) durch einen zusätzlichen Formelvermerk angegeben.

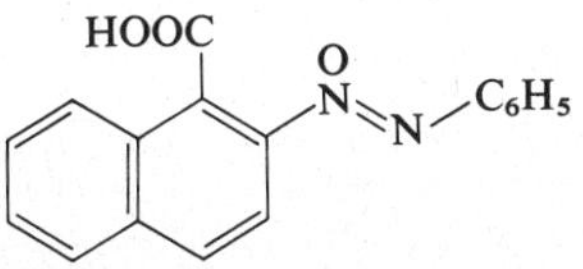

a) 1-Carboxynaphthalin-2-*ONN*-azoxybenzol
b) 2-(Phenyl-*NNO*-azoxy)-1-naphthoesäure

Empfehlung:

Angesichts des schwer zu durchschauenden und eigentlich kaum zumutbaren Wirrwarrs von Benennungsmöglichkeiten für Azoverbindungen kann nur noch eine Radikalkur helfen, die darin bestehen könnte, daß man *grundsätzlich* — auch für einfache Azoverbindungen — *das für komplizierte Azoverbindungen gültige Chemical-Abstracts-System verwendet*, da dies ohnehin der primär zu empfehlenden substitutiven Nomenklatur zuzurechnen ist. Selbst wenn dann die einfachsten Azoderivate, wie Azomethan oder Azonaphthalin usw. mit den etwas längeren (dafür aber viel aussagekräftigeren!) Namen Methylazomethan, Naphthylazonaphthalin usw. belegt werden müßten, überwögen die Vorteile einer derartigen Vereinheitlichung bei weitem, da man dann das ganze Gespinst der gegenwärtig gültigen, kunstvoll verklausulierten Unter-, Unterunter- und Sonderregeln über Bord werfen könnte! Wer unbedingt Namen wie Azomethan, Azobenzol usw. beibehalten möchte, könnte diese ja als empfohlene Trivialnamen in einem solchen vereinheitlichten System belassen.

2.3.9. Hydrazine und ihre Abkömmlinge

Einfache Substitutionsprodukte des Hydrazins (mit Ausnahme von acylsubstituierten) werden wie Amine nach einem *radikofunktionellen* Benennungsverfahren behandelt, es sei denn, daß die Hydrazinfunktion substitutiv als Vorsilbe angewendet werden muß.

C_6H_5—NH—NH_2 Phenylhydrazin

$(H_3C)_2N$—$N(C_4H_9)_2$ *N*,*N*-Dibutyl-*N'*,*N'*-dimethylhydrazin
oder: 1,1-Dibutyl-2,2-dimethylhydrazin

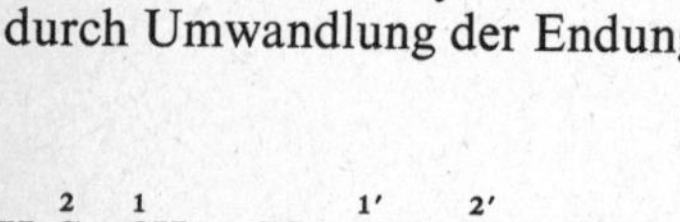

p-(*N'*-Methylhydrazino)-benzoesäure
oder: p-(2-Methylhydrazino)-benzoesäure

Acylsubstituierte Hydrazine werden als Säurehydrazide bezeichnet und durch Umwandlung der Endung . . . *säure* in . . . *ohydrazid* benannt.

$H_3\overset{2}{C}$—$\overset{1}{C}H_2$—CO—$\overset{1'}{N}H$—$\overset{2'}{N}H$—CH_2—CH_3 *N'*-Ethylpropionohydrazid
oder: 2'-Ethylpropionohydrazid

Für Hydrazoderivate des Typs RHN-NHR mit identischen Stammradikalen R wird häufig eine Nomenklatur verwendet, die der der entsprechenden Azoverbindungen entspricht. Man nennt diese Substanzen dann Hydrazoderivate und ersetzt die Silbe . . . *azo* . . . durch . . . *hydrazo* . . . (bzw. . . . *hydrazino* . . . in der C.A.-Methode).

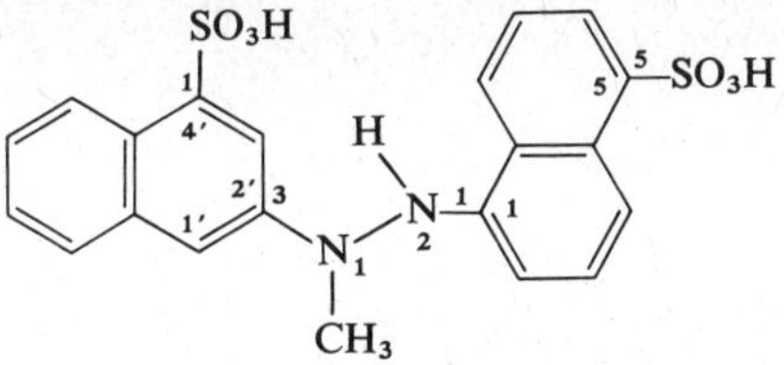

a) *N'*-Methyl-1,2'-hydrazonaphthalin-4',5-disulfonsäure

b) 3-[1-Methyl-2-(5-sulfo-1-naphthyl)-hydrazino]-1-naphthalinsulfonsäure

2.3.10. Diazoverbindungen

Diazoniumsalze und aliphatische Diazoverbindungen können zwanglos mit den in den Tabellen 6 und 8 gegebenen Hilfsmitteln benannt werden.

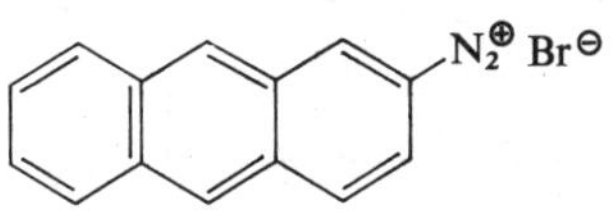

2-Anthracen-diazonium-bromid

$H_3C—CHN_2$ Diazoethan $C_6H_5—CO—CHN_2$ Diazoacetophenon

Verbindungen des Typs RN=NX, bei denen X direkt an die Diazogruppe gebunden ist, werden wie folgt benannt:

$C_6H_5—N{=}N \begin{cases} —CN \\ —OH \\ —SO_3H \end{cases}$ Benzoldiazo $\begin{cases} \text{cyanid} \\ \text{hydroxid} \\ \text{sulfonsäure} \end{cases}$ usw.

Metallsalze des Benzoldiazohydroxids heißen ... *diazoate*. (Im Deutschen verwendet man, wohl aus sprachlichen Gründen, ... *diazotate*).

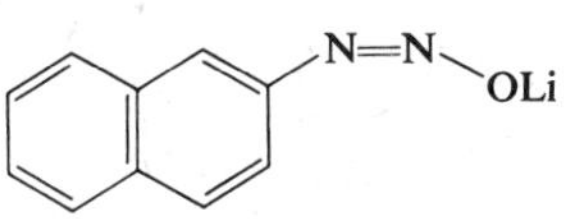

Lithium-2-naphthalindiazo(t)at

2.3.11. Verbindungen mit Ketten von drei oder mehr Stickstoffatomen

Hier sind zunächst die *Azide* zu nennen, die meist *radikofunktionell* als ... *ylazide*, oder *substitutiv* als *Azido* ...-Derivate benannt werden.

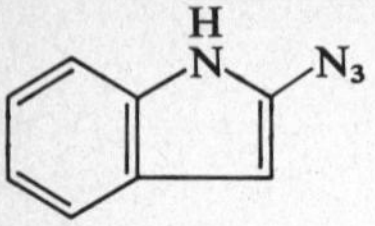

1*H*-Indol-2-ylazid oder 2-Azido-1*H*-indol

$C_6H_5{-}CO{-}N_3$ Benzoylazid

Alle anderen Verbindungen, die derartige Stickstoffketten enthalten, werden als *Poly-azane*, *-azene*, *-azadiene*, *-azatriene* usw. bezeichnet, wobei die Doppelbindungen bevorrechtigt zu beziffern sind.

$H_2\overset{3}{N}{-}\overset{2}{N}H{-}\overset{1}{N}H{-}CH_3$ 1-Methyltriazan

$H_3C{-}\overset{3}{N}H{-}\overset{2}{N}{=}\overset{1}{N}{-}C_6H_5$ 3-Methyl-1-phenyl-triazen

$(C_2H_5)(C_6H_5)\overset{6}{N}{-}NH{-}N{=}\overset{3}{N}{-}N{=}\overset{1}{N}{-}CH_3$ 6-Ethyl-1-methyl-6-phenyl-1,3-hexazadien

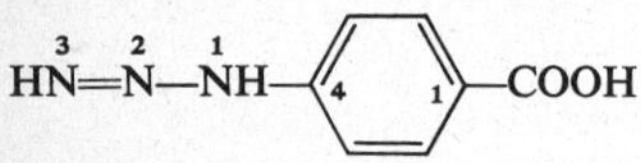

4-(2-Triazeno)-benzoesäure

Triazene, die an beiden Enden mit identischen Stammradikalen substituiert sind, können auch als *Diazoamino* . . . -Verbindungen bezeichnet werden.

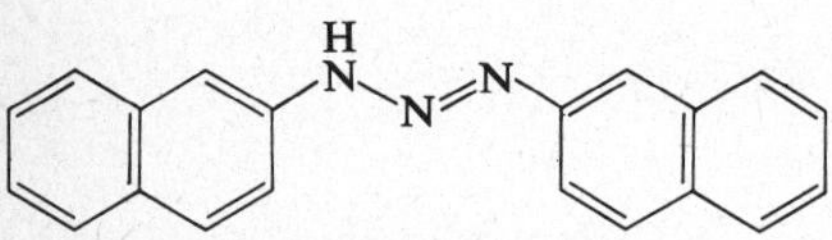

2,2′-Diazoaminonaphthalin

2.3.12. Formazane

Formazane sind Substitutionsprodukte des Grundgerüstes:

$H_2\overset{5}{N}{-}\overset{4}{N}{=}\overset{3}{C}H{-}\overset{2}{N}{=}\overset{1}{N}H.$

$H_2N{-}N{=}\overset{3}{C}(C_6H_5){-}N{=}\overset{1}{N}{-}C_6H_5$ 1,3-Diphenylformazan

$C_6H_5{-}\overset{5}{N}H{-}N{=}\overset{3}{C}(C_6H_5){-}N{=}\overset{1}{N}H$ 3,5-Diphenylformazan

2.3.13. Harnstoff und seine Derivate

Das Diamid der Kohlensäure $H_2\overset{3}{N}—\overset{2}{C}O—\overset{1}{N}H_2$ wird Harnstoff genannt und heißt im Englischen Urea. Substitutionsprodukte werden nach den üblichen Regeln bezeichnet; muß diese funktionelle Gruppe in der *substitutiven* Nomenklatur als Vorsilbe verwendet werden, so gilt das Präfix . . . *ureido*.

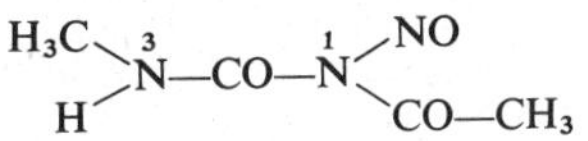

N-Acetyl-*N′*-methyl-*N*-nitroso-harnstoff
oder: 1-Acetyl-3-methyl-1-nitroso-harnstoff

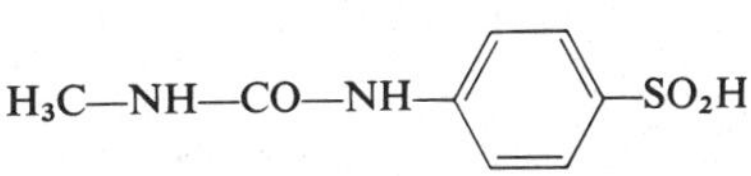

4-(*N′*-Methylureido)-benzolsulfinsäure
4-(3-Methylureido)-benzolsulfinsäure

Verbindungen vom Typ $H\overset{3}{N}{=}C—\overset{1}{N}H_2$ (mit ^{2}OH am C) werden als Isoharnstoffe (Isourea) bezeichnet und ansonsten wie Harnstoffe behandelt.

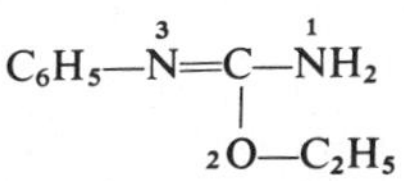

2-Ethyl-3-phenyl-isoharnstoff

Quaternäre Derivate des Harnstoffs bzw. Isoharnstoffs werden als . . . *uronium*-Salze bezeichnet.

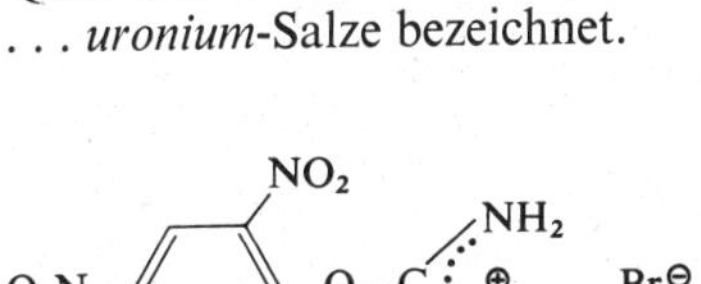

O-(2,4-Dinitrophenyl)-uronium-bromid
oder: 2-(2,4-Dinitrophenyl)-uronium-bromid

Schwefel-, Selen- und Tellur-Analoga des Harnstoffs und Isoharnstoffs werden völlig gleich behandelt und erhalten die zusätzliche Vorsilbe . . . *thio* . . ., . . . *seleno* . . ., . . . *telluro* . . .

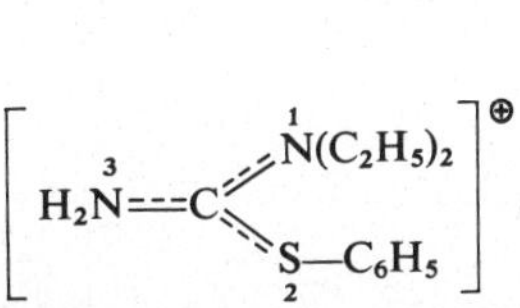

N,N-Diethyl-*S*-phenylthiouronium . . .
1,1-Diethyl-2-phenylthiouronium . . .

Kondensierte Harnstoffe werden von den folgenden Begriffen abgeleitet:

Biuret	$H_2\overset{5}{N}—\overset{4}{C}O—\overset{3}{N}H—\overset{2}{C}O—\overset{1}{N}H_2$
Thiobiuret	$H_2\overset{5}{N}—CO—NH—\overset{2}{C}S—\overset{1}{N}H_2$
Dithiobiuret	$H_2N—CS—NH—CS—NH_2$
Triuret	$H_2\overset{7}{N}—\overset{6}{C}O—\overset{5}{N}H—\overset{4}{C}O—\overset{3}{N}H—\overset{2}{C}O—\overset{1}{N}H_2$
4-Thiotriuret	$H_2N—CO—NH—CS—NH—CO—NH_2$

2.3.14. Guanidine

Guanidine sind Abkömmlinge des Kohlensäurediamidins $H_2\overset{1}{N}—\underset{\|}{C}(=\overset{2}{N}H)—\overset{3}{N}H_2$. Als Vorsilbe in der *substitutiven* Nomenklatur verwendet man ... *guanidino* ...

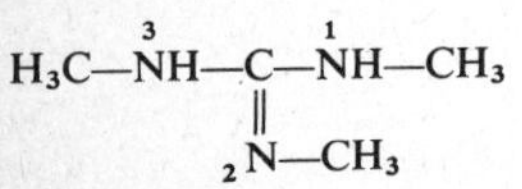
1,2,3-Trimethylguanidin

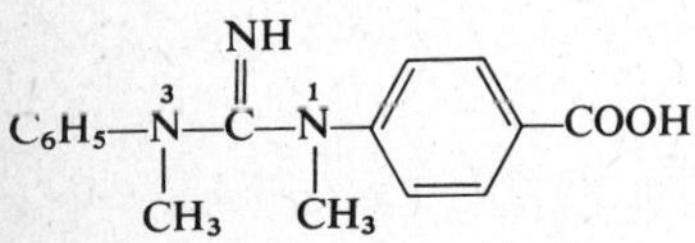
4-(1,3-Dimethyl-3-phenylguanidino)-benzoesäure

Aber: $(H_2N)_2C{=}N—CH_2—COOH$ (Diaminomethylenamino)-essigsäure

Salze des Guanidins heißen Guanidinium-Salze.

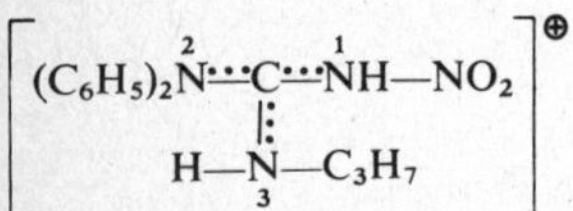
1-Nitro-2,2-diphenyl-3-propyl-guanidinium ...

Kondensierte Guanidine werden als Biguanide $H_2\underset{5}{N}—C(=\overset{4}{N}H)—\overset{3}{N}H—C(=\overset{2}{N}H)—\underset{1}{N}H_2$, Triguanide $H_2N—C(=NH)—NH—C(=NH)—NH—C(=NH)—NH_2$ usw. bezeichnet.

2.3.15. Hydrazinderivate der Kohlensäure

Dieser Abschnitt befaßt sich mit den folgenden Verbindungen:

$H_2\overset{4}{N}-\overset{3}{C}O-\overset{2}{N}H-\overset{1}{N}H_2$	Semicarbazid
$H_2\overset{5}{N}-\overset{4}{N}H-\overset{3}{C}O-\overset{2}{N}H-\overset{1}{N}H_2$	Carbonohydrazid (früher Carbazid bzw. Carbohydrazid)
$H\overset{5}{N}=\overset{4}{N}-\overset{3}{C}O-\overset{2}{N}H-\overset{1}{N}H_2$	Carbazon (nur in Derivaten bekannt)
$H\overset{5}{N}=\overset{4}{N}-\overset{3}{C}O-\overset{2}{N}=\overset{1}{N}H$	Carbodiazon (nur in Derivaten bekannt).

Radikale dieser Spezies werden benamt, indem man die Endungen . . . *id* bzw. . . . *on* in . . . *ido* bzw. . . . *ono* abwandelt.

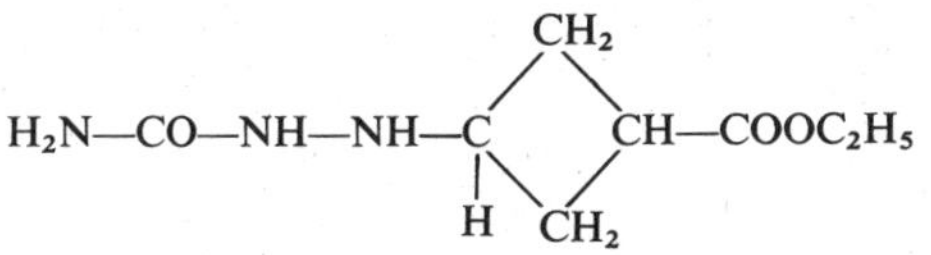

Ethyl-3-semicarbazido-1-cyclobutan-carboxylat

Derivate des Typs $H_2\overset{4}{N}-\overset{3}{C}O-\overset{2}{N}H-\overset{1}{N}=CRR'$ können auf dreierlei Weisc bezeichnet werden. a) Als Aldehyd- oder Keton- bzw. . . . al- oder . . . on-semicarbazone, b) wenn in R, R′ eine ranghöhere funktionelle Gruppe vorhanden ist, als Semicarbazono- . . . Verbindung, c) als durch ein zweiwertiges Radikal substituiertes Semicarbazid.

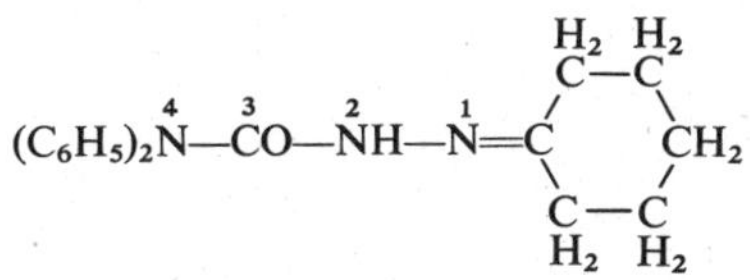

a) Cyclohexanon-4,4-diphenylsemicarbazon

c) 1-Cyclohexyliden-4,4-diphenylsemicarbazid

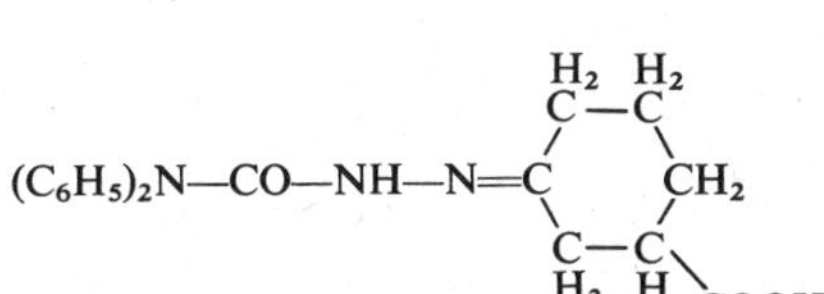

b) 3-(4,4-Diphenylsemicarbazono)-cyclohexancarbonsäure

Ansonsten werden Derivate der oben genannten Grundkörper als normale Substitutionsprodukte bezeichnet (vgl. Methode c).

$C_6H_5—\overset{5}{N}{=}N—CO—NH—\overset{1}{N}H_2$ 5-Phenylcarbazon

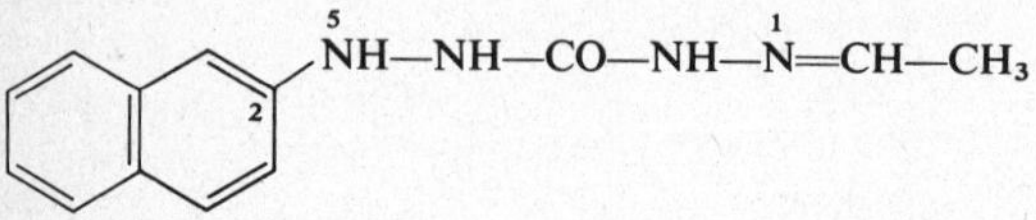

1-Ethyliden-5-(2-naphthyl)-carbonohydrazid

Tautomere der obigen Stammverbindungen werden wie in der Harnstoffreihe als *Iso* . . . Derivate bezeichnet, z.B.:

$H\overset{5}{N}{=}\overset{4}{N}—\underset{|\atop {}^{3}OH}{C}{=}\overset{2}{N}—\overset{1}{N}H_2$ Isocarbazon

Diese Begriffe schließen auch eventuelle weitere Tautomere ein. Schwefel-, Selen- und Telluranaloga werden sinngemaß bezeichnet: z.B.: $H_2N—CS—NH—NH_2$ Thiosemicarbazid, $HN{=}N—CSe—N{=}NH$ Selenocarbodiazon.

3. Die Konstruktion der Namen komplexer Verbindungen

Nachdem in den Teilen 1 und 2 dieses Buches die Nomenklaturregeln für Stammsysteme sowie für die verschiedenen funktionellen Verbindungsklassen ausführlich abgehandelt worden sind, sollen in diesem abschließenden Kapitel die Anleitungen zur Bildung der vollständigen Namen komplizierter Verbindungen gegeben werden. Hierbei müssen wir uns erneut mit der Frage der Prioritäten bei Ketten- und Ringsystemen befassen, die bereits in den entsprechenden Sektionen des Teils 1 zur Sprache gekommen waren. Da aber nun die funktionellen Gruppen in die Überlegungen mit einbezogen werden müssen, ist eine Erweiterung der Prioritätsregeln unerläßlich, wie die folgenden Abschnitte zeigen werden.

3.1. Bestimmung der ranghöchsten Kette (Hauptkette)

Bei acyclischen Verbindungen wird die Kette, auf die sich die Benamung aufbaut, als *ranghöchste* (oder *Haupt-*) *Kette* definiert. Zu ihrer Festlegung bedient man sich nacheinander der folgenden Kriterien, d.h. läßt das vorstehende Kriterium keine Entscheidung zu, tritt das nächste in Kraft.

a) Größte Zahl an ranghöchsten charakteristischen Gruppen.
a′) Größte Zahl an Heteroatomen (bei Heteroketten, die nach der „a“-Nomenklatur benannt werden).
b) Größte Zahl an Doppel- und Dreifachbindungen zusammen.
c) Größte Länge.
c′) Größte Zahl an Heteroatomen, die nach der „a“-Term-Tabelle die höchste Priorität aufweisen (bei Heteroketten).
d) Die meisten Doppelbindungen.
e) Kleinste Chiffren für die ranghöchsten Gruppen (die Suffixe).
e′) Kleinste Platzziffern für alle Heteroatome, dann gemäß „a“-Term-Tabelle (bei Heteroketten).
f) Kleinste Chiffren für Mehrfachbindungen.
g) Kleinste Chiffren für Doppelbindungen.
h) Größte Zahl an Präfix-Substituenten.
i) Ranghöchstes Präfix nach der alphabetischen Ordnung.
j) Kleinste Chiffren für alle Präfix-Substituenten der Hautkette.
k) Kleinste Chiffren für die alphabetisch ranghöchsten Präfixe.

3.2. Bestimmung des ranghöchsten Ringsystems

Die folgenden Kriterien sind wieder nacheinander anzuwenden bis eine Entscheidung erreicht ist.

a) Größte Zahl an ranghöchsten charakteristischen Gruppen.
b) Für Heterocyclen gelten die Rangfolgen des Abschnitts 1.2.2.3:
   ba) Alle Heterocyclen rangieren vor allen Carbocyclen.
   bb) Stickstoffhaltige Ringe.
   bc) Ranghöchstes Heteroelement gemäß „a“-Term-Tabelle.
   bd) Die meisten Ringe.
   be) Der größte Ring.
   bf) Die meisten Heteroelemente.
   bg) Die größte Vielfalt an Heteroelementen.
c) Auch bei Isocyclen entscheidet die größte Zahl an Ringen bzw.
d) der größte individuelle Ring an der erstmöglichen unterscheidbaren Stelle.

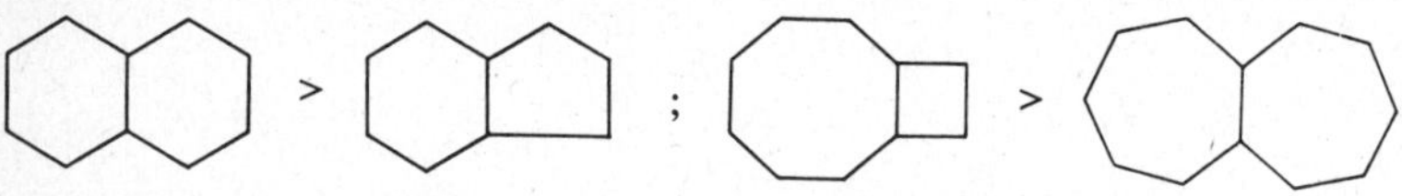

e) Größte Zahl an zwei oder mehreren Ringen gemeinsamen Atomen.

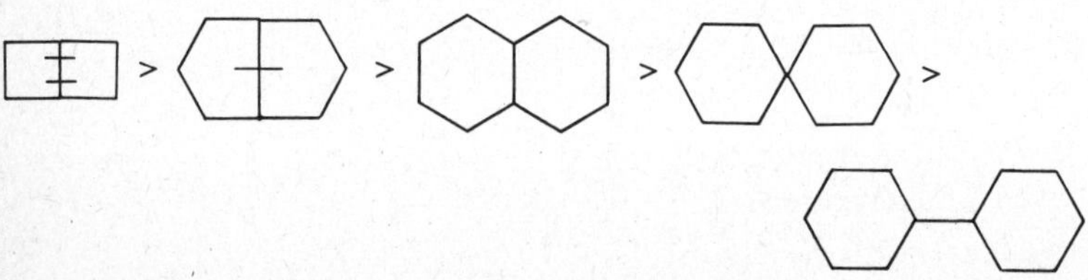

f)[1] Kleinste Buchstaben für die Verbindungspositionen der Ringe. Naphtho[2,1-f]chinolin > Naphtho[1,2-g]chinolin.
g)[1] Kleinste Ziffern für die Verbindungspositionen der Ringe an der erstmöglich unterscheidbaren Stelle
Naphtho[1,2-f]chinolin > Naphtho[2,1-f]chinolin > ... [2,3-f] ...
Tricyclo[5.3.1.$0^{2,4}$]undecan > Tricyclo[5.3.1.$0^{3,5}$]undecan
Spiro[cyclopentan-1,1′-inden] > Spiro[cyclopentan-1,2′-[2′*H*]inden
2,3′-Bipyridin > 3,3′-Bipyridin

---

[1] Die unter diesen Buchstaben gegebenen Beispiele können zur Übung in die entsprechenden Formelbilder umgesetzt werden.

h) Niedrigster Hydrierungsgrad.

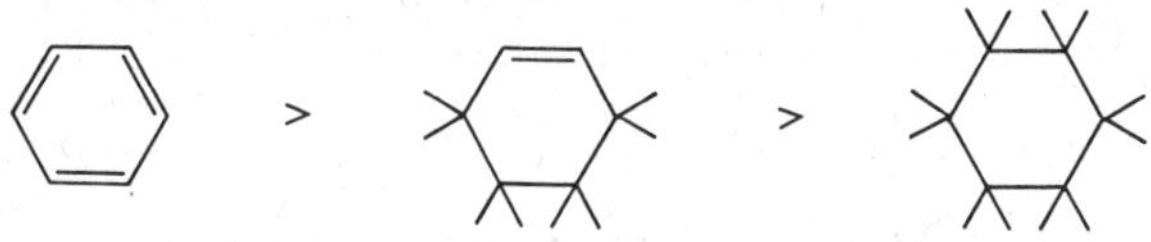

i) Kleinste Chiffren für indizierte Wasserstoffe.
j) Kleinste Chiffren für Radikalstellen.
k) Kleinste Chiffren für Suffix-Substituenten.
l)[1] Kleinste Platzziffern, wenn man alle Präfixsubstituenten, Hydropräfixe, en- und in-Positionen gemeinsam betrachtet.

3-Chlor-1,2-dihydro- 2-methyl-naphthalin (1.2.2.3)	vor	2-Chlor-2,3-dihydro- 3-methyl-naphthalin (2.2.3.3)
7-Ethyl-2-fluor-3-nitro- 1-cycloocten-4-in (1.2.3.4.7)	vor	2-Ethyl-8-fluor-5-nitro- 1-cycloocten-3-in (1.2.3.5.8)

m)[1] Kleinste Ziffer für das zuerst genannte Präfix.

3-Chlor-4-nitro-chinolin	vor	4-Chlor-3-nitrochinolin

3.3. Behandlung der ranghöchsten charakteristischen Gruppe im Rahmen der beiden vorstehenden Abschnitte 3.1 und 3.2

In den beiden letzten Abschnitten ist bereits festgelegt worden, daß *grundsätzlich diejenige Stammkomponente* (Kette oder Ring) *als Basis der Namensgebung zu wählen ist, die die meisten ranghöchsten Gruppen trägt.* Dieser Grundsatz gilt im weitesten Sinne, z.B. auch wenn zwei Ketten durch einen Ring voneinander getrennt sind. Befindet sich die ranghöchste Gruppe in einer Kette, die einen noch so großen cyclischen Substituenten trägt, so wird die Namensgebung auf die Kette bezogen. Umgekehrt bestimmt ein mit einer beliebig langen Kette versehener Ring dann die Benennung, wenn allein er die ranghöchste Gruppe trägt.
Erscheint die ranghöchste Gruppe sowohl in der cyclischen als auch in der kettenförmigen Stammkomponente, ist diejenige Einheit der Bezugspunkt, die die meisten ranghöchsten Gruppen trägt. Ist allerdings die Zahl der ranghöchsten Gruppen in beiden Komponenten gleich, so muß man wieder die Anweisungen des Abschnitts 1.2.1.2.5 zu Rate ziehen, nach denen man einmal möglichst viele Substitutionen an einer Einheit vorzunehmen hat, zum anderen aber eine kleinere Einheit als Substituenten der größeren Einheit betrachtet.

3.4. Bezifferung

Auch die Bezifferungsregeln müssen nach Einbeziehung der funktionellen Gruppen in wesentlichen Punkten ergänzt werden. Soweit die in den Abschnitten 1.1 und 1.2 für Stammsysteme gegebenen Bezifferungsvorschriften noch Wahlmöglichkeiten offen lassen, verfährt man bei der Zuordnung kleinster Ziffern anschließend und sukzessive nach den folgenden Kriterien:

a) Indizierter Wasserstoff (auch wenn er nicht explizit genannt ist).
b) Ranghöchste charakteristische Gruppe (als Suffix).

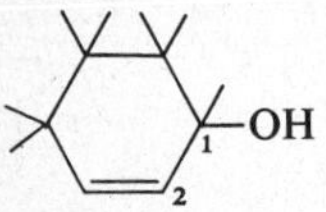

2-Cyclohexen-1-ol

c) Mehrfachbindungen, wobei Doppelbindungen den Vorrang haben.

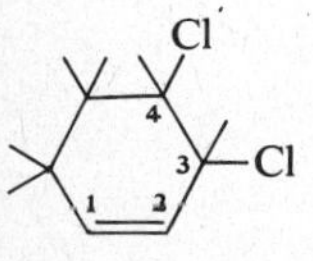

3,4-Dichlor-1-cyclohexen

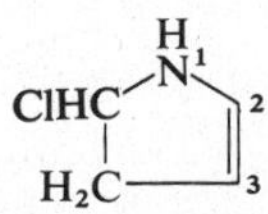

5-Chlor-2-pyrrolin

d) Kleinste Platzziffern für alle Präfixsubstituenten, Hydropräfixe, en- und in-Positionen gemeinsam.

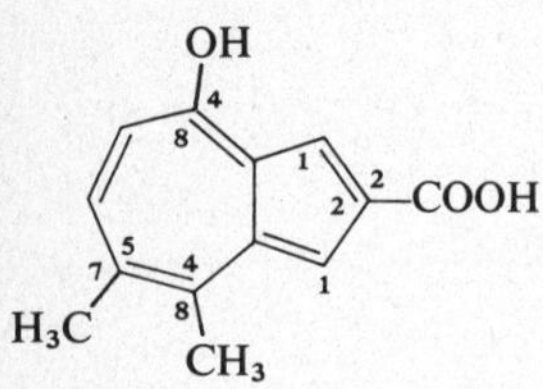

8-Hydroxy-4,5-dimethyl-2-azulencarbonsäure (2.4.5.8)
nicht: 4-Hydroxy-7,8-dimethyl-2-azulencarbonsäure (2.4.7.8)

e) Kleinste Platzziffer für das (nach der alphabetischen Ordnung) zuerst genannte Präfix.

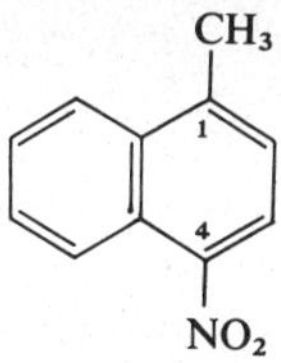

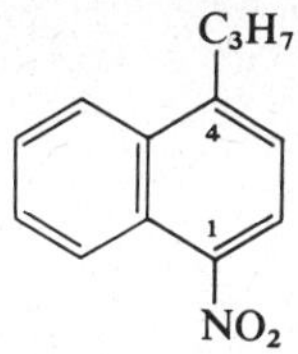

1-Methyl-4-nitro-naphthalin aber 1-Nitro-4-propyl-naphthalin

Eine wichtige *Ausnahme* von den obigen Regelabfolgen gilt für *cyclische Radikale*: hier hat nach dem indizierten Wasserstoff die Verknüpfungsstelle (d.h. die freie Valenz) Priorität für die kleinste Ziffer, erst dann verfährt man weiter wie oben angegeben.

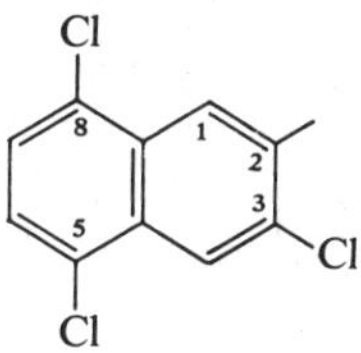

3,5,8-Trichlor-2-naphthyl
nicht: 1,4,6-Trichlor-7-naphthyl
nicht: 1,4,7-Trichlor-6-naphthyl

3.5. Ordnung der Präfixe

Wie aus den bisherigen Kapiteln klar hervorgeht, spielen Präfixe der verschiedensten Art eine tragende Rolle bei der Systematisierung der Namen chemischer Verbindungen. Es muß daher festgelegt werden, wie derartige Vorsilben bei der endgültigen Zusammensetzung des Verbindungsnamens zu behandeln sind.
Alle Präfixe, die direkte Aussagen über die Struktur der entsprechenden acyclischen oder cyclischen Stammsysteme machen, werden in den Stammterm einbezogen, d.h. als nicht abtrennbare Teile behandelt.

Nicht abtrennbare Präfixe von Stammsystemen:

a) Ringbildende: Cyclo, Bicyclo usw., Spiro usw.
b) Ringspaltende: Seco (bei Steroidnomenklatur siehe Tabelle 13).
c) Größenverändernde: Nor, Homo (siehe Tabelle 13).
d) Kondensierende: Benzo, Cycloocta, Imidazo usw.
e) „a"-Terme der Austauschnomenklatur: oxa, phospha, azonia usw.
f) Isomerisierende: iso, sec, tert.
g) Wasserstoff-indizierende.
h) Brückenbildende: Ethano, Benzeno usw.

Im Gegensatz hierzu werden alle *substituierenden Präfixe* (Tabellen 6, 8) als *abtrennbare Vorsilben* behandelt und alphabetisch geordnet.

Hydropräfixe, *subtraktive* Präfixe und *heterobrückenbildende* Präfixe können *alternativ* als nicht abtrennbar oder als abtrennbar behandelt werden.
Es ist noch wichtig darauf hinzuweisen, daß multiplizierende Präfixe keinen Einfluß auf die Alphabetisierung der Vorsilben nehmen. Substituierte Substituenten werden auf der Basis des Gesamtausdrucks alphabetisiert; ansonsten gelten für derartige Substituenten die gleichen Regeln wie für Stammsysteme, mit zwei Ausnahmen: a) es werden nur Präfixe, keine Suffixe, für charakteristische Gruppen benutzt, b) die Verknüpfungsstelle (freie Valenz) trägt im Rahmen der Regeln des Abschnitts 3.4 die kleinste Ziffer. Für Ketten-Substituenten ist dies natürlich immer die Position 1 (vgl. auch S. 6, 9).

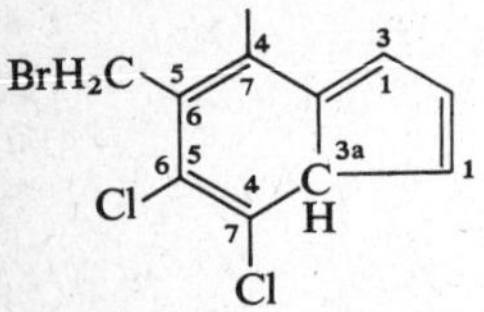

6-**B**rommethyl-4,5-**d**ichlor-3a*H*-inden-7-yl
nicht: 5-**B**rommethyl-6,7-**d**ichlor-7a*H*-inden-4-yl

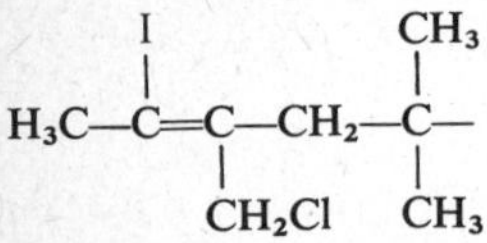

3-**C**hlormethyl-4-**i**od-1,1-di**m**ethyl-3-pentenyl

Damit liegen nun endgültig alle Hilfsmittel vor, die notwendig sind, um auch kompliziertesten Strukturen eindeutige Namen zuordnen zu können. Im folgenden Abschnitt werden daher einige speziell konstruierte Beispiele mit allen Einzelheiten der Namensgebung besprochen.

3.6. Beispiele

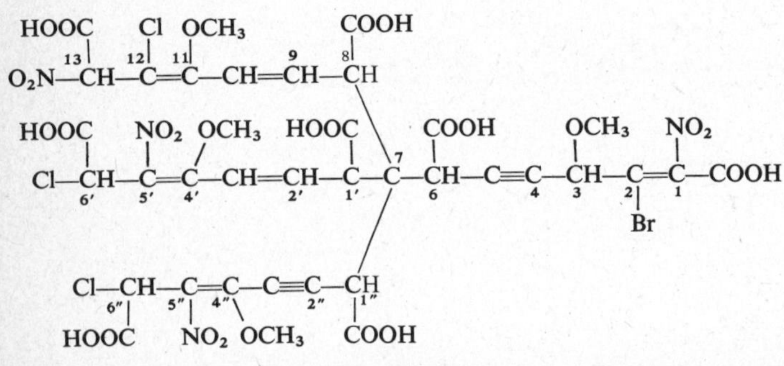

Hauptkette: Von den 12 möglichen Kettenkombinationen (Vorwärts- und Rückwärtszählung eingeschlossen) kommen nur 3 in die engere Wahl, da nur sie die niedrigstmögliche Abfolge der Platzziffern für Substituenten und Mehrfachbindungen zusammen aufweisen (1,1,1,2,3,4,6,7,7,8,9,11,11,12, 13,13).

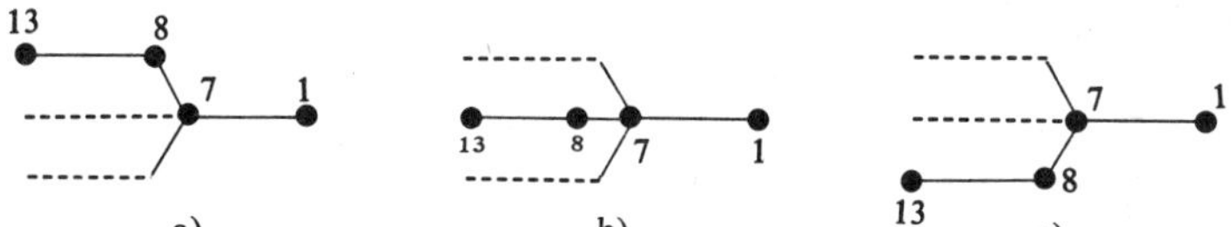

a) b) c)

Da die Möglichkeiten a) und b) die meisten Doppelbindungen aufweisen, kann Kombination c) ausgeschieden werden. Zur endgültigen Bestimmung der Hauptkette muß das allerletzte Prioritätskriterium herangezogen werden (siehe S. 117), nach dem der alphabetisch bevorrechtigte Substituent die kleinere Platzziffer aufweisen muß. Da der Chlor-Substituent in Kombination a) die Platzziffer 12 besitzt (gegenüber Nitro = 13), in Kombination b) aber die höhere Ziffer 13 besäße, bildet Kombination a) die Hauptkette. Die Substituenten werden dann alphabetisch zugeordnet, wobei die Seitenketten mit dem ersten Buchstaben ihres vollständigen Namens beginnen. Also:

2 - **B**rom - 12 - **c**hlor - 7 - (1,6 - **d**icarboxy - 6 - chlor - 4 - methoxy - 5 - nitro - 2,4 - hexadienyl) - 7 - (1,6 - **d**icarboxy - 6 - chlor - 4 - methoxy - 5 - nitro - 4 - hexen - 2 - inyl) - 3,11 - di**m**ethoxy - 1,13 - di**n**itro - 1,9,11 - **t**ridecatrien - 4 - in - 1,6,8,13 - tetra - carbonsäure

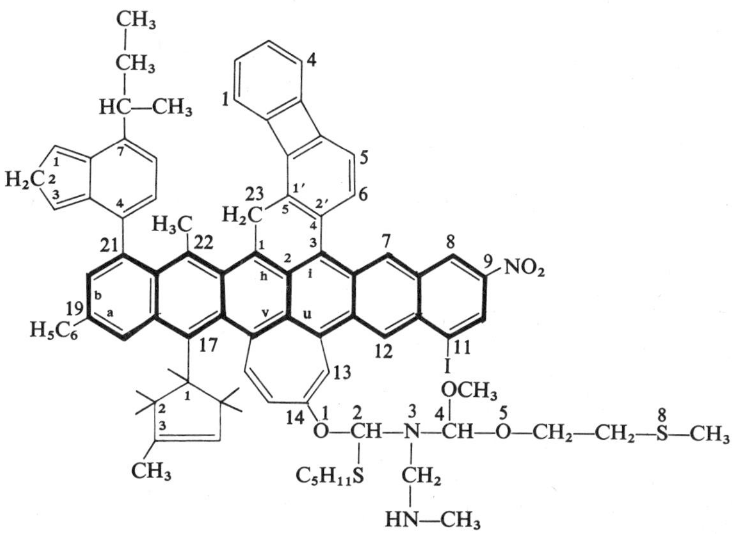

Es handelt sich hier um ein *kondensiertes Kohlenwasserstoffsystem*, dessen größte individuelle Komponente das *Hexacen* darstellt. Ankondensierte Komponenten:

a) Cyclohepta[. . .
b) Biphenyleno[. . .]benzo[. . .

Damit steht das Grundgerüst fest:
Biphenyleno[2′,1′:4,5]benzo[1,2,3-hi]cyclohepta[uv]hexacen

Die Substituenten werden wieder alphabetisch geordnet; für die Heteroseitenkette empfiehlt sich die „a"-Nomenklatur. Also:

> 21 - (7 - *sec* - **B**utyl - 2*H* - inden - 4 - yl) - 11 - iod - 14 - (4 - **m**ethoxy - 3 - methylamino - methyl - 2 - pentylthio - 1,5 - dioxa - 8 - thia - 3 - azanonyl) - 22 - **m**ethyl - 17 - (3 - **m**ethyl - 3 - **c**yclopentenyl) - 9 - **n**itro - 19 - **p**henyl - 23*H* - biphenyleno[2′,1′:4,5] - benzo[1,2,3-hi]cyclohepta[uv]hexacen

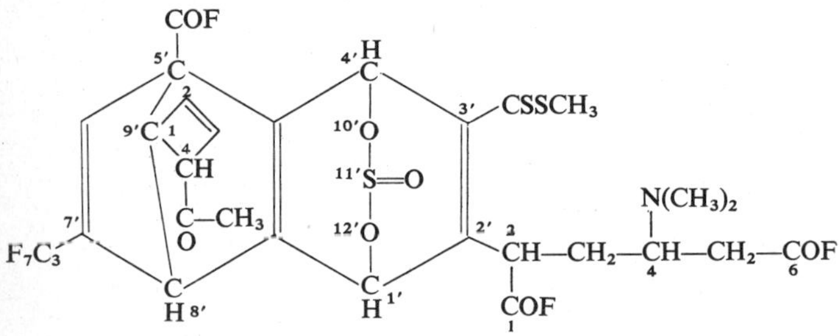

Ranghöchste funktionelle Gruppe: —COF ≡ -oylfluorid oder -carbonylfluorid. Da die C_6-Seitenkette zwei dieser Gruppen enthält, dient sie als Basis der Benennung: . . . hexandioyldifluorid. Bei dem großen cyclischen Substituenten handelt es sich um einen substituierten *Spirocyclus*, der aus einer Cyclobuten-Komponente und einem hydrierten verbrückten Naphthalin-System zusammengesetzt ist: Spiro[2-cyclobuten-1,9′-[1,4,5,8] tetrahydro-1,4-(epoxysulfinyloxy)-5,8-methano-naphthalin]-2′-yl.
Unter alphabetischer Berücksichtigung der Substituenten ergibt sich nun der Gesamtname wie folgt:

> 2 - {4 - **A**cetyl - 5′ - **f**luorformyl - 3′ - (**m**ethylthio)thiocarbonyl - 7′ - **p**erfluorpropyl - spiro[2 - **c**yclobuten - 1,9′ - [1,4,5,8]**t**etrahydro - 1,4 - (epoxysulfinyloxy) - 5,8 - methano - naphthalin] - 2′ - yl} - 4 - **d**imethylaminohexandioyldifluorid.

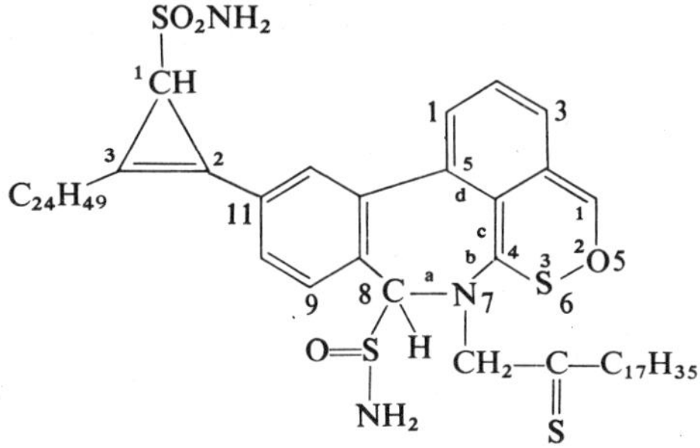

Ranghöchste Gruppe als *Suffix:* —SO_2NH_2 ≡ . . . -sulfonamid. Damit muß der *Cyclopropan-Ring* Ausgangspunkt der Benennung sein, obwohl wesentlich größere Ring- und auch Ketten-Systeme vorhanden sind.
Der kondensierte cyclische Substituent ist aus zwei Komponenten zusammengesetzt:

a) [2]Benzazepin b) [2,3]Benzoxathiin

Das kondensierte System heißt dann:

[2,3]Benzoxathiino[4,5-cd][2]benzazepin

Für die gesamte Verbindung resultiert dann der Name:

2-[7,8-Dihydro-8-sulfinamoyl-7-(2-thioxononadecyl)-[2,3]benzoxathiino-[4,5-cd][2]benzazepin-11-yl]-3-tetracosyl-2-cyclopropensulfonamid

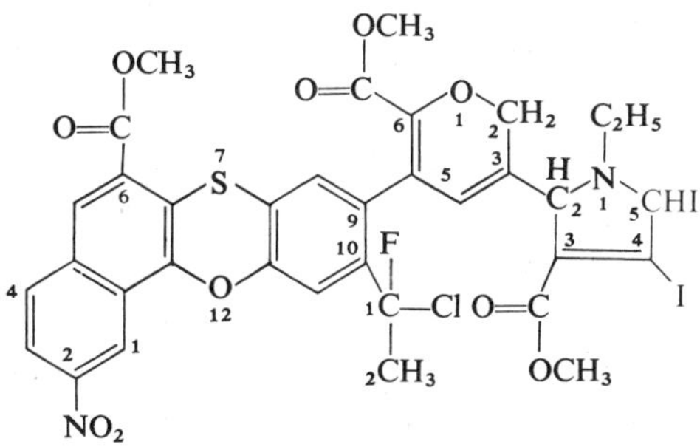

Es liegen *drei cyclische Komponenten* vor, die über Einfachbindungen verknüpft sind. Da die *ranghöchste Gruppe* (—$COOCH_3$ ≡ Methoxycarbonyl bzw. Methyl . . . carboxylat bzw. . . . carbonsäuremethylester) in allen drei Komponenten vorkommt, muß das ranghöchste Ringsystem über die Basis der Benamung entscheiden. Da ein Stickstoff-Cyclus immer ranghöher als jeder andere Hetero- oder Isocyclus ist, muß man die obige Verbindung als *Pyrrol-Derivat* behandeln.

Stammsystem: 3-Pyrrolin. *Direkte Substituenten*: Ethyl; Iod; 2*H*-Pyran-3-yl; Estergruppe als Suffix. *Substituenten des cyclischen Substituenten*: Methoxycarbonyl; Benzo[a]phenoxathiin-9-yl. *Substituenten des letzteren Systems*: 1-Chlor-1-fluorethyl; Nitro; Methoxycarbonyl.

Setzt man diese Teile jetzt zusammen, erhält man:

1 - Ethyl - 2 - {5 - [10 - (1 - chlor - 1 - fluorethyl) - 6 - methoxycarbonyl - 2 - nitro - benzo[a]phenoxathiin - 9 - yl] - 6 - methoxycarbonyl - 2*H* - pyran - 3 - yl} - 4,5 - diiod - 3 - pyrrolin - 3 - carbonsäuremethylester.

Da der Verbindungsname so lang ist empfiehlt sich hier die sonst übliche Esterbezeichnung „Methyl-Verbindungsname-carboxylat" nicht.

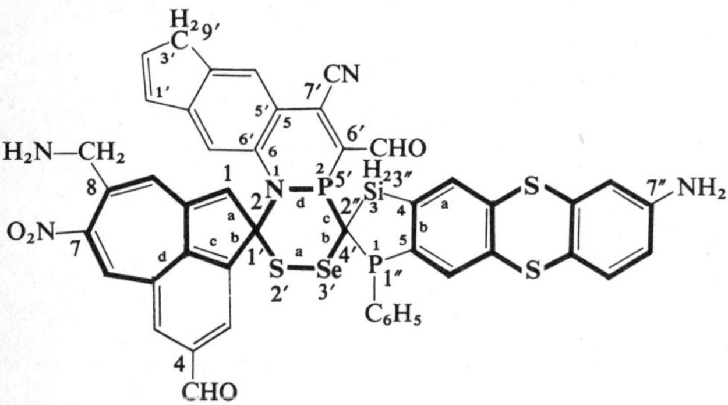

Terminale Komponenten des Dispiro-Systems:
2*H*-Benz[c,d]azulen; 1*H*-1,3-Phosphasilolo[4,5-b]thianthren

Mittlere Komponente:
[9*H*]Indeno[5′,6′:5,6][1,2]azaphosphinino[2,1-d][1,2,5,4]thiaselenaza-phosphinan

Unsubstituiertes Grundgerüst:
Dispiro[2*H*-benz[c,d]azulen-2,1′-[9*H*]indeno[5′,6′:5,6][1,2]azaphosphin-ino[2,1-d][1,2,5,4]thiaselenazaphosphinan-4′,2″(3″*H*)-[1*H*][1,3]phospha-silolo[4,5-b]thianthren]

Unter Einbeziehung der Substituenten erhält man, wenn man wieder die ranghöchste Gruppe (—CN ≡ carbonitril) als Suffix verwendet:

7″ - Amino - 8 - aminomethyl - 4,6′ - diformyl - 7 - nitro - 1″ - phenyl - dispiro[2*H* - benz[c,d]azulen - 2,1′ - [9*H*]indeno[5′,6′:5,6][1,2]azaphosphinino[2,1 - d][1,2,5,4] - thiaselenazaphosphinan - 4′,2″(3″*H*) - [1*H*][1,3]phosphasilolo[4,5 - b]thianthren] - 7′ - carbonitril

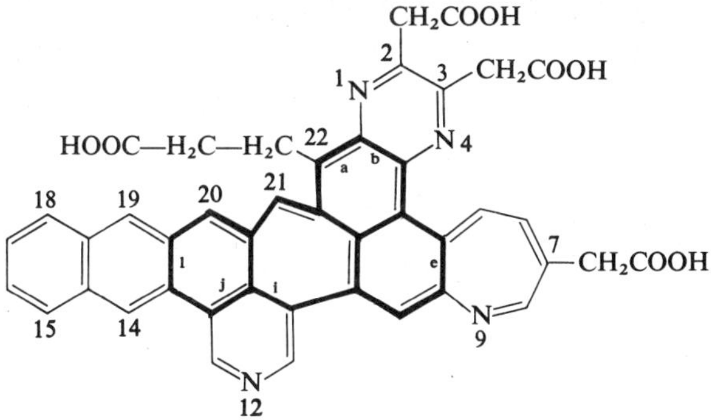

Hier wendet man für das kondensierte Gerüst zweckmäßigerweise die *„a"-Nomenklatur* an. Für die Substituenten empfiehlt sich die konjunktive Benennungsweise.

Stammkohlenwasserstoff: *Pleiaden*

Kondensiertes Gerüst mit Heteropräfixen: 1,4,9,12-Tetraaza-di**b**enzo-[b,ij]**c**yclohepta[e]**n**aphtho[2,3-l]pleiaden

Vollständige Verbindung:

22-Carboxyethyl - 1,4,9,12 - tetraaza - dibenzo[b,ij]cyclohepta[e]naphtho[2,3 - l] - pleiaden - 2,3,7 - triessigsäure

Mit der substitutiven Nomenklatur erhält man den folgenden Namen:

3 - [2,3,7 - Tris - (carboxymethyl) - 1,4,9,12 - tetraaza - dibenzo[b,ij]cyclohepta[e] - naphtho[2,3-l]pleiaden-22-yl]-propionsäure

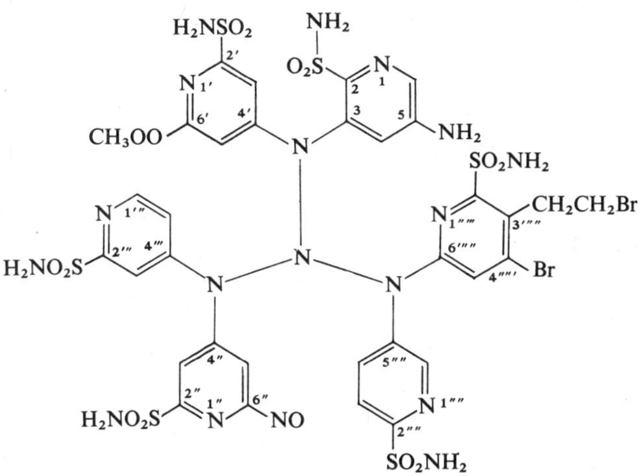

Für diese Verbindung kann man die Spezialnomenklatur für *Verbände identischer Einheiten* verwerten.

Gerüst: 3,4′,4″,4‴,5⁗,6′′′′′-Nitrilotrinitrilohexa-2-pyridinsulfonamid

Mit den Substituenten erhält man dann:

5-Amino-4′′′′′-brom-3′′′′′-(2-bromethyl)-6′-methyldioxy-6″-nitroso-3,4′,4″, 4‴,5⁗,6′′′′′-nitrilotrinitrilohexa-2-pyridinsulfonamid

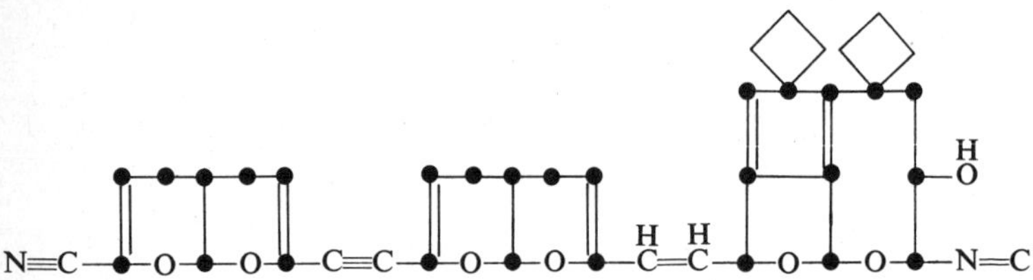

9-[⟨9-{2-(10′-Hydroxy-11′-isocyano-dispiro[cyclobutan-1,6′-[2,12]-dioxatricyclo[5.5.1.$0^{4,13}$]trideca-4,7(13)-dien-8′,1″-cyclobutan]-3′-yl)-vinyl}-2,10-dioxabicyclo[4.4.0]deca-3,8-dien-3-yl⟩-ethinyl]-2,10-dioxa-bicyclo[4.4.0]deca-3,8-dien-3-carbonitril

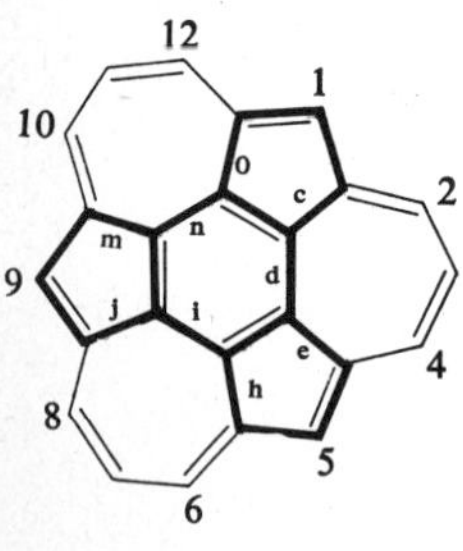

Dieses letzte Beispiel einer noch nicht bekannten, aber aus verschiedenen Gründen sehr interessanten Verbindung[2] soll zeigen, daß es in gewissen Fällen durchaus angebracht sein kann, auch andere als die in Tabelle 1 (S. 13–15) zur Beibehaltung empfohlenen Trivialnamen zu verwenden. Würde man hier nur die zentrale Benzoleinheit trivial benennen müßte man zunächst ein Grundgerüst zusammensetzen, an das dann die restlichen Strukturelemente zu kondensieren wären.

---

[2] *D. Hellwinkel*: Chemiker Zeitung, **94**, 715 (1970).

Grundgerüst: Benzotriscyclohepten. Mit ankondensierten Fünf-Ringen:

Triscyclopenta[efg,lmn,stu]benzotriscyclohepten

Einfacher wird die Benennung jedoch, wenn man den im Ring-Index empfohlenen Trivialnamen 1*H-Trinden* für das 1*H*-Cyclopenta[e]-*as*-indacen verwendet und daran die drei Cyclohepten-Einheiten kondensiert:

Triscyclohepta[cde,hij,mno]trinden

4. Anhang I: Tabellen beizubehaltender Trivialnamen (und Semitrivialnamen)

Bereits in Teil 1 dieses Buches sind größere Serien beizubehaltender Trivialnamen in Tabellenform zusammengestellt worden (Kondensierte Polycyclen: Tabelle 1, S. 13–17; Heterocyclen: Tabellen 2 und 3, S. 37–43). Für die zahlreichen Trivialnamen der funktionellen Verbindungsklassen des Teils 2 hat es sich als zweckmäßiger erwiesen, diese nicht direkt in den Text einzuarbeiten, sondern sie in einem Tabellenanhang zu vereinen. Auch spezielle Kohlenwasserstoff-Systeme wie Terpene und Steroide, deren Nomenklatur weitestgehend von Trivialbezeichnungen beherrscht wird, sind in diesen Anhang aufgenommen.

Tabelle 12 *Cyclische Terpen-Kohlenwasserstoffe*[a]

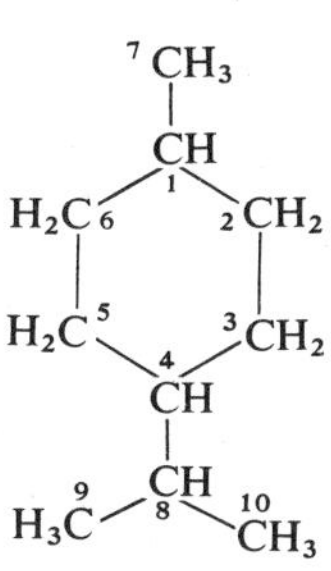

*o,m,**p**-Menthan*[b]

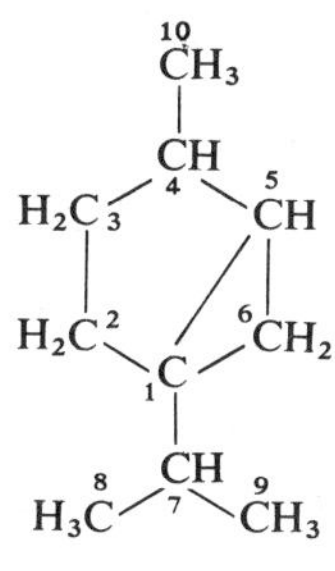

Thujan[c]

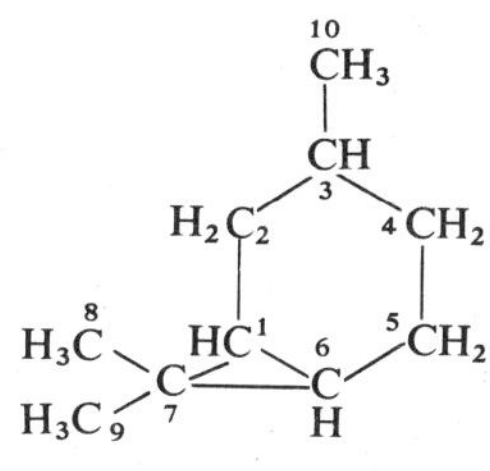

Caran[d]

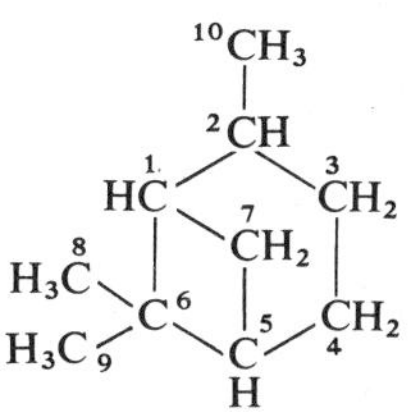

Pinan[d]

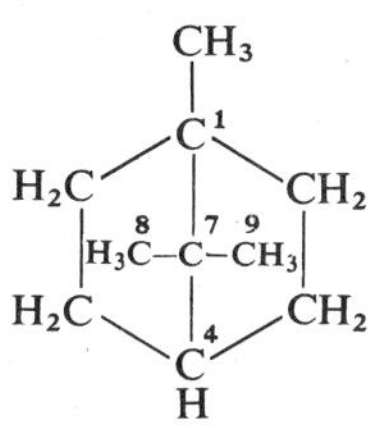

Bornan[d]

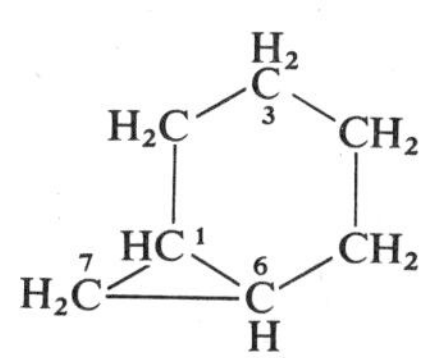

Norcaran

Tabelle 12 (Fortsetzung)

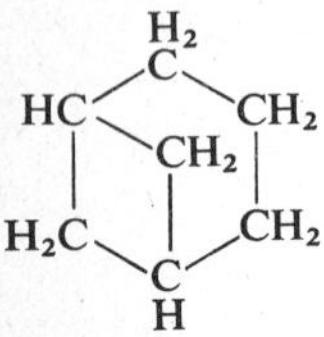

Norpinan

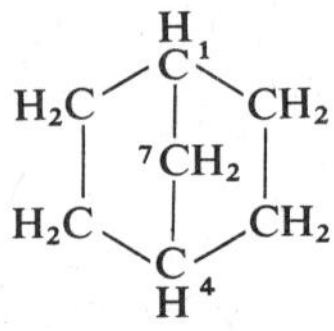

Norbornan

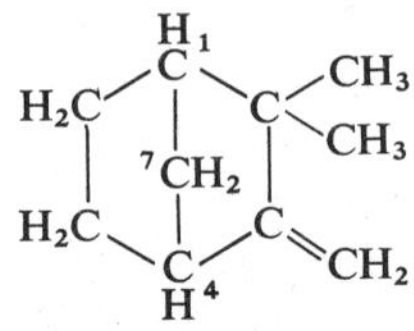

Camphen[b]

[a] Acyclische Terpene und Terpene vom Tetramethylcyclohexan-Typ werden systematisch benannt. Ungesättigte Derivate der obigen Trivial-Systeme werden wie üblich benannt, z.B.: 3-p-Menthen, 2,5-Norbornadien.
[b] Sind weitere Alkylgruppen vorhanden, benennt man systematisch.
[c] Sind weitere Methyl- oder Isopropyl-Seitenketten (bzw. Methylengruppen, wenn schon eine solche vorliegt) vorhanden, benennt man systematisch. Sonstige Substitutionsprodukte werden auf die Trivialnamen bezogen.
[d] Sind zusätzliche Seitenketten vorhanden (mit Ausnahme von Methyl bzw. Methylen, wenn schon eine Methylengruppe vorliegt), benennt man auf der Grundlage der vorliegenden Trivialnamen. Sonstige Derivate dieser Gerüste werden als *Norcaran*, *Norpinan* bzw. *Norbornan*-Abkömmlinge behandelt.

Tabelle 13 *Steroide*

Einzelheiten der sehr speziellen Steroidnomenklatur müssen den Originalregeln entnommen werden [Pure and Applied Chemistry, **31**, 285 (1972)]. Hier können nur die fundamentalen Verbindungstypen und die elementarsten Regeln gegeben werden. (Siehe auch l. c[5] auf Seite 4).

Fundamentale Typen

Das folgende Schema gibt die Bezifferungsregelungen, die auch für das voll ungesättigte Grundgerüst gültig sind.

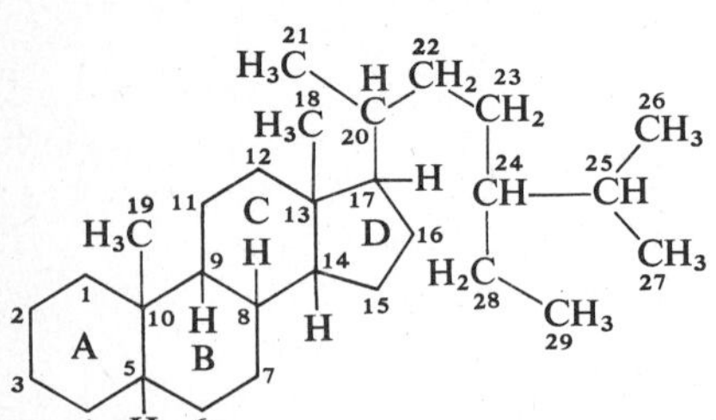

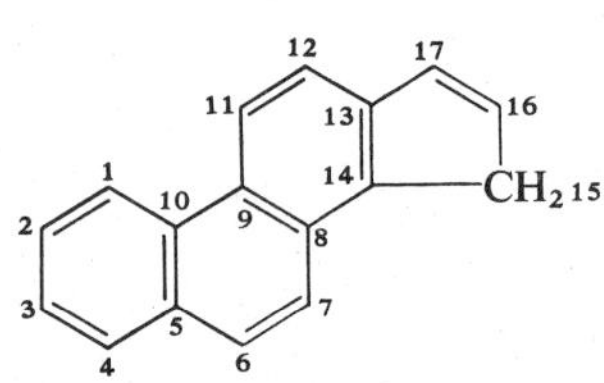

15*H*-Cyclopenta[a]phenanthren

Tabelle 13 (Fortsetzung)

Gruppen, die aus der Projektionsebene herausragen, werden mit verdickten Bindungen und der Chiffre β gekennzeichnet; Gruppen, die hinter der Projektionsebene liegen, erhalten gestrichelte Bindungen und die Chiffre α.

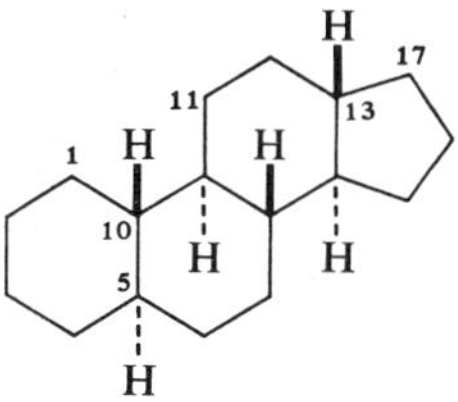

5α-*Gonan*

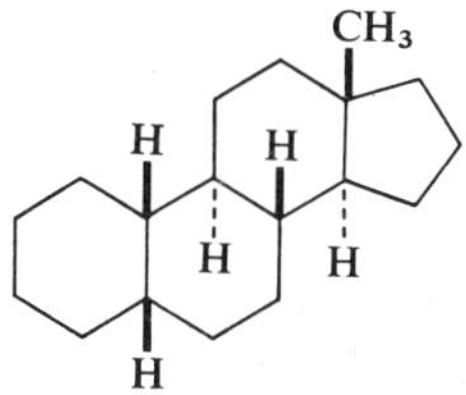

5β-*Ö(E)stran*

Will oder kann man die sterische Position einer Gruppe nicht präzisieren, verwendet man gewellte Bindungen und den Buchstaben ξ.

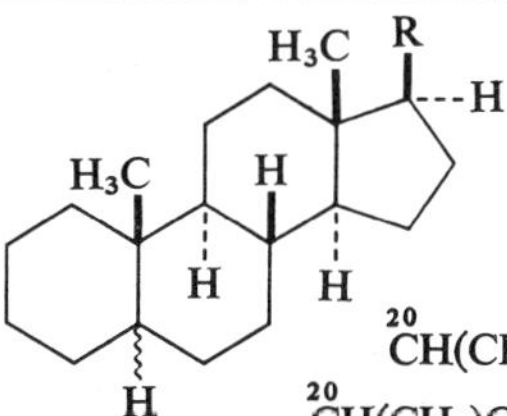

R	Trivialname
H	5ξ-*Androstan*
$\overset{20}{C}_2\overset{21}{H}_5$	5ξ-*Pregnan*
$\overset{20}{C}H(CH_3)CH_2CH_2CH_3$	5ξ-*Cholan*[a]
$\overset{20}{C}H(CH_3)CH_2CH_2CH_2CH(CH_3)_2$	5ξ-*Cholestan*[a]
$\overset{20}{C}H(CH_3)CH_2CH_2\overset{24}{C}H(CH_3)CH(CH_3)_2$	5ξ-*Ergostan*[a, b]
$\overset{20}{C}H(CH_3)CH_2CH_2\overset{24}{C}H(C_2H_5)CH(CH_3)_2$	5ξ-*Stigmastan*[a, c]

[a]20R-, [b]24S-, [c]24R-Konfiguration.

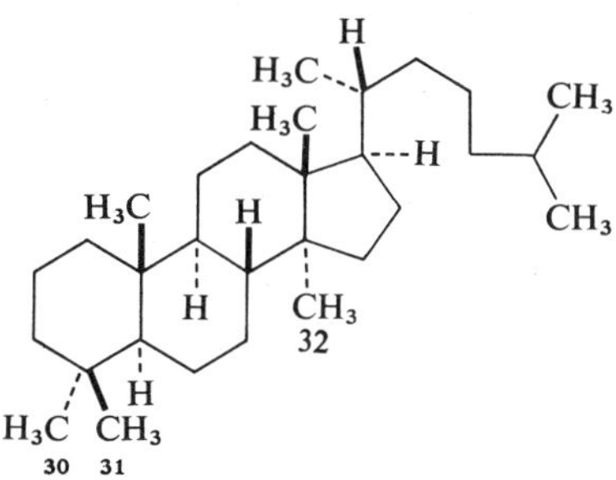

5α-*Lanostan*

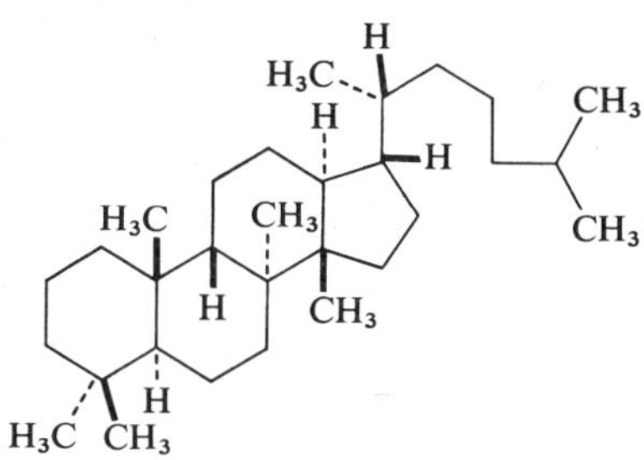

5α-*Protostan*

Tabelle 13 (Fortsetzung)

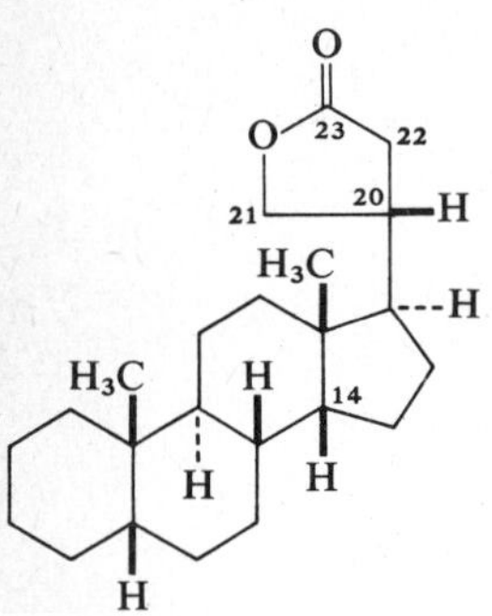

5β,14β-*Cardanolid*

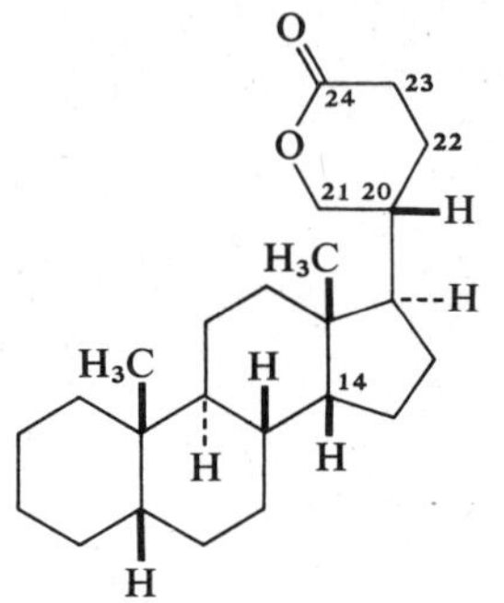

5β,14β-*Bufanolid*

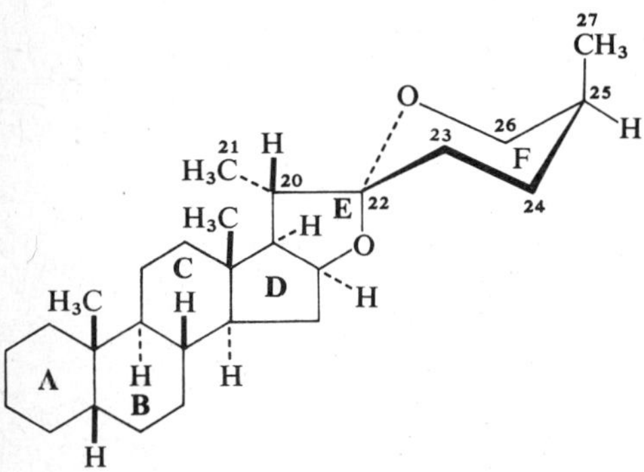

(25S)-5β-*Spirostan*

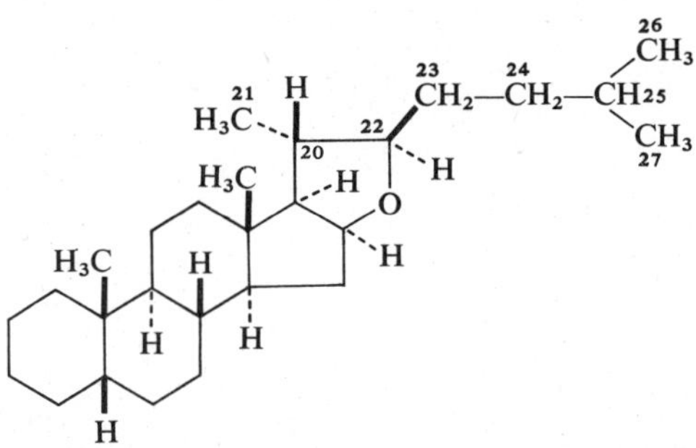

(22R)-5β-*Furostan*

Tabelle 13 (Fortsetzung)

Ungesättigte und substituierte Derivate dieser Grundtypen werden gemäß den allgemeinen Regeln der organisch-chemischen Nomenklatur behandelt. Im folgenden sind diesbezügliche Beispiele gegeben, für die aber außerdem volle Trivialnamen beibehalten werden.

Trivialname	Semisystematischer Name
Aldosteron	18,11-Halbacetal des 11β,21-Dihydroxy-3,20-dioxo-4-pregnen-18-al
Androsteron	3α-Hydroxy-5α-androstan-17-on
Cholecalciferol	9,10-Seco-5,7,10(19)-cholestatrien-3β-ol
Cholester(in, ol)	5-Cholesten-3β-ol
Cholsäure	3α,7α,12α-Trihydroxy-5β-cholan-24-säure
Corticosteron	11β,21-Dihydroxy-4-pregnen-3,20-dion
Cortisol	11β,17,21-Trihydroxy-4-pregnen-3,20-dion
Cortison	17,21-Dihydroxy-4-pregnen-3,11,20-trion
De(s)oxycorticosteron	21-Hydroxy-4-pregnen-3,20-dion
Ergocalciferol	9,10-Seco-5,7,10(19),22-ergostatetraen-3β-ol
Ergoster(in, ol)	5,7,22-Ergostatrien-3β-ol
Ö(E)stradiol-17α	1,3,5 (10)-Ö(E)stratrien-3,17α-diol
Ö(E)striol	1,3,5(10)-Ö(E)stratrien-3,16α,17β-triol
Ö(E)stron	3-Hydroxy-1,3,5(10)-ö(e)stratrien-17-on
Lanoster(in, ol)	8,24-Lanostadien-3β-ol
Lithocholsäure	3α-Hydroxy-5β-cholan-24-säure
Progesteron	4-Pregnen-3,20-dion
Testosteron	17β-Hydroxy-4-androsten-3-on

Modifizierte Typen

Zusätzliche Verknüpfung zweier C-Atome wird durch das Präfix *Cyclo*, das hinter die Platz- bzw. Stereochiffren gesetzt wird, charakterisiert.

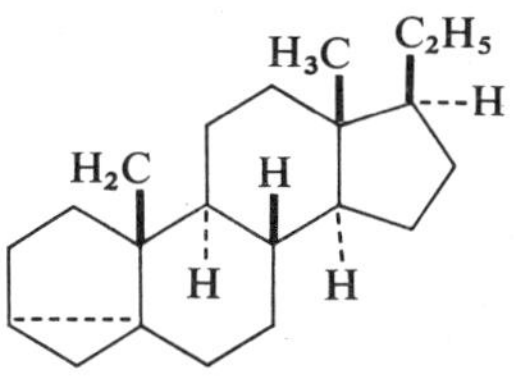

3α,5-Cyclo-5α-pregnan

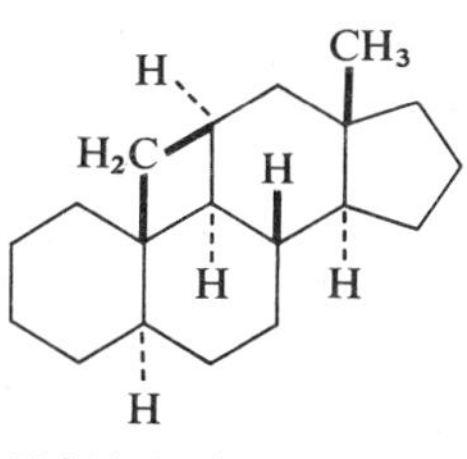

11β,19-Cyclo-5α-androstan

Tabelle 13 (Fortsetzung)

Ringspaltung wird entsprechend durch das Präfix *Seco* angemerkt.

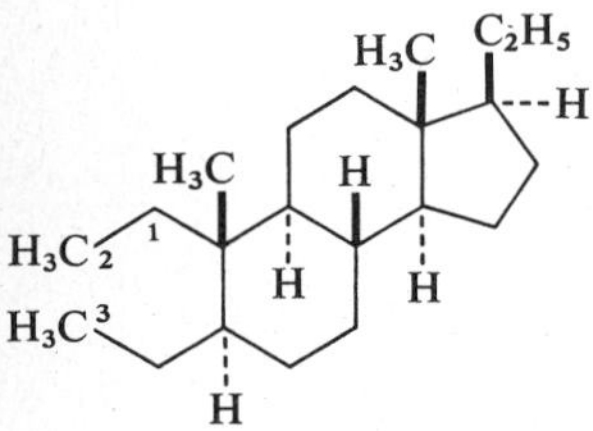

2,3-Seco-5α-pregnan

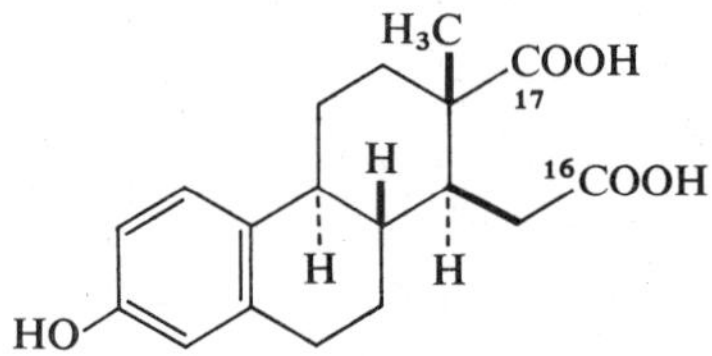

3-Hydroxy-16,17-seco-1,3,5(10)-ö(e)stratrien-16,17-disäure

Eliminierung einer >CH_2 Gruppe aus einer Seitenkette, oder einer Methylgruppe, wird durch das Präfix *Nor* hinter der entsprechenden wegfallenden Platzchiffre angezeigt.

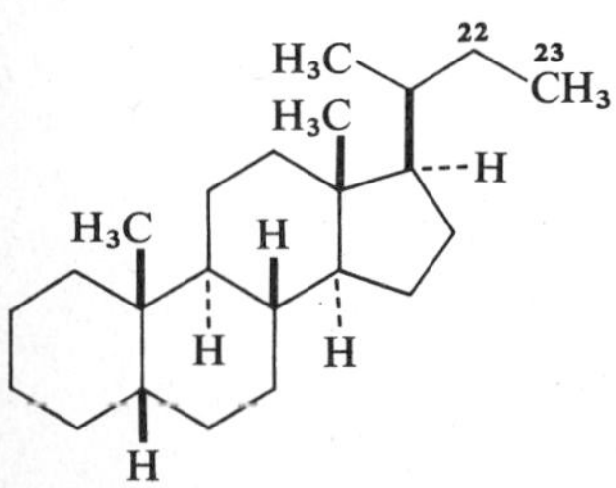

24-Nor-5β-cholan

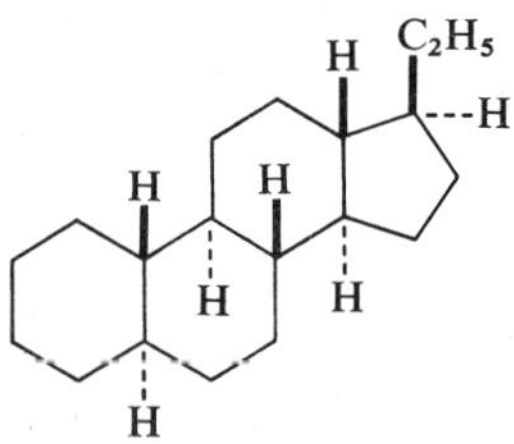

18,19-Dinor-5α-pregnan

Auch Ringkontraktion wird mit der Silbe *Nor* angegeben, während Ringexpansion mit dem Präfix *Homo* anzuzeigen ist. In beiden Fällen setzt man die Chiffre des entsprechenden betroffenen Rings *kursiv* voran. Die ursprüngliche Bezifferung bleibt erhalten; beim Nor-Derivat verschwindet die höchste Platzziffer des betroffenen Rings, beim Homo-Derivat wird die höchste Platzziffer um eine a,b usw.- Ziffer ergänzt.

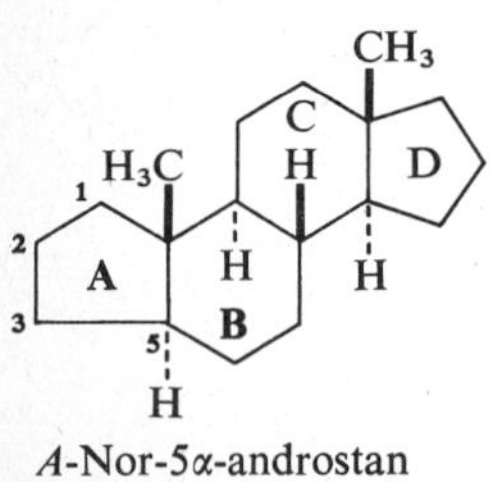

A-Nor-5α-androstan

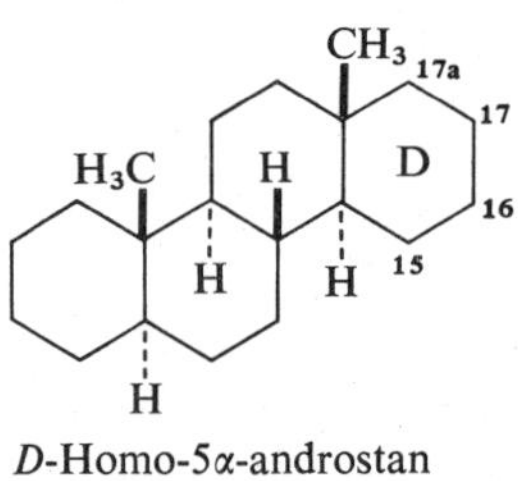

D-Homo-5α-androstan

Tabelle 13 (Fortsetzung)

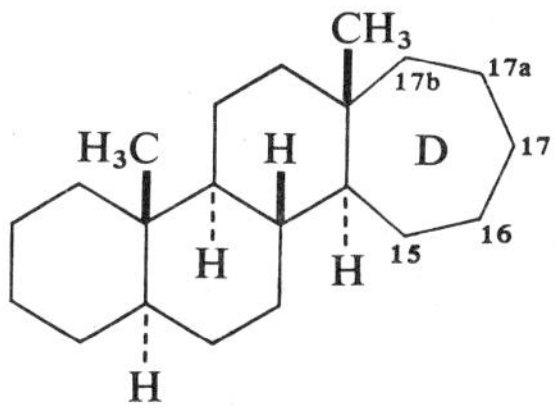

D-Dihomo-5α-androstan

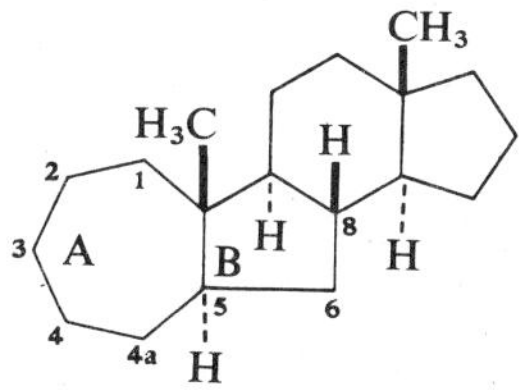

A-Homo-*B*-nor-5α-androstan

Heterocyclische Steroidanaloga werden nach den Regeln der Austauschnomenklatur („a"-Nomenklatur, siehe S. 44) behandelt.

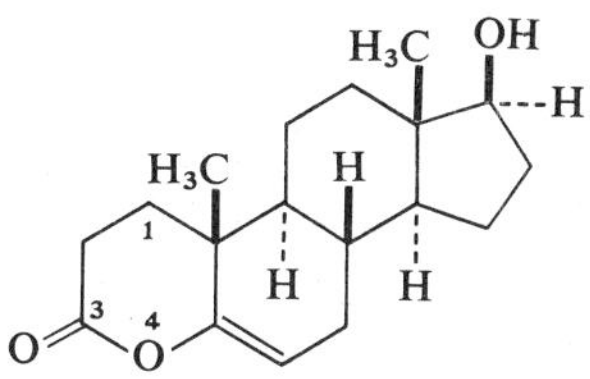

17β-Hydroxy-4-oxa-5-androsten-3-on

Tabelle 14 *Carbonsäuren und ihre Radikale*

Name der Säure[a]	Name des Radikals	Formel
Gesättigte aliphatische Carbonsäuren (Vollständige Liste)		
Ameisensäure (*Formic acid*)	Formyl	HCO—
Essigsäure (*Acetic acid*)	Acetyl	H_3C—CO—
Propionsäure	Propionyl	H_3C—CH_2—CO—
Buttersäure (*Butyric acid*)	Butyryl	H_3C—$(CH_2)_2$—CO—
Isobuttersäure[b] (*Isobutyric acid*)	Isobutyryl	$(H_3C)_2CH$—CO—
Valeriansäure (*Valeric acid*)	Valeryl	H_3C—$(CH_2)_3$—CO—
Isovaleriansäure[b]	Isovaleryl	$(H_3C)_2CH$—CH_2—CO—
Pivalinsäure[b]	Pivaloyl	$(H_3C)_3C$—CO—

Tabelle 14 (Fortsetzung)

Name der Säure[a]	Name des Radikals	Formel
Laurinsäure[b]	Lauroyl	$H_3C—(CH_2)_{10}—CO—$
Myristinsäure[b]	Myristoyl	$H_3C—(CH_2)_{12}—CO—$
Palmitinsäure[b]	Palmitoyl	$H_3C—(CH_2)_{14}—CO—$
Stearinsäure[b]	Stearoyl	$H_3C—(CH_2)_{16}—CO—$
Gesättigte aliphatische Dicarbonsäuren (Unvollständige Liste)		
Oxalsäure	Oxalyl	$—CO—CO—$
Malonsäure	Malonyl	$—CO—CH_2—CO—$
Bernsteinsäure (*Succinic acid*)	Succinyl	$—CO—(CH_2)_2—CO—$
Glutarsäure	Glutaryl	$—CO—(CH_2)_3—CO—$
Adipinsäure	Adipoyl	$—CO—(CH_2)_4—CO—$
Pimelinsäure[b]	Pimeloyl	$—CO—(CH_2)_5—CO—$
Korksäure[b] (*Suberic acid*)	Suberoyl	$—CO—(CH_2)_6—CO—$
Azelainsäure[b]	Azelaoyl	$—CO—(CH_2)_7—CO—$
Sebacinsäure[b]	Sebazoyl	$—CO—(CH_2)_8—CO—$
Ungesättigte aliphatische Carbonsäuren (Unvollständige Liste)		
Acrylsäure	Acryloyl	$H_2C{=}CH—CO—$
Propiolsäure	Propioloyl	$HC{\equiv}C—CO—$
Methacrylsäure	Methacryloyl	$H_2C{=}C(CH_3)—CO—$
Crotonsäure (trans)	Crotonoyl	$H_3C—CH{=}CH—CO—$
Isocrotonsäure (cis)	Isocrotonoyl	
Ölsäure (cis) (*Oleic acid*)	Oleoyl	$CH—(CH_2)_7—CH_3$ ‖ $CH—(CH_2)_7—CO—$
Elaidinsäure (trans)	Elaidoyl	
Maleinsäure (cis)	Maleoyl	$—CO—CH{=}CH—CO—$
Fumarsäure (trans)	Fumaroyl	
Muconsäure	Muconoyl	$—CO—CH{=}CH—CH{=}CH—CO—$
Citraconsäure (cis)[b]	Citraconoyl	$—CO—C(CH_3){=}CH—CO—$
Mesaconsäure (trans)[b]	Mesaconoyl	
Cyclische Carbonsäuren (Unvollständige Liste)		
Camphersäure (*Camphoric acid*)	Camphoroyl	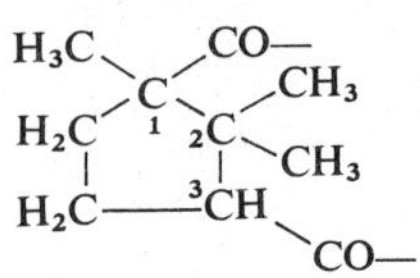
Benzoesäure	Benzoyl	$C_6H_5—CO—$

Tabelle 14 (Fortsetzung)

Name der Säure[a]	Name des Radikals	Formel
Phthalsäure (o)	Phthaloyl	$C_6H_4(CO—)_2$
(*Iso,Tere*)*phthalsäure* (m,p)	(Iso,Tere)phthaloyl	
Naphthoesäure	Naphthoyl	$C_{10}H_7—CO—$
Toluylsäure (o,m,p)	Toluoyl	$H_3C—C_6H_4—CO—$
Hydratropasäure	Hydratropoyl	$C_6H_5—CH(CH_3)—CO—$
Atropasäure	Atropoyl	$C_6H_5—C(=CH_2)—CO—$
Zimtsäure (*Cinnamic acid*)	Cinnamoyl	$C_6H_5—CH=CH—CO—$
Nicotinsäure	Nicotinoyl	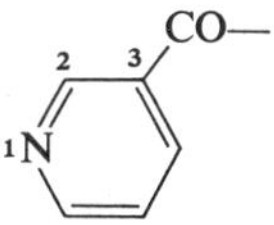
Isonicotinsäure	Isonicotinoyl	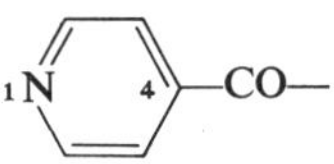

Peroxysäuren

Perameisensäure (*Performic acid*)	—	HC(O)OOH
Peressigsäure (*Peracetic acid*)	—	$H_3C—C(O)OOH$
Perbenzoesäure	—	$C_6H_5—C(O)OOH$

[a] Vollständige englische Namen sind nur angegeben, wenn sie sehr stark von den im Deutschen gebräuchlichen Begriffen abweichen. Ansonsten enden alle Säuren im Englischen auf ... *ic acid*, wobei die Silbe ... *ic* entweder direkt an den deutschen Namen angehängt werden kann (Oxalsäure → Oxalic acid) oder durch Umformung der Endsilben ... *in* (Pivalinsäure → Pivalic acid), ... *oe* (Benzoesäure → Benzoic acid), ... *yl* (Toluylsäure → Toluic acid) und ... *a* (Atropasäure → Atropic acid) entsteht.

[b] C-Substitutionsprodukte dieser Säuren sollten systematisch benannt werden.

Tabelle 15 *Hydroxy- und Alkoxycarbonsäuren* (*Unvollständige Liste*)

Name der Säure[a]	Name des Radikals	Formel
Glykolsäure	Glykoloyl	HO—CH_2—CO—
Milchsäure (*Lactic acid*)	Lactoyl	H_3C—CH(OH)—CO—
Glycerinsäure	Glyceroyl	HO—CH_2—CH(OH)—CO—
Tartronsäure	Tartronoyl	—CO—CH(OH)—CO—
Äpfelsäure (*Malic acid*)	Maloyl	—CO—CH_2—CH(OH)—CO—
Tropasäure	Tropoyl	C_6H_5—CH(CH_2OH)—CO—
Benzilsäure	Benziloyl	$(C_6H_5)_2$C(OH)—CO—
Mandelsäure	Mandeloyl	C_6H_5—CH(OH)—CO—
Salicylsäure	Salicyloyl	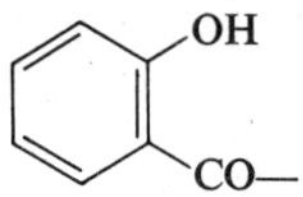
Anissäure	Anisoyl	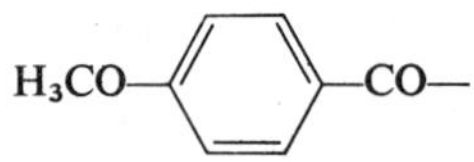
Vanillinsäure	Vanilloyl	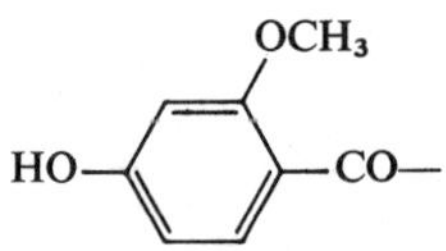
Veratrumsäure	Veratroyl	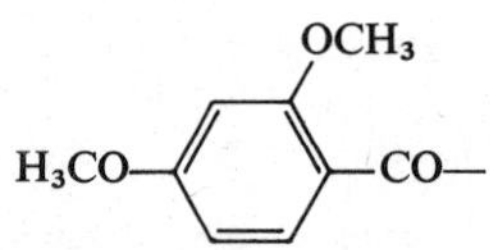
Piperonylsäure	Piperonyloyl	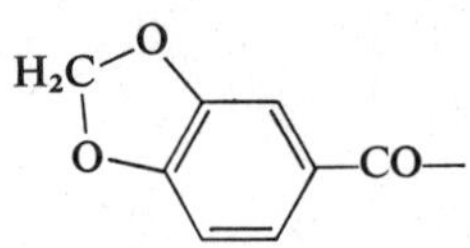
Protocatechusäure	Protocatechuoyl	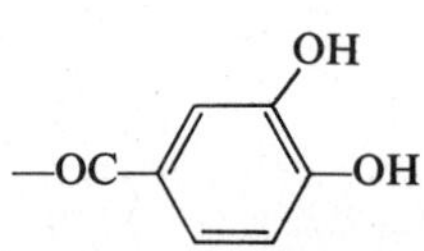

Tabelle 15 (Fortsetzung)

Name der Säure[a]	Name des Radikals	Formel
Gallussäure	Galloyl	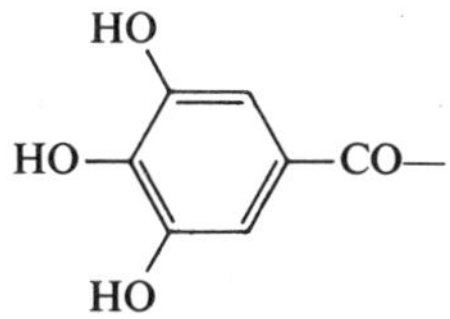
Citronensäure		$-CO-CH_2-C(OH)-CH_2-CO-$ $\quad\quad\quad\quad\quad\quad \vert$ $\quad\quad\quad\quad\quad\quad CO-$
Mevalonsäure		$HO-CH_2-CH_2-C(CH_3)-CH_2-CO-$ $\quad\quad\quad\quad\quad\quad\quad\quad \vert$ $\quad\quad\quad\quad\quad\quad\quad\quad OH$

[a] Fußnote [a] der Tabelle 14 gilt entsprechend.

Tabelle 16 *Oxocarbonsäuren*

Name der Säure[a]	Name des Radikals	Formel
Glyoxylsäure	Glyoxyloyl	$OHC-CO-$
Brenztraubensäure (*Pyruvic acid*)	Pyruvoyl	$H_3C-CO-CO-$
Acetessigsäure (*Acetoacetic acid*)	Acetoacetyl	$H_3C-CO-CH_2-CO-$
Lävulinsäure		$H_3C-CO-CH_2-CH_2-CO-$
Mesoxalsäure	Mesoxalyl	$-CO-CO-CO-$
	Mesoxalo	$HOOC-CO-CO-$
Oxalessigsäure	Oxalacetyl	$-CO-CH_2-CO-CO-$
	Oxalaceto	$HOOC-CO-CH_2-CO-$

[a] Fußnote [a] der Tabelle 14 gilt entsprechend.

Tabelle 17 *Die wichtigsten α-Aminocarbonsäuren*

Aminosäure	Abkürzung[a]	Radikal	Formel
Alanin	Ala (A)	Alanyl	$H_3C—CH(NH_2)—CO—$
β-Alanin		β-Alanyl	$H_2N—CH_2—CH_2—CO—$
Arginin	Arg (R)	Arginyl	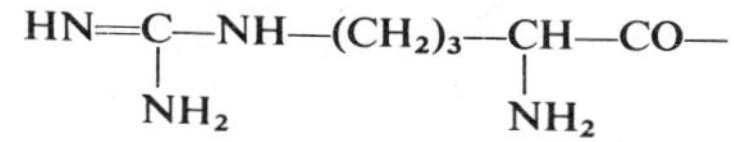
Cystathionin		Cystathionyl	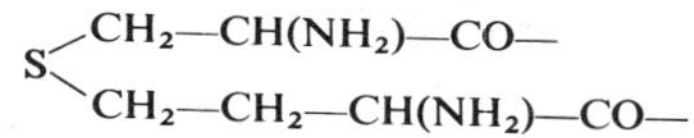
Cystein	Cys (C)	Cysteinyl	$HS—CH_2—CH(NH_2)—CO—$
Cystin		Cystyl	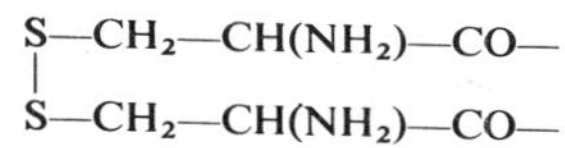
Glycin	Gly (G)	Glycyl	$H_2N—CH_2—CO—$
Histidin	His (H)	Histidyl	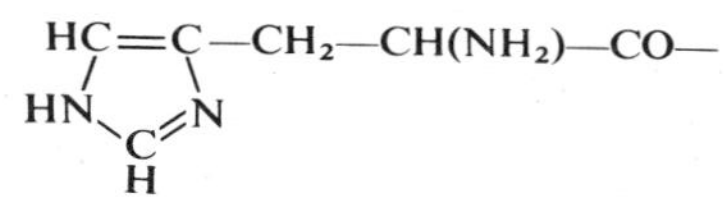
Homocystein		Homocysteinyl	$HS—CH_2—CH_2—CH(NH_2)—CO—$
Homoserin		Homoseryl	$HO—CH_2—CH_2—CH(NH_2)—CO—$
Isoleucin	Ile (I)	Isoleucyl	$C_2H_5—CH(CH_3)—CH(NH_2)—CO—$
Lanthionin		Lanthionyl	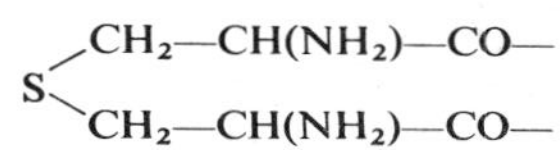

Leucin	Leu	(L)	Leucyl	$(CH_3)_2CH—CH_2—CH(NH_2)—CO—$
Lysin	Lys	(K)	Lysyl	$H_2N—(CH_2)_4—CH(NH_2)—CO—$
Methionin	Met	(M)	Methionyl	$H_3C—S—CH_2—CH_2—CH(NH_2)—CO—$
Norleucin			Norleucyl	$H_3C—(CH_2)_3—CH(NH_2)—CO—$
Norvalin			Norvalyl	$H_3C—(CH_2)_2—CH(NH_2)—CO—$
Ornithin			Ornithyl	$H_2N—(CH_2)_3—CH(NH_2)—CO—$
Phenylalanin	Phe	(F)	Phenylalanyl	$C_6H_5—CH_2—CH(NH_2)—CO—$
Prolin	Pro	(P)	Prolyl	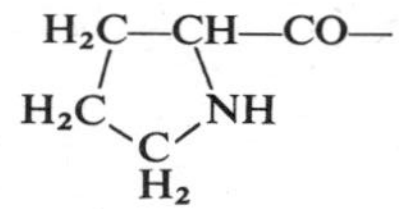
Sarcosin			Sarcosyl	$H_3C—NH—CH_2—CO—$
Serin	Ser	(S)	Seryl	$HO—CH_2—CH(NH_2)—CO—$
Threonin	Thr	(T)	Threonyl	$H_3C—CH(OH)—CH(NH_2)—CO—$
Tryptophan	Trp	(W)	Tryptophyl	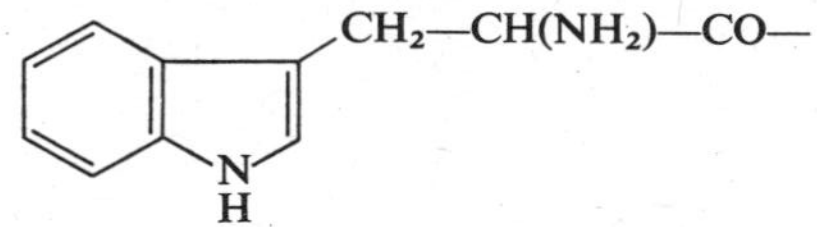
Thyronin			Thyronyl	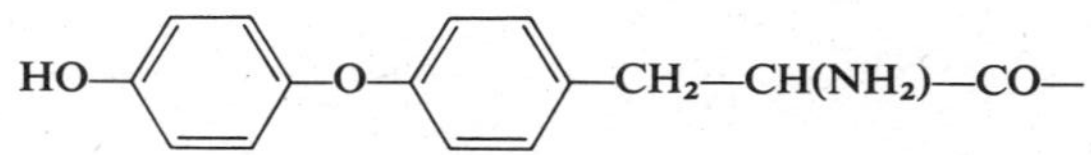
Tyrosin	Tyr	(Y)	Tyrosyl	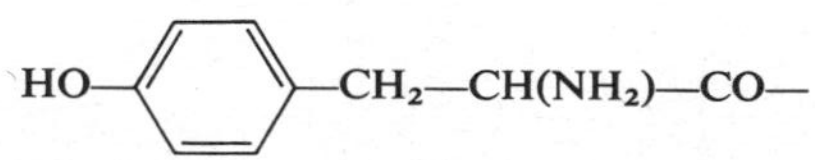
Valin	Val	(V)	Valyl	$(H_3C)_2CH—CH(NH_2)—CO—$
Asparaginsäure	Asp	(D)[b]	α-Aspartyl	$HOOC—CH_2—CH(NH_2)—CO—$
*(Aspartic acid)**			β-Aspartyl	$—CO—CH_2—CH(NH_2)—COOH$
			Aspartoyl	$—CO—CH_2—CH(NH_2)—CO—$

Tabelle 17 (Fortsetzung)

Aminosäure	Abkürzung[a]		Radikal	Formel
Asparagin	Asn	(N)[b]	Asparaginyl	$H_2N—CO—CH_2—CH(NH_2)—CO—$
Glutaminsäure	Glu	(E)[c]	α-Glutamyl	$HOOC—CH_2—CH_2—CH(NH_2)—CO—$
			γ-Glutamyl	$—CO—CH_2—CH_2—CH(NH_2)—COOH$
			Glutamoyl	$—CO—CH_2—CH_2—CH(NH_2)—CO—$
Glutamin	Gln	(Q)[c]	Glutaminyl	$H_2N—CO—CH_2—CH_2—CH(NH_2)—CO—$
Andere Aminosäuren und Amidsäuren				
Hippursäure			?	$C_6H_5—CO—NH—CH_2—COOH$
Anthranilsäure			?	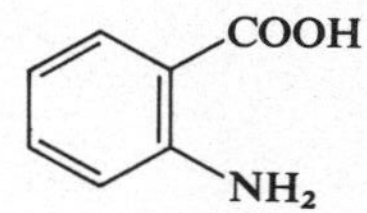
Carbaminsäure			Carbamoyl	$H_2N—CO—$
Carbazinsäure			Carbazoyl	$H_2N—NH—CO—$
Allophansäure			Allophanoyl	$H_2N—CO—NH—CO—$
Hydantoinsäure			—	$H_2N—CO—NH—CH_2—COOH$

* Fußnote [a] von Tabelle 14 gilt entsprechend.

[a] IUPAC-IUB Commission on Biochemical Nomenclature, Pure and Applied Chemistry **31**, 641 (1972). Die Drei-Buchstaben-Symbole sind für den normalen Gebrauch bestimmt; die Ein-Buchstaben-Symbole sollen nur in speziellen Fällen Anwendung finden, insbesondere wenn es die Platzfrage gebietet.

[b] Zusätzlich wird vorgeschlagen den Buchstaben B zu verwenden, wenn es nicht klar ist ob *Asparagin* oder *Asparaginsäure* vorliegt.

[c] Der Buchstabe Z wird verwendet, wenn nicht klar ist ob *Glutamin* oder *Glutaminsäure* vorliegt. Jede andere, unbekannte Aminosäure wird mit dem Buchstaben X angezeigt.

Tabelle 18 *Lactone und Lactame*

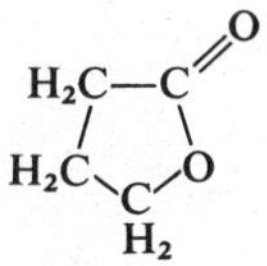

γ-Butyrolacton

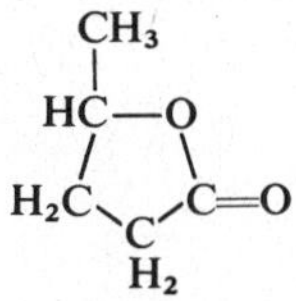

γ-Valerolacton

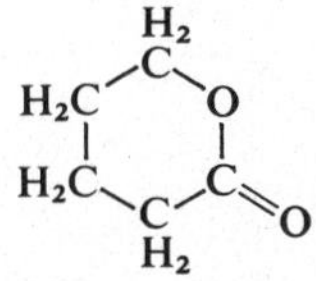

δ-Valerolacton

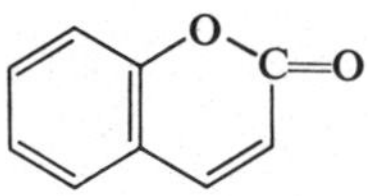

Cumarin

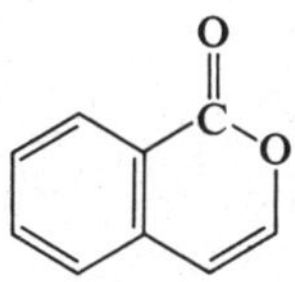

Isocumarin

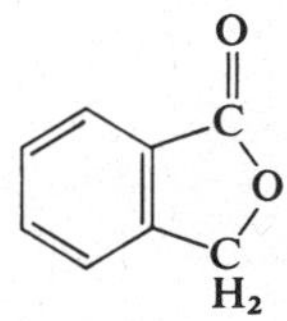

Phthalid

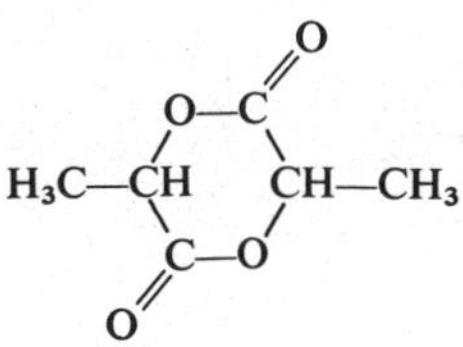

Dilactid

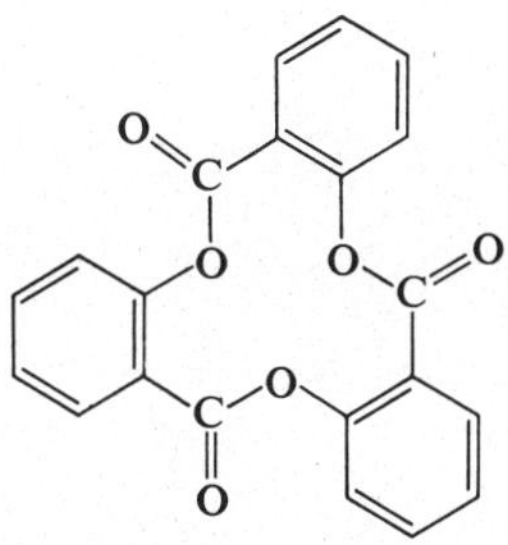

Trisalicylid

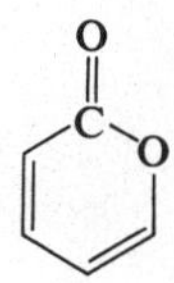

2-*Pyron* oder *α-Pyron*

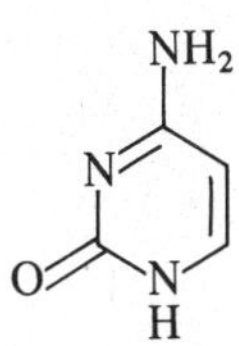

Cytosin (C)[a]

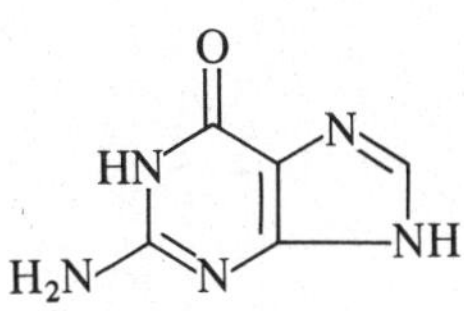

Guanin (G)[a]

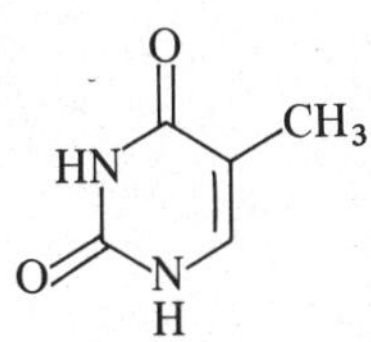

Thymin (T)[a]

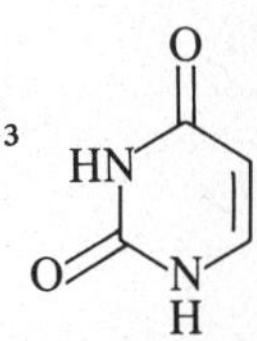

Uracil (U)[a]

[a] Abkürzungen, wie sie in Nucleinsäuren verwendet werden.

Tabelle 19 *Sulfonsäuren und entsprechende Radikale*

Sulfonsäure	Radikal	Formel
Sulfanilsäure	—	
Naphthionsäure	—	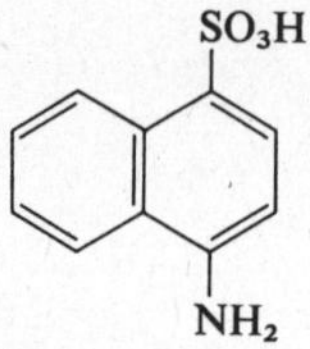
Taurin	*Tauryl*	$H_2N—CH_2—CH_2—SO_2—$
Methansulfonsäure	*Mesyl*	$H_3C—SO_2—$
p-*Toluolsulfonsäure*	*Tosyl*	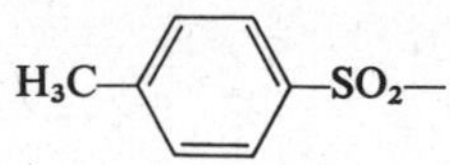

Tabelle 20 *Aldehyde*

Aldehyd	Formel
Formaldehyd	HCHO
Acetaldehyd	$H_3C—CHO$
Propionaldehyd	$H_3C—CH_2—CHO$
Butyraldehyd	$H_3C—CH_2—CH_2—CHO$
Isobutyraldehyd	$(H_3C)_2CH—CHO$
Valeraldehyd	$H_3C—CH_2—CH_2—CH_2—CHO$
Isovaleraldehyd	$(H_3C)_2CH—CH_2—CHO$
Acrylaldehyd oder *Acrolein*	$H_2C{=}CH—CHO$
Crotonaldehyd	$H_3C—CH{=}CH—CHO$
Benzaldehyd	$C_6H_5—CHO$
Zimtaldehyd (*Cinnamaldehyd*)[a]	$C_6H_5—CH{=}CH—CHO$
o,m,**p**-*Anisaldehyd*	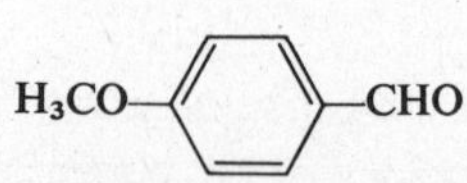

Tabelle 20 (Fortsetzung)

Aldehyd	Formel
Nicotinaldehyd	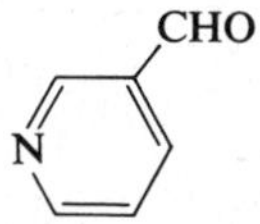
2-*Furaldehyd* oder *Furfural*	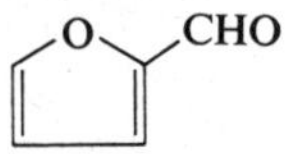
Glyceraldehyd	$HO{-}CH_2{-}CH(OH){-}CHO$
Glycolaldehyd	$HO{-}CH_2{-}CHO$
Citral	$(H_3C)_2C{=}CH{-}(CH_2)_2{-}C(CH_3){=}CH{-}CHO$
Vanillin	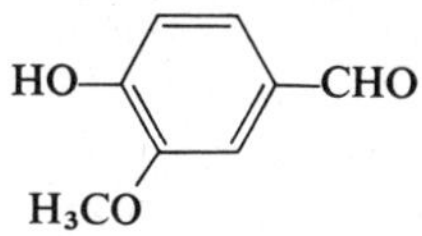
Piperonal	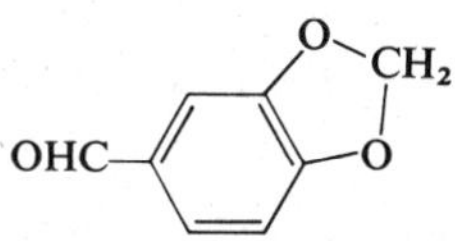
Glyoxal	$OHC{-}CHO$
Malonaldehyd	$OHC{-}CH_2{-}CHO$
Succinaldehyd	$OHC{-}(CH_2)_2{-}CHO$
Glutaraldehyd	$OHC{-}(CH_2)_3{-}CHO$
Adipaldehyd	$OHC{-}(CH_2)_4{-}CHO$
Phthalaldehyd	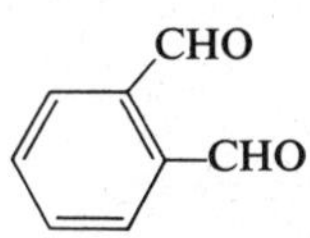
Isophthalaldehyd	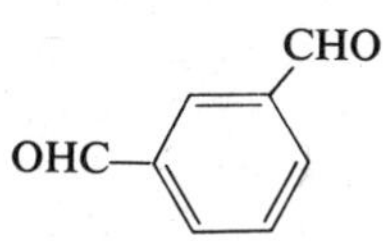
Terephthalaldehyd	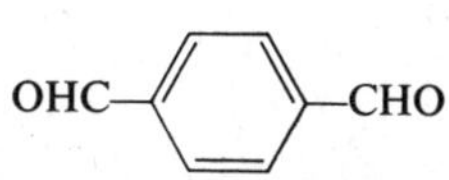

[a] Fußnote [a] von Tabelle 14 gilt sinngemäß.

Tabelle 21 *Ketone*

Keton	Formel
Aceton	$H_3C—CO—CH_3$
Propiophenon	$C_6H_5—CO—CH_2—CH_3$
Desoxybenzoin	$C_6H_5—CH_2—CO—C_6H_5$
Chalkon	$C_6H_5—CH{=}CH—CO—C_6H_5$
Biacetyl	$H_3C—CO—CO—CH_3$
Benzil	$C_6H_5—CO—CO—C_6H_5$
2,2'-*Furil*	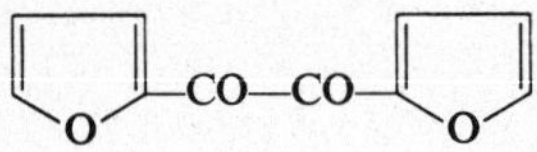
2,2'-*Furoin*	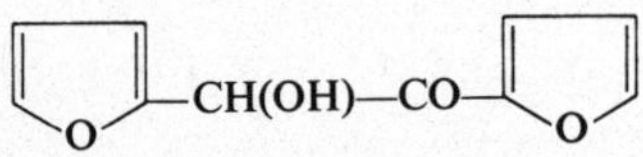
Acetoin	$H_3C—CH(OH)—CO—CH_3$
Benzoin	$C_6H_5—CH(OH)—CO—C_6H_5$
Anthron	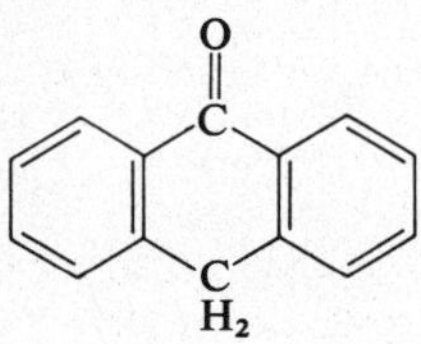
Phenanthron	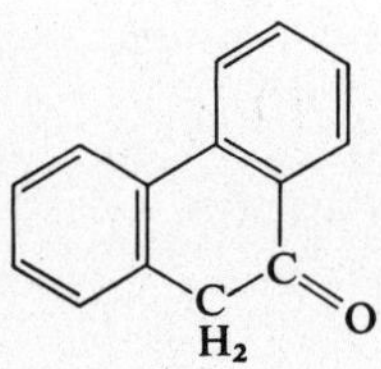

Ketonradikale

Acetonyl	$H_3C—CO—CH_2—$
Acetonyliden	$H_3C—CO—CH{=}$
Phenacyl	$C_6H_5—CO—CH_2—$
Phenacyliden	$C_6H_5—CO—CH{=}$

Tabelle 22 *Alkohole*

Alkohol	Formel
Allylalkohol	$H_2C{=}CH{-}CH_2{-}OH$
tert-Butylalkohol	$(H_3C)_3C{-}OH$
Benzylalkohol	$C_6H_5{-}CH_2{-}OH$
Phenethylalkohol	$C_6H_5{-}CH_2{-}CH_2{-}OH$
Salicylalkohol	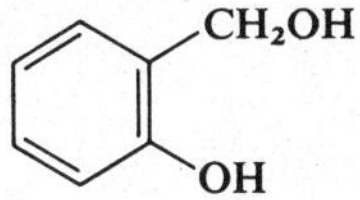
Crotylalkohol	$H_3C{-}CH{=}CH{-}CH_2{-}OH$
Geraniol	$(H_3C)_2C{=}CH{-}CH_2{-}CH_2{-}C(CH_3){=}CH{-}CH_2{-}OH$
Farnesol	$(H_3C)_2C{=}CH{-}CH_2{-}CH_2{-}C(CH_3){=}CH{-}CH_2{-}CH_2{-}C(CH_3){=}CH{-}H_2C{-}OH$
Phytol	$(H_3C)_2CH{-}(CH_2)_3{-}CH(CH_3){-}CH_2{-}CH_2{-}CH_2{-}CH(CH_3){-}(CH_2)_3{-}C(CH_3){=}CH{-}H_2C{-}OH$
Ethylenglykol	$HO{-}H_2C{-}CH_2{-}OH$
Propylenglykol	$H_3C{-}CH(OH){-}CH_2{-}OH$
Glycerin (*Glycerol*)	$HO{-}H_2C{-}CH(OH){-}CH_2{-}OH$
Pinakol	$(H_3C)_2C(OH){-}C(OH)(CH_3)_2$
Erythrit (*Erythritol*)	$HO{-}H_2C{-}CH(OH){-}CH(OH){-}CH_2{-}OH$
Pentaerythrit	$C(CH_2{-}OH)_4$
Menthol	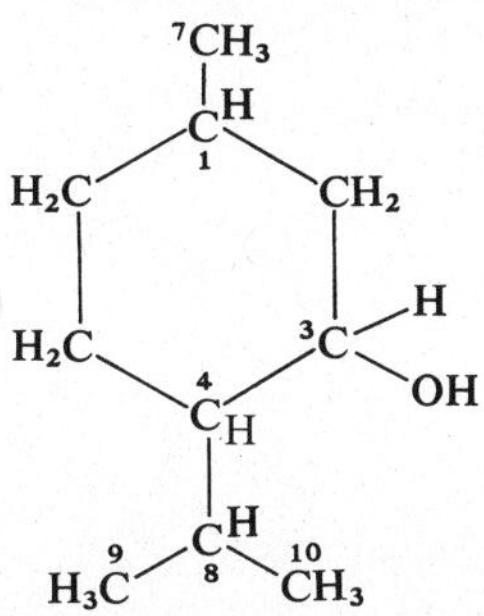

Tabelle 22 (Fortsetzung)

Alkohol	Formel
Borneol	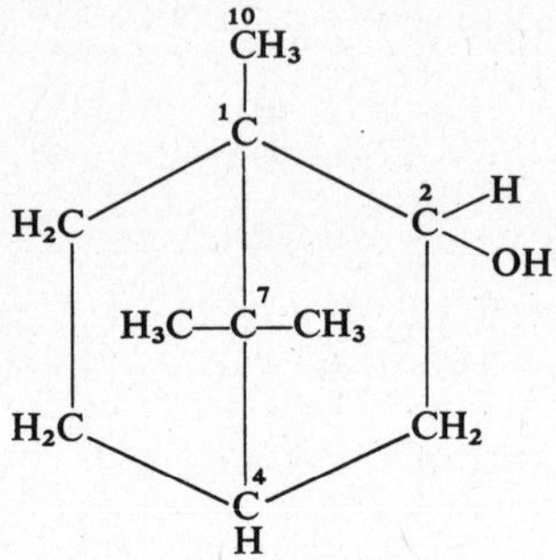

Tabelle 23 *Phenole*

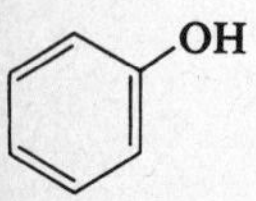

Phenol

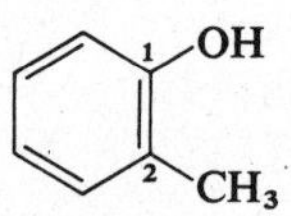

o,m,p-*Kresol*

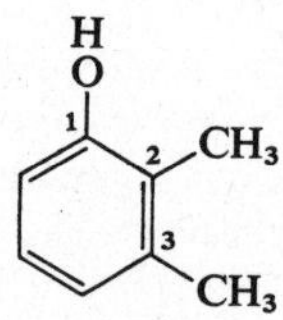

2,3-*Xylenol*

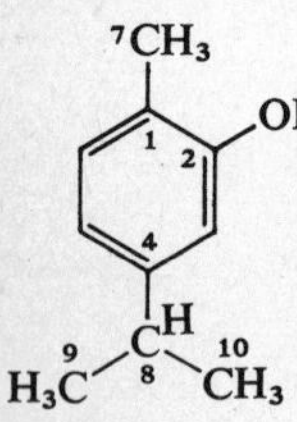

Carvacrol

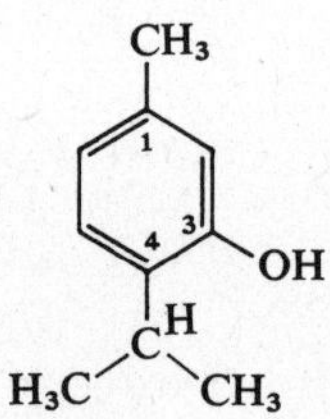

Thymol

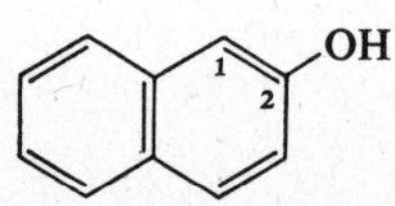

2-*Naphthol*

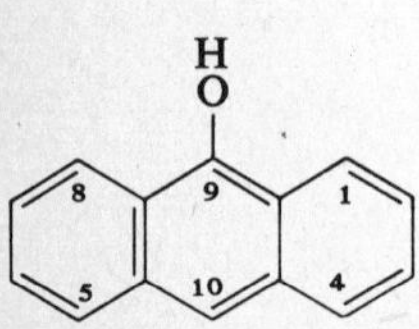

9-*Anthrol*

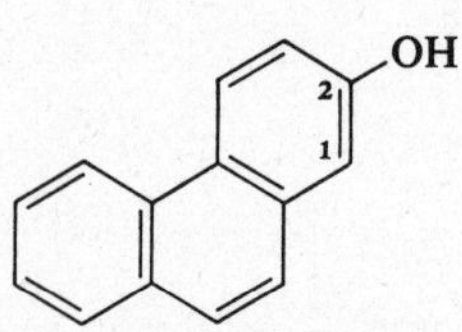

2-*Phenanthrol*

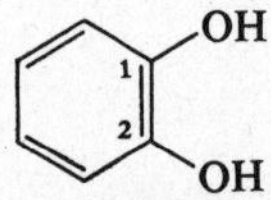

Brenzkatechin (*Pyrocatechol*)

Tabelle 23 (Fortsetzung)

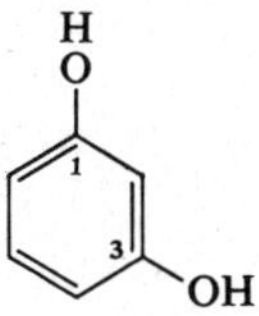

Resorcin
(*Resorcinol*)

Hydrochinon

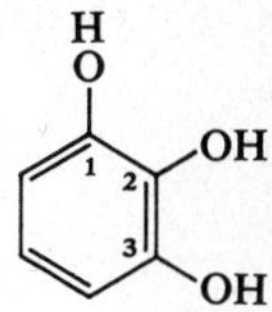

Pyrogallol

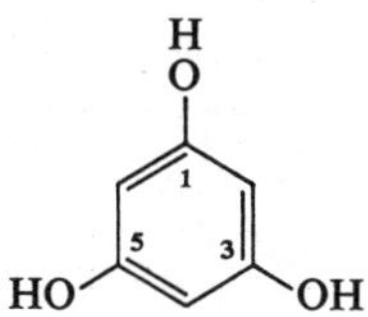

Phloroglucin
(*Phloroglucinol*)

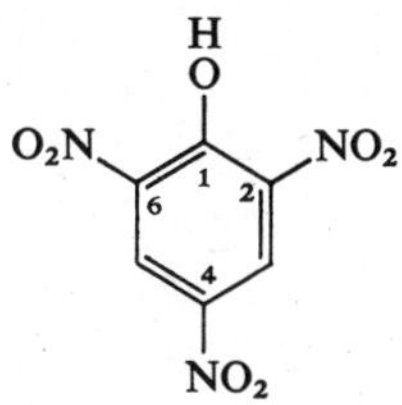

Pikrinsäure

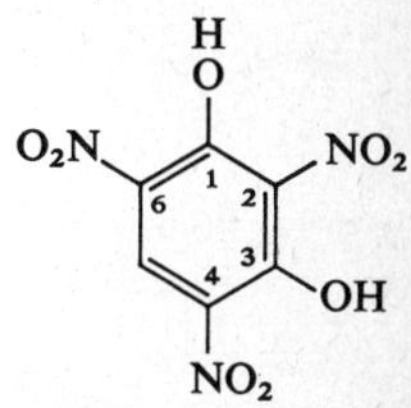

Styphninsäure

Tabelle 24 *Ether*

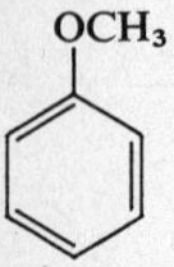

Anisol

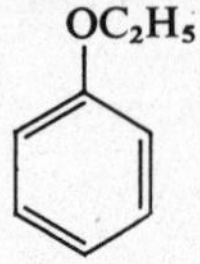

Phenetol

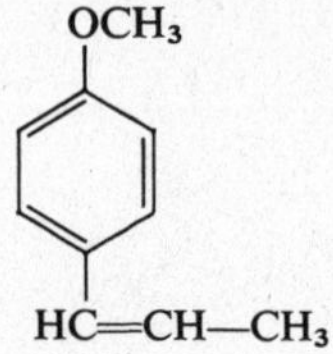

Anethol

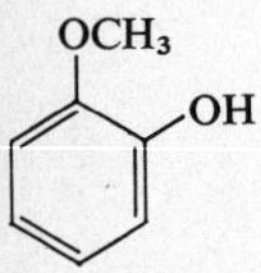

Guajakol

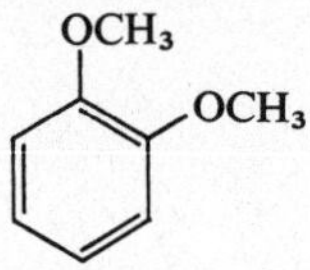

Veratrol

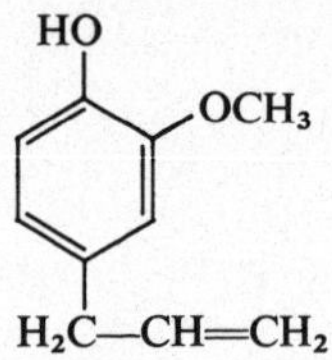

Eugenol

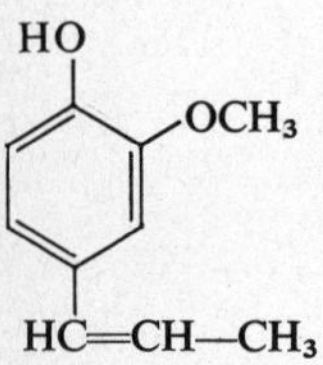

Isoeugenol

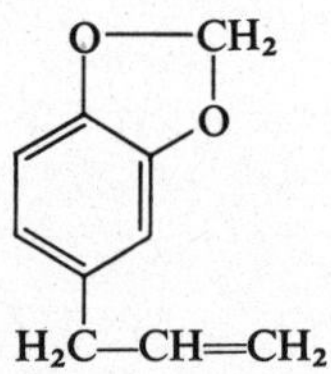

Safrol

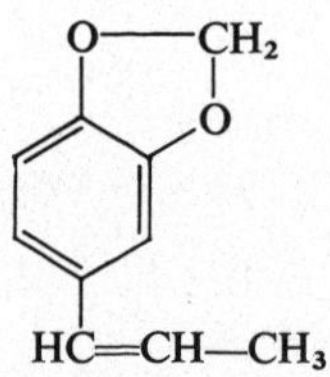

Isosafrol

Tabelle 25 *Amine, Ammoniumverbindungen und Amide*

Trivialname	Formel
Anilin	$C_6H_5—NH_2$
o,m,p-*Anisidin*	$H_3C—O—C_6H_4—NH_2$
o,m,p-*Phenetidin*	$C_2H_5—O—C_6H_4—NH_2$
o,m,p-*Toluidin*	$H_3C—C_6H_4—NH_2$
2,4-*Xylidin*	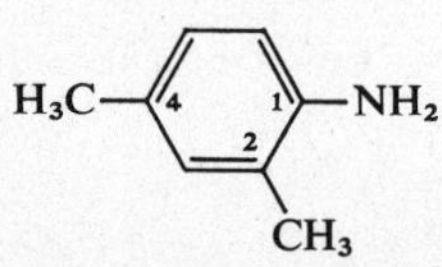

Tabelle 25 (Fortsetzung)

Trivialname	Formel
Adenin (A)[a]	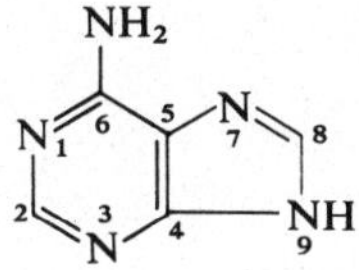
Colamin	$HO{-}CH_2{-}CH_2{-}NH_2$
Sphingosin	$H_3C{-}(CH_2)_{12}{-}CH{=}CH{-}\underset{HO}{CH}{-}\underset{NH_2}{CH}{-}CH_2{-}OH$
Ephedrin	$C_6H_5{-}\underset{HO}{CH}{-}\underset{NHCH_3}{CH}{-}CH_3$
Benzedrin	$C_6H_5{-}CH_2{-}\underset{NH_2}{CH}{-}CH_3$
Adrenalin	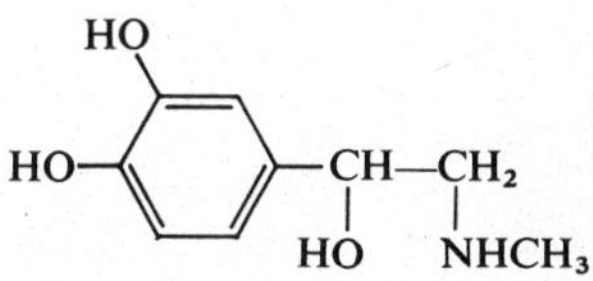
Putrescin	$H_2N{-}CH_2{-}CH_2{-}CH_2{-}CH_2{-}NH_2$
Cadaverin	$H_2N{-}CH_2{-}CH_2{-}CH_2{-}CH_2{-}CH_2{-}NH_2$
Benzidin	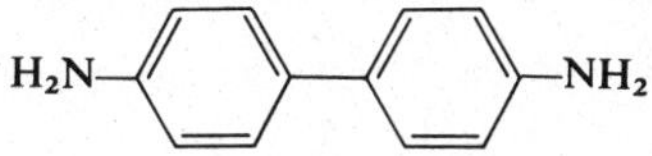
Cholin (bromid usw.)	$HO{-}CH_2{-}CH_2{-}\overset{\oplus}{N}(CH_3)_3Br^{\ominus}$
Betain	$^{\ominus}OOC{-}CH_2{-}\overset{\oplus}{N}(CH_3)_3$
Betain (hydrobromid usw.)	$HOOC{-}CH_2{-}\overset{\oplus}{N}(CH_3)_3Br^{\ominus}$ usw.
Di, Triacetamid	$HN(CO{-}CH_3)_2$, $N(CO{-}CH_3)_3$
Di, Tribenzamid	$HN(CO{-}C_6H_5)_2$, $N(CO{-}C_6H_5)_3$

[a] Abkürzung, wie sie in Nucleinsäuren verwendet wird.

Tabelle 26 *Halogenverbindungen*

Trivialname	Formel
Methylenchlorid, -bromid, -iodid, -fluorid	H_2CX_2
Fluoro-, Chloro-, Bromo-, Iodoform	HCX_3
Tetra-fluor-, -iod-, -brom-, -chlorkohlenstoff	CX_4
Benzalchlorid, -bromid, -iodid, -fluorid	C_6H_5—CHX_2
Benzotrichlorid, -bromid, -iodid, -fluorid	C_6H_5—CX_3
Di-iod-, -brom-, -chlor-, -fluor-carben (*-methylen*)	$:CX_2$
Phosgen oder *Carbonyldichlorid* usw.	Cl—CO—Cl
Thiophosgen oder *Thiocarbonyldichlorid* usw.	Cl—CS—Cl

5. Anhang II: Die „Wiswesser Line Notation“

Sowohl chemische Formeln als auch die zugehörigen systematischen und/oder trivialen Namen sind im allgemeinen so umfangreich, daß sie weder eine prägnante Indexierung erlauben, noch effizient in der elektronischen Datenverarbeitung eingesetzt werden können. Es hat daher nicht an Versuchen gefehlt, einfachere Kodierungsmöglichkeiten für das Verschlüsseln und Registrieren struktureller Informationen in der Chemie zu entwickeln. Von diesen Kode-Systemen hat die „Wiswesser Line Notation“ (auch „Wiswesser Line-Formula Notation“ genannt) mittlerweile die weiteste Verbreitung gefunden. Da schon heute abzusehen ist, daß die zukünftige Entwicklung des chemischen Dokumentationswesens mehr und mehr von diesem Notations-System beherrscht sein wird, sollen hier dessen allgemeinste Grundlagen kurz vorgestellt werden.

Bei der Wiswesser Line Notation handelt es sich um die Wiedergabe chemischer Verbindungen mittels einer linearen Serie von einfachen Symbolen, die in Tabelle 27 niedergelegt sind. Und zwar verwendet man

1. Vier spezielle Symbole: freier Raum, Leerstelle (Blank space); et-Zeichen (Ampersand) &; Bindestrich (Hyphen) -; Schrägstrich (slash) /.
2. Ziffern von 0 bis 9. (Zur Unterscheidung von O = Sauerstoff wird Null durch Ø gegeben.
3. Großbuchstaben.

Bei den Buchstaben verwendet man alle (großgeschriebenen) internationalen Atomsymbole mit Ausnahme von Br, Cl, K, U, V, W und Y. Für letztere werden die folgenden Symbole eingeführt: E, G, -KA-, -UR-, -VA-, -WO-,

Tabelle 27 *Die Symbole der Wiswesser Line Notation*

Symbol	Bedeutung
Leerstelle	Vor einem Buchstaben: Ringposition. Vor einer Ziffer: Multiplikation voranstehender Notationssymbole. Innerhalb von Ringsymbolen: multicyclische Positionen
et-Zeichen &	1. Ende einer Seitenkette. 2. Mit voranstehender Leerstelle: Zeichen für ionisches Salz, Additionsverbindung oder zusätzliche Information. 3. Innerhalb von Ringsymbolen: im Ring sind keine zwei oder mehr C-Atome vorhanden, die an vier andere Atome gebunden sind. 4. Nach einer Leerstelle-Buchstabe-Bindestrich-Kombination: Spiro-Verknüpfung

Tabelle 27 (Fortsetzung)

Symbol	Bedeutung
Bindestrich -	Trennendes oder verbindendes Symbol
Schrägstrich /	1. Unterbricht Wirkung eines Multiplikators. 2. Schließt multiplizierte Symbolgruppen ein. 3. Ende eines Polymeren
Ø bis 9	1. Gliederzahl von im Innern gesättigten, unverzweigten Alkylketten (Fragmenten) z. B.: $-CH_3 = 1$, $-CH_2CH_2-$, $-CH_2CH{=}$, $-CH_2CH_3 = 2$ usw. 2. Innerhalb von Ringsymbolen: Ringgliederzahl
A	Generell Alkyl
B	Bor-Atom
C	Unverzweigtes C-Atom, das über Mehrfachbindungen an ein Nicht-C-Atom gebunden ist. $-C{\equiv}N$, $=C=$
D	Vorgeschlagenes Symbol für eine Chelat-Bindung und Start-Symbol einer Chelat-Notation
E	Brom-Atom
F	Fluor-Atom
G	Chlor-Atom
H	1. Wasserstoff-Atom. 2. Innerhalb von Ringsymbolen nach einem Positions-Symbol angeordnet: Position eines C-Atoms, das an vier andere Atome gebunden ist
I	Iod-Atom
J	Ende einer Ringbeschreibung
K	Stickstoffatom, das an mehr als drei andere Atome gebunden ist. 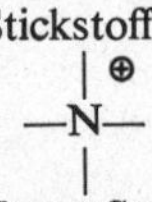
L	Erstes Symbol eines carbocyclischen Ringes
M	Imino- oder Imido-Gruppe. $-NH-$, $=NH$
N	Wasserstoff-freies N-Atom, das mit nicht mehr als drei anderen Atomen verknüpft ist
O	Wasserstoff-freies Sauerstoff-Atom
P	Phosphor-Atom
Q	Hydroxylgruppe $-OH$
R	Benzol-Ring
S	Schwefel-Atom
T	1. Erstes Symbol eines Heterocyclus. 2. Innerhalb von Ring-Symbolen: zeigt zwei oder mehr C-Atome an, die an vier andere Atome gebunden sind
U	Einfache Unsättigung, Doppelbindung
V	Carbonyl-Gruppierung, 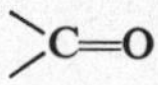
W	Nichtlineare Dioxo-Gruppierung, 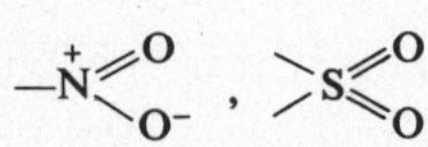
X	C-Atom, das an vier Nicht-Wasserstoff-Atome gebunden ist 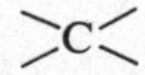
Y	C-Atom, das an drei Nicht-Wasserstoff-Atome gebunden ist 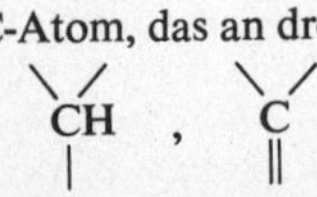
Z	Amino- oder Amido-Gruppe, $-NH_2$

und -YT-. (Alle Zwei-Buchstaben-Atom-Symbole werden zwischen Bindestriche gestellt). Carbocyclische Ringe symbolisiert man durch die Buchstabenkombination L . . . J, heterocyclische Ringe durch T . . . J. Die Anwendung dieser Symbole wird nun an Hand einiger einfacher Beispiele verdeutlicht, wobei folgende Regeln zu beachten sind:

1. Bei der Verschlüsselung einer Struktur werden die Symbole der einzelnen Fragmente in der Reihenfolge angegeben, in der diese verknüpft sind.
2. Bei unsymmetrischen Strukturen wird mit dem ranghöchsten Symbol begonnen. Die Prioritäten ergeben sich gemäß der folgenden ansteigenden Ordnung: Leerstelle, &, -, /, ∅ 1 2 3 . . . 9 1∅ 11 . . . A B C . . . Z.

C_2H_5OH	→	Q2	(Q ist ranghöher als 2)
$H_2N—CH_2COOH$	→	Z1VQ	(Z ist ranghöher als Q)
$H_3C—COOCH_3$	→	1VO1	(1V ist ranghöher als 1O)

Bei verzweigten Strukturen muß das Ende einer Seitenkette gegebenenfalls durch ein et-Zeichen angezeigt werden, wenn es die Eindeutigkeit der Notation erfordert. Auch ist es in diesen Fällen hilfreich, vor der linearen Reihung der Symbole eine zweidimensionale „graphische Formel" anzuschreiben.

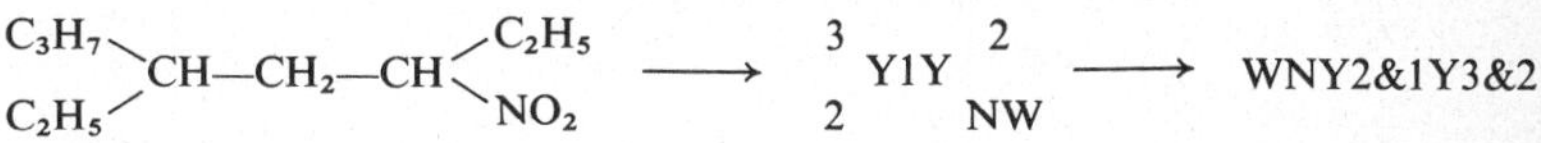

Wenn Seitenketten mit Symbolen wie Q und G enden, sind keine et-Zeichen notwendig, da diese Symbole immer terminal sind.

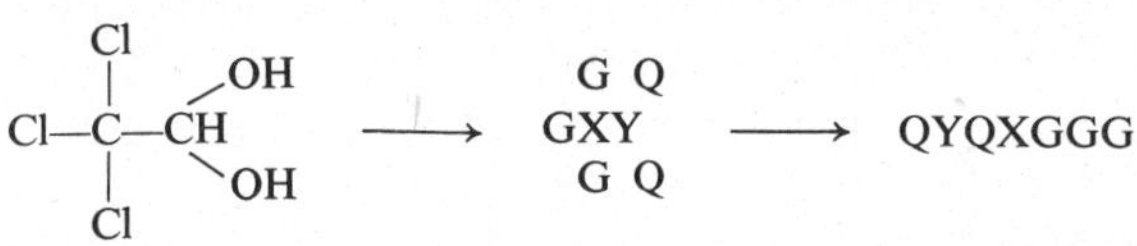

Benzolringe werden mit dem Symbol R angezeigt, das genau so gehandhabt wird wie andere Verzweigungssymbole. Die Ringpositionen erhalten Platzchiffren in Form von Großbuchstaben A, B, C . . ., denen eine Leerstelle vorangeht. Der Substituent, dessen Symbol vor das Benzol-Symbol R gestellt wird, besetzt definitionsgemäß die Position A.

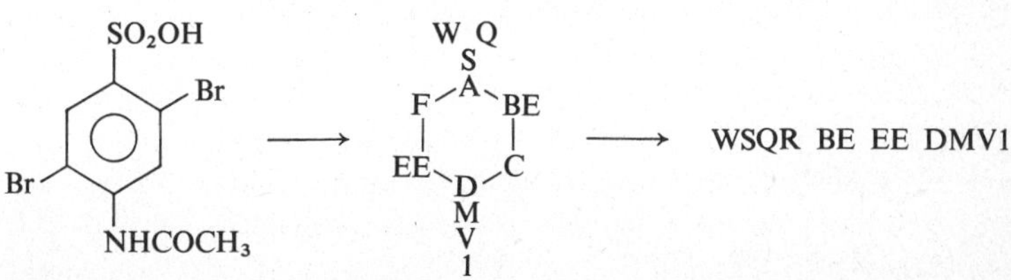

Das häufig vorkommende Methyl-Fragment —CH_3 → 1 kann in vielen Fällen vernachlässigt werden. Muß Wasserstoff explizit angegeben werden, stellt man das Symbol H direkt hinter das Symbol, an das es geknüpft ist.

$(H_3C)_2CHOH$ ⟶ QY1&1 vereinfacht: QY

$(H_3C)_2C{=}CHCH_2CH_2C(CH_3){=}CH{-}CHO$ ⟶ VH1UY1&3UY1&1
vereinfacht: VH1UY&3UY

Weitere Vereinfachungen sind für Strukturen möglich, bei denen mehrere identische Fragmente vorkommen. (Wird neuerdings nicht mehr empfohlen.)

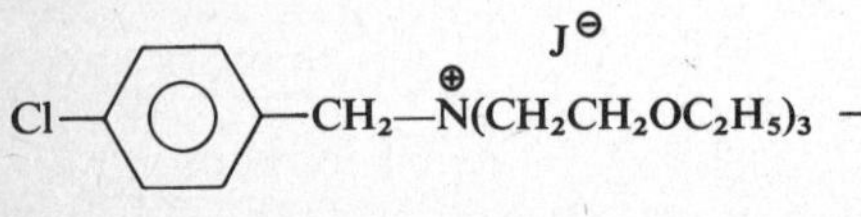

⟶ GR D1K2O2&2O2&2O2 &I
vereinfacht: GR D1K/2O2 3 &I

Der Schrägstrich zeigt hier an, bis wohin der Multiplikator (hier 3) wirkt. Die Leerstelle-et-Zeichen-Kombination trennt die Ionen.
Ringstrukturen (außer Benzol) bedürfen zu ihrer eindeutigen Charakterisierung innerhalb der allgemeinen Buchstabenkombination L ... J (Carbocyclus) und T ... J (Heterocyclus) weiterer Symbole, die die Ringgröße, die Position von Heteroelementen usw. angeben.

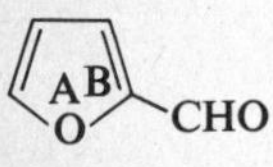

⟶ T5OJ BVH

Es liegt ein heterocyclischer (T ... J) Fünfring (5) vor, der in der A-Position (nicht gesondert angezeigt) ein Sauerstoffatom (O) enthält. An Position B ist die Formylgruppe (VH) angefügt. Mehrkernige Ringe werden sinngemäß bezeichnet.

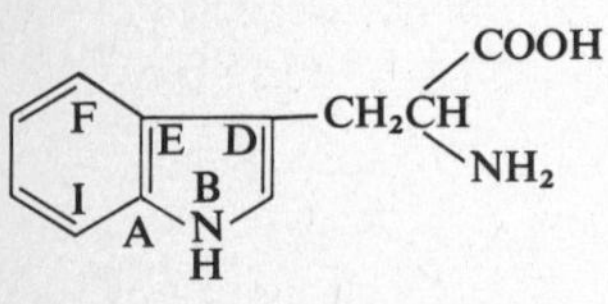

⟶ T56 BMJ D1YZVQ

In einem solchen kondensierten Ringsystem beginnt die Positionen-Chiffrierung an einer Verschmelzungsposition und läuft zunächst über den kleineren Ring.

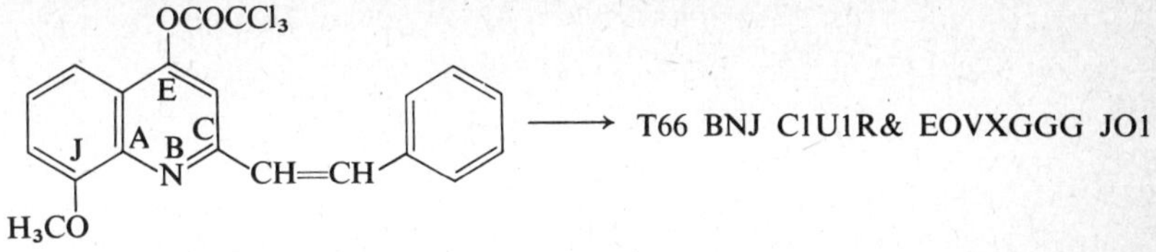

Das letzte Beispiel zeigt, daß auch relativ komplizierte Strukturen mit nicht all zu viel Symbolen wiedergegeben werden können. Im allgemeinen beträgt die mittlere Länge einer Notation 20–25 Symbole; mehr als 98% aller Notationen benötigen weniger als 50 Symbole! Es sei allerdings nicht verschwiegen, daß die Regeln für polycyclische Systeme wesentlich komplizierter sind und im Rahmen dieses Büchleins auch nicht näherungsweise besprochen werden können.

Literatur

Palmer, G.: Wiswesser line-formula notation. Chemistry in Britain **6,** 422 (1970).

Granito, C. E., und *Garfield, E.*: Substructure search and correlation in the management of chemical information. Naturwissenschaften **60,** 189 (1973).

Smith, E. G.: The Wiswesser line-formula chemical notation. New York: McGraw-Hill 1968.

Smith, E. G., und *Baker, P. A.*: The Wiswesser line-formula notation, third edition. Chemical Information Management Inc., Cherry Hill, New Jersey, 1976.

Sachverzeichnis

Handbuch der gefährlichen Güter

Bearbeitet und gestaltet im Auftrag der Wasserschutzpolizeidirektion Baden-Württemberg von G. Hommel, Heidelberg

3. Lieferung

(Merkblätter 415-601)

Springer-Verlag
Berlin
Heidelberg
New York

1978. 260 Seiten Vorspann. 374 Seiten Merkblätter.
Loseblattform DIN A 4 im Plastikordner.
DM 125,–; US $ 62.50
ISBN 3-540-08512-2

Unter Mitarbeit von H.-J. Frost; O. Rommel; G. Magnus; F. W. Brauss; H. Barth; W. Heyne; O. Eichler; E. Weber
Alleinverantwortliche Bearbeiter für die Sachgebiete Medizin und Toxikologie: O. Eichler; E. Weber

Inhaltsübersicht: Erläuterungen und Systematik der Merkblätter: Allgemeines – Chemische Formel (Strukturformel und Wisswesser Line Notation) – Stoffnamen und Synonyme – Der Gefahrendiamant – Der Hazchem-Code – Technische Daten und Feuerbekämpfungsdaten – Transportvorschriften – Erscheinungsbild – Verhalten bei Freiwerden und Vermischen mit Luft – Verhalten bei Freiwerden und Vermischen mit Wasser – Gesundheitsgefährdung – Reaktivität – Sicherheitsmaßnahmen für Fahrzeugbesatzung, Polizei und Rettungskräfte – Schutz- und Einsatzmaßnahmen – Bekämpfung der Unfallfolgen – Gewässerverunreinigung – Erste Hilfe – Hinweise für den Arzt. – Anhang 1: Aufstellung der Prüfröhrchen zur Messung gesundheitsschädlicher Konzentrationen in der Luft. – Anhang 2: Verzeichnis der Vergiftungsunfall-Zentren. – Anhang 3: Verzeichnis der Krankenhäuser für schwere Verbrennungen. – Anhang 4: Klassifizierung für den Transport und die Lagerung. – Anhang 5: Numerische Aufstellung der Kennzeichnung von Straßentankfahrzeugen und Eisenbahnkesselwagen. – Anhang 6: Alphabetische Aufstellung der Kennzeichnung von Straßentankfahrzeugen und Eisenbahnkesselwagen. – Anhang 7: Wisswesser Line Notation. – Stoffnamen und Synonyme, viersprachig, alphabetisch geordnet. – Stoff-Informationsblätter (Merkblätter Nr. 415-601). – Literaturnachweis

Die starke Zunahme transportierter chemischer Substanzen erfordert eine Ergänzung der als Standardwerk eingeführten Merkblattsammlung. Zahlreiche gesetzliche Änderungen in der Klassifizierung gefährlicher Güter, die bereits verkündet sind, oder in Kürze erfolgen, sind eingearbeitet. Die Kennzeichnung von Straßentankfahrzeugen und Eisenbahnkesselwagen wurden aufgenommen. Neben vielen neuen wissenschaftlichen Erkenntnissen wurde die Computerformel WLN aufgenommen. Zusätzliche Hilfe für Sofortmaßnahmen bietet der Hazchem-Code.

Preisänderungen vorbehalten